国家科学技术学术著作出版基金资助

网 络 科 学 与 工 程 丛 书

网络渗流
Network Percolation

■ 刘润然　李　明　吕琳媛　贾春晓　编著

高等教育出版社·北京

图书在版编目（CIP）数据

网络渗流 / 刘润然等编著 . -- 北京 : 高等教育出版社，2020. 12

（网络科学与工程丛书 / 陈关荣主编）

ISBN 978-7-04-053794-9

Ⅰ . ①网… Ⅱ . ①刘… Ⅲ . ①渗流模型 – 研究 Ⅳ . ① O357.3

中国版本图书馆 CIP 数据核字（2020）第 038286 号

Wangluo Shenliu

策划编辑	刘 英	责任编辑	刘 英	封面设计	李卫青	版式设计 马 云
插图绘制	于 博	责任校对	商红彦 刘娟娟	责任印制	田 甜	

出版发行	高等教育出版社	咨询电话	400-810-0598
社　址	北京市西城区德外大街 4 号	网　址	http://www.hep.edu.cn
邮政编码	100120		http://www.hep.com.cn
印　刷	北京市鑫霸印务有限公司	网上订购	http://www.hepmall.com.cn
开　本	787mm×1092mm　1/16		http://www.hepmall.com
印　张	20.5		http://www.hepmall.cn
字　数	340 千字	版　次	2020 年 12 月第 1 版
插　页	1	印　次	2020 年 12 月第 1 次印刷
购书热线	010-58581118	定　价	99.00 元

作者简介

刘润然，2011 年获中国科学技术大学物理学博士学位，现为杭州师范大学阿里巴巴商学院副教授。长期从事复杂网络上的渗流与鲁棒性、复杂网络上的演化博弈以及基于复杂网络的推荐算法研究。发表学术论文 40 余篇，H 指数 13。

李明，2014 年获中国科学技术大学物理学博士学位，现为中国科学技术大学副研究员。主要从事统计物理与复杂系统领域的研究工作，近年来主要关注复杂系统中的相变问题及其在复杂网络中的应用。在网络渗流理论与相关应用问题上发表论文近 20 篇。

吕琳媛，电子科技大学教授，国家优秀青年科学基金获得者，国际网络科学学会理事。主要从事统计物理与信息科学交叉领域的研究，发表学术论文 70 余篇，他引万余次，入选 2018 年《麻省理工科技评论》中国 35 岁以下科技创新 35 人。

贾春晓，2011 年获中国科学技术大学物理学博士学位，现为杭州师范大学阿里巴巴商学院副教授。主要从事复杂网络上的演化博弈、基于网络的推荐算法以及网络鲁棒性研究，发表学术论文 20 余篇。

序

　　随着以互联网为代表的网络信息技术的迅速发展，人类社会已经迈入了复杂网络时代。人类的生活与生产活动越来越多地依赖于各种复杂网络系统安全可靠和有效的运行。作为一个跨学科的新兴领域，"网络科学与工程"已经逐步形成并获得了迅猛发展。现在，许多发达国家的科学界和工程界都将这个新兴领域提上了国家科技发展规划的议事日程。在中国，复杂系统包括复杂网络作为基础研究也已列入《国家中长期科学和技术发展规划纲要（2006—2020 年）》。

　　网络科学与工程重点研究自然科学技术和社会政治经济中各种复杂系统微观性态与宏观现象之间的密切联系，特别是其网络结构的形成机理与演化方式、结构模式与动态行为、运动规律与调控策略，以及多关联复杂系统在不同尺度下行为之间的相关性等。网络科学与工程融合了数学、统计物理、计算机科学及各类工程技术科学，探索采用复杂系统自组织演化发展的思想去建立全新的理论和方法，其中的网络拓扑学拓展了人们对复杂系统的认识，而网络动力学则更深入地刻画了复杂系统的本质。网络科学既是数学中经典图论和随机图论的自然延伸，也是系统科学和复杂性科学的创新发展。

　　为了适应这一高速发展的跨学科领域的迫切需求，中国工业与应用数学学会复杂系统与复杂网络专业委员会偕同高等教育出版社出版了这套"网络科学与工程丛书"。这套丛书将为中国广大的科研教学人员提供一个交流最新研究成果、介绍重要学科进展和指导年轻学者的平台，以共同推动国内网络科学与工程研究的进一步发展。丛书在内容上将涵盖网络科学的各个方面，特别是网络数学与图论的基础理论，网络拓扑与建模，网络信息检索、搜索算法与数据挖掘，网络动力学（如人类行为、网络传播、同步、控制与博弈），实际网络应用（如社会网络、生物网络、战争与高科技网络、无线传感器网络、通信网络与互联网），以及时间序列网络分析（如脑科学、心电图、音乐和语言）等。

"网络科学与工程丛书"旨在出版一系列高水准的研究专著和教材，使其成为引领复杂网络基础与应用研究的信息和学术资源。我们殷切希望通过这套丛书的出版，进一步活跃网络科学与工程的研究气氛，推动该学科领域知识的普及，并为其深入发展做出贡献。

金芳蓉 (Fan Chung) 院士
美国加州大学圣迭戈分校
二〇一一年元月

前言

　　自从 20 世纪 90 年代末期真实网络的"小世界"与"无标度"特性被发现以后，复杂网络的研究吸引了国内外不同学科研究人员的广泛关注，20 年来产生的大量研究成果浩如烟海。研究涉及复杂网络以及复杂系统的方方面面，如结构特性、演化方向、标度涌现、级联效应、传播行为、可观测性与可控性，等等。人们已经普遍意识到，复杂网络的结构特征和各组件之间的相互作用深刻地影响了复杂网络上的动力学行为。网络上的渗流问题，虽然起源于统计物理学，但随着对网络科学研究的广泛深入，已成为横跨多个学科的重要科学问题。

　　复杂网络上的渗流问题研究了在删除部分节点后网络的连通性，它不仅与网络的鲁棒性和脆弱性相关，还和网络上的传播问题、级联效应、可观测性与社团发现有着紧密联系和应用。除此之外，渗流问题还和复杂系统的其他研究存在着对应关系，如演化博弈、意见动力学和交通流研究等。网络渗流问题是一大类普适问题的抽象，在未来的科学和工程中也将扮演越来越重要的角色。

　　渗流研究始于 20 世纪 50 年代，随后统计物理学家对其投入了极大的研究热情。在 20 世纪 90 年代后期，伴随着网络科学的兴起，渗流理论得到了进一步的发展，并对复杂网络研究起到了积极的推动作用。2010 年 Sergey V.

Buldyrev 等人在 *nature* 上发表了相依网络上的渗流模型，之后渗流在多层网络以及相关动力学研究方面再次掀起热潮，并成为网络科学研究的前沿问题之一。为何渗流研究有如此旺盛的生命力，希望本书能够给读者一些启发。时至今日，多层网络渗流研究的热潮又过去了 10 年，渗流研究的热潮在网络科学领域是否能够再次涌现？期待着您的贡献。

本书从基础的研究出发，梳理与网络渗流问题最为密切的研究成果，理清目前复杂网络研究领域中一些比较重要的研究问题与网络渗流之间的联系，希望能够带来三个方面的作用：第一，从渗流的角度帮助读者认识网络的结构特征对于网络动力学特性的影响；第二，作为初学者学习网络渗流的入门读物，对于通过渗流理论求解网络上的动力学模型有所启发；第三，作为一本工具书，便于读者查阅相关理论和数值模拟方法。

本书共分为 10 章，第 1 章介绍关于网络渗流研究方面所用到网络科学的基本概念与常用网络模型，这部分更多内容可参阅其他网络科学的著作，本书主要从渗流问题研究的角度进行阐述。第 2 章将介绍经典渗流模型和性质以及统计物理学方法。第 3 章将介绍渗流模型在网络上的一些求解方法。第 4 章介绍渗流模型的数值模拟和计算方法。第 5 章介绍网络上的疾病传播模型，并总结了网络度分布的异质性对网络传播阈值的影响以及求解这些模型所用到的渗流理论方法和求解思路，最后还将介绍渗流思路和分支过程方法求解网络上的免疫问题的理论方法。第 6 章介绍复杂网络的静态渗流模型，即研究网络在删除部分节点后的连通性，包含了无标度、小世界和随机网络上渗流问题的求解过程和求解方法，以及这些网络在随机攻击、蓄意攻击和局域攻击等攻击方法下的鲁棒性。第 7 章介绍依赖渗流模型和网络上的传播问题，包含阈值模型的动力学特征和求解方法，即生成函数方法和零温随机场伊辛模型的方法，还将介绍信息传播模型和意见动力学模型，以及网络的结构特征对于这些动力学特性的影响。第 8 章介绍依赖渗流模型和网络上的级联失效，包含网络上 k 核渗流模型的理论与应用，以及靴襻渗流和非局域关联渗流的求解方法。第 9 章介绍多层网络上的渗流和级联失效动力学。第 10 章介绍网络上 k 派系渗流的理论和应用，以及渗流模型与交通流和演化博弈模型之间的联系和对应。

感谢国家自然科学基金委对本书作者科研工作的资助和支持，感谢本书的编辑刘英女士在本书出版中给予的大力帮助，感谢家人对作者们忙碌科研工作的充分理解和大力支持。由于作者能力有限，书中难免存在错误和不足，欢迎各位读者将关于本书的任何意见和批评及时反馈给我们。

目录

第 1 章 网络的基本概念和模型

网络是一种描述自然和人工系统的方法。对于不同的系统，个体之间的相互联系和影响也是千变万化的。如何用网络的语言来描述这些系统？对于描述不同系统的网络，又有什么样的结构特征和统计规律？支配这些特征和规律的内在机理是什么？能否借助于建模的方法再现网络的结构特征和统计规律？以上是网络科学发展的早期科学家们所致力研究的几个关键问题，目前已经取得了非常多的成果，为当前网络科学各个细分领域的研究奠定了坚实的理论基础，包含本书所介绍的渗流问题。在进入主题之前，本章将围绕上述几个问题对复杂网络的基本概念进行必要的介绍。

1.1　网络的表示

网络描述了客观世界不同事物之间的普遍联系 [1-4]。由于现实世界的复杂性, 任何事物都是网络的一部分。网络在人类社会生活和自然界中无处不在, 它们不但包含我们日常生活中常常接触到的如社会合作网络 [5-9]、人际社会关系网络 [10, 11]、通信网络 [12, 13]、交通网络 [14, 15] 等, 还包含一些我们肉眼看不到的网络, 如生物细胞 [16, 17] 中的代谢网络 [18, 19]、蛋白质相互作用网络 [20, 21]、基因转录网络 [22, 23] 等。网络存在于人类社会和自然界的从微观到宏观各个尺度的复杂系统之中。

网络不仅可以描述现实世界事物之间的普遍联系, 同时也可以描述网络之间的联系。例如, 交通运输网络为电力网络提供燃料的运输, 供水网络为电力网络提供水源的保障, 通信网络为电力网络的协调和控制提供了支持等, 而这些网络反过来又需要电力网络提供电力支持 [24, 25]。更广泛的例子还有, 一个生物细胞可以看成是代谢网络、蛋白质相互作用网络和基因转录网络相互依赖而形成的一个网络 [16]。因此, 网络之间也存在广泛和普遍的联系。在本书中, 我们不仅介绍单个网络上的渗流问题, 也将包含网络的网络以及多层网络的渗流问题。

正是由于网络在现实世界中普遍存在, 网络的研究吸引了科学家们浓厚的兴趣。网络研究中第一个重要的问题就是如何对网络进行描述。现实中复杂系统正是由不同相互作用的组件或者结构单元连接而形成的一个网络。因此我们在描述一个复杂系统的时候, 不但需要描述该系统的组成单元, 同时还需要描述这些组成单元之间的相互作用关系的结构。在过去的研究中, 网络的表述方法会常常借用图论中的一些概念和术语。图论就是一门研究和分析网络性质的学科 [26, 27], 最早是因解决著名的哥尼斯堡七桥问题而发展起来的 [28]。因此, 在一些著作和文献中, 网络也被称为图。

一个网络通常用两个集合来表示, 即节点的集合和边的集合。边和节点的不同性质反映了网络所对应的真实复杂系统的性质。对于网络的边来说, 最为重要的两个性质就是边的权重和方向。根据这两个最为基本的性质, 网络常常被分为加权有向网络、加权无向网络、无权有向网络和无权无向网络。网络中较为简单的一种形式就是无权无向网络, 即网络节点之间的连接没有方向的区分, 仅仅表示两个节点之间存在联系或者联系是双向的; 这里的无权也表示网络节点之间的连边是同质的或者是没有权重的。而对于网络中的节点来说, 它们的性质可以通过它们在网络中的位置来描述, 如度中心性等。

在本书中, 对网络的描述将使用最为常用的形式语言, 一个网络用一对集合 $G(V, E)$ 来描述, 其中节点的集合 $V = \{1, 2, \cdots, n\}$ 和边的集合 $E = \{e_{ij}, e_{ik}, \cdots, e_{mn}\}$。每条边 $e_{ij} = \{i, j\}$, 表示节点对 i, j 之间存在联系。

简单的无向无权网络需要满足如下几个关系: (1) 节点不能和自己连接 (无自环), 即不允许存在如 e_{ii} 这样的边; (2) 任意两个节点之间最多只能有一条连边 (无重边), 即在网络边的集合中 e_{ij} 只出现一次; (3) 连边没有方向性, 即 $\{i, j\} \equiv \{j, i\}$; (4) 连边只代表节点之间关系的存在性, 没有权重的概念, 也没有与之对应的数值。值得注意的是, 假如一个网络具有 N 个节点和 M 条边, 由于任意两个节点之间只能存在一条边, 因此 M 应满足如下关系: $0 \leqslant M \leqslant N(N-1)/2$。两种极端情况 0 和 $N(N-1)/2$ 分别对应两种含义: 当 $M = 0$ 时, 所对应的网络是空图, 所有节点均为孤立节点 (空图也指没有任何节点和连边的图); 当 $M = N(N-1)/2$ 时, 所对应的网络是完全图, 即图中任意两个节点之间都存在连边。

除了上述表示方法之外, 还可以用一个邻接矩阵来表示一个图。邻接矩阵的每一行与每一列都对应图中的一个节点。对于无权图来说, 如果节点 i 和节点 j 之间存在一条边, 则矩阵中对应的值为 1, 否则为 0。对于含权网络来说, 可以用对应的矩阵元来表示权重。对于无向图来说, 邻接矩阵是对称的。对于有向图来说, 邻接矩阵通常是非对称的。本书在后面章节中会介绍多层网络, 多层网络中节点的集合是唯一的, 而边的集合可能有两个或者两个以上, 分别表示节点之间不同性质的连接关系。

1.2 网络的统计特性

1.2.1 网络的连通性

网络渗流最为关心的问题就是网络的连通性, 即网络中的任意两个节点是否能够直接连接或者通过其他节点间接地连接起来。通常来说, 给定一个网络, 其中任意一个节点并不一定能够通过与其相连的节点或边到达系统中所有其他节点。对于一个无向网络来说, 如果任意两个节点之间都存在至少一条由若干节点和边组成的路径将它们连接起来, 这个网络就是连通的; 如果对于部分节点我们无法找到这样的路径, 这个网络就是不连通的。

研究网络的连通性有重要的意义。例如在电力网络中, 如果某个或者多个输电线路发生了故障, 就会导致一部分电站脱离整个电网, 此时网络就可能分裂为若干连通分支, 其中一个连通分支的电力就不能输送到其他连通分支。类似地, 网络的连通性对于信息传播和病毒传播也存在同样重要的影响。

可以用最大连通分支的大小来度量网络连通性的好坏。可以想象, 如果整个网络的连通性比较差, 整个网络的节点是支离破碎的, 一个节点只能连接到非常少数的节点; 反之, 如果网络的连通性比较好, 最大连通分支中的一个节点可以连接到网络中的大多数节点。例如, 拥有 7.21 亿用户的 Facebook 网络 [29], 其最大连通分支的节点数目占整个网络的 99.91%, 而第二大连通分支只有几千个用户, 这说明网络的最大连通分支处于完全主导的地位, 因此该网络的连通性比较好; 反之, 如果最大连通分支所包含的节点数目较小, 则说明网络连通性较差。

网络中最大连通分支的规模和其余连通分支规模的分布情况就是网络渗流所研究的核心问题。在渗流模型中, 当网络的规模 $N \to \infty$ 的时候, 如果最大连通分支规模也能够趋向于无限, 此时最大连通分支被称为渗流巨分支或巨分支; 反之, 如果网络最大连通分支规模有限, 则称网络的渗流巨分支或巨分支不存在。

1.2.2 平均距离与小世界效应

用 d_{ij} 表示两个节点 i 和 j 之间的距离, 即为连接这两个节点的最短路径所包含的边的数目。网络的平均距离定义为所有节点间的最短路径长度的平均值, 表示为

$$\langle d \rangle = \frac{2}{N(N-1)} \sum_{i>j} d_{ij}, \tag{1.1}$$

其中, N 表示网络中节点的总数。

通常所说的小世界的概念, 就是指一个非常庞大的网络却有着非常小的平均距离。这个概念由 Milgram 在 20 世纪 60 年代最早提出 [30], 他通过转寄信函的实验发现, 任意两个美国人在人际关系网络中的平均距离大约只有 6。平均而言, 一个人只需要通过 5 个中间人就可以找到网络中的其他任何一个人, 这就是著名的六度分离现象。然而在 Milgram 实验中, 参与实验的志愿者只是将信函发给他们认识的人, 并没有人际关系网络的全局信息。在具有网络全局信息的情况下, 科学家们实证研究了很多真实的网络, 他们发现这些真实网络的平均距离比六度分离还要短。例如包含 153 127 个节点的 WWW, 平均距离为 3.1 [31]; 由 225 226 个演员组成的好莱坞演员合作网络, 平均距离为 3.65 [5]; 具有 460 902 个词汇的语义网络, 平均距离仅为 2.67 [32]。令人惊讶的是, 具有 7.21 亿活跃用户 (一个月内登录至少一次) 的 Facebook, 其平均距离只有 4.7 [29]。这种网络规模很大但平均距离很短的性质被形象地称为小世界效应 [5, 30]。

很显然, 网络的规模会对其平均距离产生重要的影响。究竟什么样的网络可以被称为小世界网络呢? 一些学者认为, 如果一个网络平均距离随网络规模 N 的增长速度不超过随机网络的平均距离随规模的增长速度, 就可以被认为具备小世界效应。由于随机网络的平均距离是按照网络规模的增长以对数形式增长的:

$$\langle d \rangle \propto \ln N. \tag{1.2}$$

因此, 这种观点主张小世界网络的平均距离随规模的增长速度不超过规模的对数。对于由网络模型生成的网络, 能够比较容易地判断平均距离随网络规模的变化趋势, 如第 1.3 节将要介绍的 Erdös-Rényi (ER) 网络 [33, 34]、Watts-Strogatz 网络 [5] 及 Newman-Watts [35] 网络, 它们的平均距离都随网络规模以对数形式

增长; 而对于幂指数在 2 和 3 之间的无标度网络, 其增长速度更为缓慢, 是对数的对数 [36, 37]:

$$\langle d\rangle \propto \ln\ln N. \tag{1.3}$$

然而这一判断方法对于真实的静态网络不够实用, 例如大部分生物网络的形成都经过了漫长的演化历程, 没有办法获取其过去演化以及未来的数据。相对而言, 互联网和其上衍生的各类社交网络的演化数据却很容易获取, 这些网络平均距离的增长速度可能超乎我们的想象, 如 Liben-Nowell 等人 [38] 和 Leskovec 等人 [39] 同时独立地研究了在线社交网络和电子邮件通信网络的平均距离, 他们惊讶地发现这些网络的平均距离随着网络规模的增大不但没有增大, 反而在逐渐变小。

最短路径的概念在渗流研究中也有着重要的应用。例如文献 [40] 研究了网络在删除部分节点 $1-p$ 后最短路径的变化, 如果节点 i 和 j 之间的最短路径变为原来的 a 倍, 它们之间的通信就会失效。研究发现, 网络存在一个依赖于参数 a 的阈值 $\tilde{p}_c$, 只有当保留节点比例高于该阈值的时候, 网络中能够有效通信的节点所形成的巨分支才能够涌现。

如前所述, 在某种情况下, 网络中会存在一些孤立的碎片 (较小的连通分支)。这种情况下, 网络的平均距离该如何计算呢? 显然, 这种情况下对平均最短距离的计算需要做一定的处理。最为容易考虑到的方法是只计算最大连通分支中节点的平均距离, 因为该分支往往已经包含了网络中绝大多数节点。这种处理方法符合网络渗流或网络鲁棒性研究的思想, 即网络的最大连通分支往往被视为网络的功能结构, 而脱离最大连通分支的节点往往被视为失效节点。例如在通信网络中, 最大连通分支的节点数量在网络中存在优势, 最大连通分支中的节点能够和大多数其他节点进行通信, 而其他连通分支的节点则和大多数节点不能正常通信。但是该方法忽略了处于其他连通分支的节点。为了减少信息损失, 同时为了处理上述平均距离发散问题, 人们提出了网络效率的概念, 表示为

$$E = \frac{1}{N(N-1)}\sum_{i>j}\frac{1}{d_{ij}}. \tag{1.4}$$

当节点 i 和 j 处于不同的连通分支的时候, 它们之间的距离 $d_{ij}\equiv\infty$, 则 $\frac{1}{d_{ij}}=0$。一般来说, 网络的平均距离越短, 其效率就越高。

1.2.3 度分布与无标度特性

度是刻画网络单个节点属性最基本并且最重要的概念。对于无向网络, 一个节点的度定义为与该节点直接相连的边的数目。对于有向网络, 一个节点的出度定义为从该节点指向其他节点的边的数目, 入度定义为由其他节点指向该节点的边的数目。为了刻画不同节点度值的分布规律, 在复杂网络中引入了度分布的概念。对于一个无向网络, 定义 p_k 为网络中度值为 k 的节点数占节点总数的比例, 用 $P(k)$ 来表示节点度值的概率分布函数, 简称节点的度分布。类似地, 对于有向网络, 则需要用出度分布 p_k^{out} (或 $P^{out}(k)$) 和入度分布 p_k^{in} (或 $P^{in}(k)$) 的概念来描述其度分布。

随机网络是指通过随机过程生成的网络。例如 ER 网络, 由于节点之间连边的随机性, 导致大部分节点的度值都集中在某个平均值附近, 表现为泊松分布。当节点的度值偏离这个平均值的时候, 其出现概率呈指数下降, 因此远大于或远小于这个平均值的可能性都是微乎其微的。然而在 1999 年, Barábasi 和 Albert 等人通过实证研究发现, 超链接与网页、文件所构成的 WWW 网络, 其度分布都近似地遵从幂函数的形式 [41], 即

$$p_k \sim k^{-\gamma}. \tag{1.5}$$

其中 γ 称作幂指数。由于幂函数具有标度不变性, 这类度分布满足幂函数的网络被称作无标度网络。与随机网络相比, 无标度网络节点度分布是极其不均匀的。无标度网络度分布函数与指数函数相比, 随着度值的增加, 其出现的概率下降比较缓慢, 即无标度网络允许一些度值非常大的节点存在, 并且这些中枢节点对网络整体的结构和功能有着至关重要的影响。

真实网络的无标度特性很早就有人发现 [42], 然而直到 Barábasi 和 Albert 的文章发表以后 [41], 才引起复杂网络研究领域的广泛关注。事实上, 幂律分布只是许多真实网络度分布的一种形式 [6, 43]。真实网络中其他度分布的形式还有很多, 例如高斯分布, 有摩门教徒的熟人关系网络为代表 [44]; 还有指数分布, 如北美的电力网络为代表 [5, 6]; 介于指数分布和幂律分布之间的科学家合作网络的度分布, 可以用带指数截断的幂函数 [45] 或带漂移的幂函数 [46] (也称 Mandelbrot 律) 来刻画。图 1.1 给出了具有代表性的真实网络度分布的示意图 [43], 可以发现

网络渗流

幂律分布和指数分布分别在双对数和单对数坐标下是直线。无论是哪种形式, 度分布代表了网络的一种重要特征。

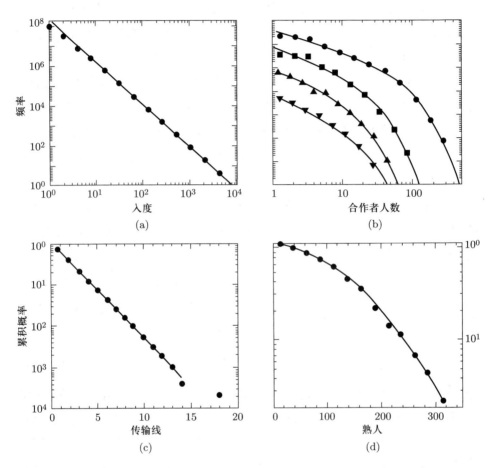

图 1.1 真实网络度分布示意图。(a) WWW, 幂律分布; (b) 科学家合作网, 介于指数分布和幂律分布之间; (c) 电力网络, 指数分布; (d) 摩门教徒的熟人关系网络, 高斯分布。摘自文献 [43]

1.2.4 簇系数

簇系数描述了网络中部分节点之间连接的紧密程度。例如在朋友关系网络中, 一个人的两个或多个朋友也可能互为朋友, 这种可能性反映了一个人朋友圈的紧密程度。为了描述这种倾向性, Watts 和 Strogatz 在 1998 年给出了一个局域簇系数 (local clustering coefficient) 指标 [5]。针对任意节点, 其簇系数定义为它

所有相邻节点之间连边的数目占可能的最大连边数目的比例, 即

$$C_i = \frac{2l_i}{k_i(k_i - 1)}, \tag{1.6}$$

其中 k_i 表示节点 i 的度, l_i 表示节点 i 的 k_i 个邻居之间的连接数目。如图 1.2 所示, $k_i = 7$, $l_i = 2$, 所以节点 i 的簇系数为 $C_i = \frac{2}{21}$。此外, 节点簇系数的定义还有另一种描述 [47]:

$$C_i = \frac{\text{包含节点 } i \text{ 的三角形的数目}}{\text{以节点 } i \text{ 为中心的连通三元组的数目}}, \tag{1.7}$$

其中以节点 i 为中心的连通三元组表示节点 i 与其另外任意两个邻居的组合。定义式 (1.6) 和式 (1.7) 在本质上完全相同。

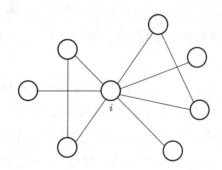

图 1.2 　网络局部簇系数计算示意图。图中节点 i 为要计算簇系数的目标节点

整个网络的簇系数定义为所有节点簇系数的平均值:

$$C = \frac{1}{N} \sum_{i, k_i > 1} C_i. \tag{1.8}$$

值得注意的是, 簇系数的定义只对度大于 1 的节点有意义, 公式 (1.8) 中求和只考虑度大于 1 的节点, 其中 N 表示所有度大于 1 的节点的数目。

1.2.5　节点中心性

在网络中, 节点的重要性可以用节点中心性来度量。在过去的研究中, 采用了不同的中心性定义来描述节点在网络动力学中的不同作用, 例如节点的传播能力、节点受到攻击后对网络鲁棒性的影响等。我们最容易想到的方法是用度中心

性 (节点的邻居数) 来衡量节点的重要性。对于大多数情况, 节点的重要性与其度的大小有着较为紧密的关系, 但是判断一个节点的重要性还需要和网络的具体功能结合起来。例如在通信网络中, 某些节点虽有较小的连接度, 但是其所处的位置异常重要, 对于维持网络的连通性能够起到关键作用, 那么这样的节点无疑是非常重要的 [48]。

介数的概念刻画了基于最短路径路由的策略下通信网络节点的重要性, 该指标由 Freeman 于 1977 年提出 [49]。节点的介数中心性定义为网络中经过该节点的最短路径数目占所有最短路径数目的比例。具体地, 节点 i 的介数定义为

$$B(i) = \sum_{s \neq i / t} \frac{n_{st}^i}{g_{st}}, \tag{1.9}$$

其中 g_{st} 为节点 s 到节点 t 的所有最短路径的数目, n_{st}^i 为从节点 s 到节点 t 的最短路径中经过节点 i 的数目, 求和表示对除了节点 i 之外的节点所有可能的两两组合求和。

在信息传播网络中, 另一种与最短路径相关的中心性称为接近中心性 (也称为凝聚度) [50, 51], 它被定义为某个节点与网络中其他所有节点最短距离的平均值。如果一个节点到达网络其他节点的最短距离均值越小, 那么说明该节点的接近中心性越大, 表示该节点可能比较重要。接近中心性也可以理解为, 在最短路由策略的情形下, 用信息在网络中的传播时间来表示节点的重要性。如果说介数最高的节点对于网络中信息的传播具有最大的控制力, 那么接近中心性最大的节点则对于信息的传播具有最佳的通达性。

除了以上指标外, 网络科学还曾用关节节点的概念来描述节点的位置中心性。如果一个节点被删除后会引起网络的破碎, 那么这个节点就被定义为关节节点。这个概念在网络渗流中也有应用 [52]。此外, 对节点中心性的度量, 还有网格流 [53]、随机行走 [54] 及子图 [55] 等概念, 这里不一一介绍。需要注意的是, 度量节点的重要性没有固定的指标, 需要结合所研究具体问题的侧重点来进行选择。

1.2.6　度相关性

现实中复杂网络节点度存在一定的关联行为, 度相关性是网络中的边所连接的两个节点度值之间的相关性, 也被称为度度相关性。如果一个网络中度值较大

的节点倾向于和度值较大的节点相连, 度值较小的节点倾向于和度值较小的节点相连, 这种网络就是度度正相关的; 反之, 如果度值较大的节点倾向于和度值较小的节点相连, 这个网络就是度度负相关的。将网络中度值为 k 的节点出现的概率标记为 p_k, 度关联性可以通过度值为 k 的节点的邻居度值的平均值的平均来刻画 [56, 57], 具体计算方法是先统计度值为 k 的节点数目, 然后对每一个度值为 k 的节点的邻居度值取平均, 然后再对这些平均值进行简单平均:

$$\langle k_{nn}\rangle(k) = \sum_{k'} k' P(k'|k), \tag{1.10}$$

其中 $P(k'|k)$ 表示在某条边的一个端点度值为 k 的情况下, 另一个端点度值为 k' 的条件概率。当网络度正相关时, $\langle k_{nn}\rangle(k)$ 是一条随 k 递增的函数; 当网络度负相关时, $\langle k_{nn}\rangle(k)$ 则随 k 增大而递减; 当没有度度相关性时, $\langle k_{nn}\rangle(k)$ 为一常数 $\langle k^2\rangle/\langle k\rangle$, 其计算过程如下所示。

在网络没有度关联的时候, 考虑一条随机边连接到一个节点的概率正比于该节点的度, 可以得到如下结果:

$$\langle k_{nn}\rangle(k) = \sum_{k'} k' P(k'|k) = \sum_{k'} \frac{k' p_{k'}}{\langle k\rangle} = \frac{\langle k^2\rangle}{\langle k\rangle}. \tag{1.11}$$

通常来说, $\langle k^2\rangle/\langle k\rangle$ 往往大于平均度 $\langle k\rangle$。因此对于社交网络, 从统计平均上讲, 大部分人朋友的平均朋友数会比他本人的朋友多。

除此之外, Newman 提出通过计算网络连边两端节点度的 Pearson 关联系数, 来度量网络的度相关性的强弱 [58, 59], 其定义为

$$r = \frac{M^{-1}\sum_e j_e k_e - [M^{-1}\sum_e \frac{1}{2}(j_e + k_e)]^2}{M^{-1}\sum_e \frac{1}{2}(j_e^2 + k_e^2) - [M^{-1}\sum_e \frac{1}{2}(j_e + k_e)]^2}. \tag{1.12}$$

其中 j_e 和 k_e 分别是边 e 两端节点的度值, 求和包含了网络中所有的边。

r 指标也称为网络节点之间的度相关系数, 显然 $-1 \leqslant r \leqslant 1$。当 $r > 0$ 时, 网络是正相关的同配网络 (assorataive); 当 $r < 0$ 时, 网络是负相关的异配网络 (disassorative); 当 $r = 0$ 时, 网络的节点连接不存在相关性。对于异质性比较强的无标度网络, 度相关系数的下界并不等于 -1, 而是依赖于幂律分布的幂指数 γ

[60], 这说明度相关系数 r 不能说明一个幂律度分布的网络是正关联还是负关联。此外, 当网络趋向于无穷大时, 度分布的二阶矩在 $\gamma < 3$ 时发散, 也说明该指标在数学上存在缺陷 [61]。尽管真实网络是有限的, 但是这个指标用在有限网络中也会出现一些问题, 例如网络度分布异质性非常强的时候, 在给定的度序列下, 无论节点之间如何连接, 度相关系数 r 也基本不变 [62]。

1.2.7 剩余度分布与剩余平均度

假定随机挑选网络的一条边, 沿着这条边的任意一个方向到达一个节点, 如果该节点的度值为 k, 则能够走出去的路径数为 $x = k - 1$。将所到达节点具有的能够走出去的路径数 x 定义为剩余度 (或称为余度)。假定 x 的分布满足函数 $Q(x)$, $Q(x)$ 往往被称为余度分布 (excess degree distribution)。余度分布常常用来求解渗流问题 [63], 在后续章节中会经常用到。

很显然, 余度分布 $Q(k')$ 不仅与网络的度分布有关, 而且与网络是否存在度关联有关。假定从一个度值为 k 的节点的邻居中随机挑选一个节点, 将其邻居度值为 k' 的概率记为 $P_c(k'|k)$。根据 $P_c(k'|k)$, 可以求出余度分布

$$Q(k') = \sum_k P_c(k' + 1|k). \tag{1.13}$$

如果网络不存在度关联, 则 $P_c(k'|k)$ 与 k 无关, 可以得到

$$Q(k') = \sum_k P_c(k' + 1|k) = p_{k'+1}. \tag{1.14}$$

考虑一条边连接到某个节点的概率正比于该节点的度值, 也正比于该度值出现的概率, 因此可得

$$Q(k') = \frac{(k' + 1)p_{k'+1}N}{\langle k \rangle N} = \frac{(k' + 1)p_{k'+1}}{\langle k \rangle}. \tag{1.15}$$

没有度关联的情况下, 余平均度 (excess average degree) 可以计算如下:

$$\langle k_{nn} \rangle(k) = \sum_k Q(k)k = \sum_k \frac{k(k+1)p_{k+1}}{\langle k \rangle} = \sum_{k'} \frac{k(k'-1)p_{k'}}{\langle k \rangle} = \frac{\langle k^2 \rangle - \langle k \rangle}{\langle k \rangle}. \tag{1.16}$$

基于此, 我们可以得到一个没有度关联的网络存在巨分支的条件。在网络中随机挑选一个节点作为中心点, 然后随机挑选该节点的一条边, 向外扩张的同时计算其到达节点的余平均度。如果余度平均值小于 1, 说明不能够走到无穷远处,

即网络的巨分支不存在; 反之如果余度平均值大于 1, 说明网络的巨分支存在。因此可以得到一个网络巨分支存在的条件为

$$\frac{\langle k^2 \rangle - \langle k \rangle}{\langle k \rangle} > 1. \tag{1.17}$$

余平均度条件在求解网络渗流的时候反复用到, 在后续章节中我们会给出具体的例子。

在网络科学中, 节点度的非同质性一直是人们关注的问题 [64]。对于一些真实网络而言, 同一网络不同节点的特征千差万别, 这些特性的统计规律为人们认识真实复杂网络提供了重要的依据, 如小世界网络模型和无标度网络模型就是基于网络簇系数、度分布以及网络的平均距离等特征发展而来的。接下来我们将通过一些网络模型来探讨这些网络特征的潜在产生机制。

1.3　网络模型

现实中许多复杂系统都可以被抽象成网络, 虽然这些网络在结构细节上千差万别, 但是它们在统计特征上往往表现出惊人的相似性和规律性, 例如前文所提到的小世界、无标度、簇结构和度关联等特征。为什么这些完全不同的系统抽象出来的网络具有相似的性质, 这些性质形成的内在机制是什么, 有没有什么简单的方法可以在理论上再现网络这些结构特征? 这些简单而深刻的问题, 得到了不同领域科学家的广泛关注。

规则网络只能代表极少数由组件规则排布而形成的复杂系统, 例如规则排布的计算机阵列、具有点阵结构的晶体等 [65]。对于真实网络, 大多数节点之间的排列不是规则的。20 世纪中叶, 数学家们构造出了随机网络的模型, 对于一个由若干节点组成的网络, 任意两个节点之间是否存在连边由一个概率决定。随机网络描述了网络节点连接的不规则特性, 在接下来的半个世纪里, 随机网络模型一直被很多科学家认为是描述真实系统最适宜的网络。直到最近 20 年, 由于信息技术的飞速发展, 科学家们获取了大量真实复杂系统的数据。通过对这些数据的分

析和处理, 发现了大量的真实网络的新特征, 例如小世界特性及无标度特性。这样的一些网络被科学家们称为复杂网络。本节将介绍 4 个最基本的网络模型: 规则网络、随机网络、小世界网络和无标度网络, 其中, Watts 和 Strogatz 提出的小世界网络模型 [5] 以及由 Barábasi 和 Albert 提出的无标度网络模型 [41], 开创了网络研究的新时代。

1.3.1 规则网络

规则网络在图论中有严格的定义, 即指每个节点度值都相同的网络。这样的定义包含了两种网络, 一种是具备规则晶格结构的规则网络, 另一种是规则随机网络。前者往往是由一维、二维 (如图 1.3 所示) 或者三维点阵所形成的网络。根据节点的不同排布方式, 形成不同形状的规则网络。第二种便是规则随机网络, 例如在有 1000 个节点的网络中, 每个节点都随机找 k_0 个节点相连, 这个网络的结构具有明显的不规则特征, 但由于节点的度完全一致, 被称为规则随机网络, 如图 1.4 所示。

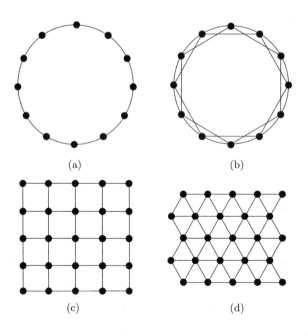

(a)   (b)

(c)   (d)

图 1.3   一维和二维规则网络示意图

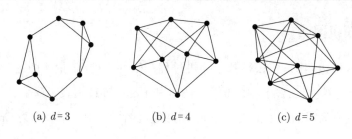

(a) $d=3$ (b) $d=4$ (c) $d=5$

图 1.4   规则随机网络

对于第一种网络, 由于网络中的节点通常是有限的, 在研究网络上的渗流问题或者其他动力学过程的时候, 往往将之赋予周期性边界条件, 以便削弱边界效应, 同时保证节点在网络中地位的对等。在存在周期性边界条件的情况下, 一维的规则网络可以用最近邻环网来表示, 节点被排布成一个环, 每个节点都和距离自己最近的 $2z$ 个节点相连, 其中 z 表示节点左侧或右侧的最近邻节点数, 如图 1.3(a) 和图 1.3(b) 所示。

一维最近邻环网的平均距离约为

$$\langle d \rangle \approx \frac{N}{4z}. \tag{1.18}$$

当网络的节点数 N 趋于无穷大时, 平均距离 $\langle d \rangle$ 也趋于无穷大。在 $z=2$ 时, 网络簇系数为 0; 在 $z>2$ 时, 最近邻环网的簇系数为

$$C = \frac{3z-3}{4z-2}. \tag{1.19}$$

随着 z 变大, 簇系数趋于极限值 0.75。因此, 当 $z>2$ 时, 最近邻环网具有较大的平均距离和较大的簇系数。

除了一维网络, 还有二维、三维及多维网络。对于维度为 d 的网络, 其平均距离为

$$\langle d \rangle = N^{\frac{1}{d}}. \tag{1.20}$$

通常来说, 规则网络是复杂系统研究中最为基础和普通的网络。众所周知的元胞自动机, 实际上就是规则网络上的一种特殊的动力学 [66], 它的应用范围涵盖了交通 [63]、经济 [67]、历史 [68]、战争 [69] 等方面, 是当前复杂性科学研究的有力工具之一。第 2 章将要介绍的经典渗流问题也常常是基于规则网络的。

1.3.2 随机网络

随机网络也叫随机图, 是基于随机过程产生的一种图, 处于图论和概率论交叉研究领域 [70–72]。1959—1961 年, Erdös 和 Rényi 连续发表 3 篇著名的文章, 使得随机图论成为图论一个正式的分支, 因此随机网络模型后来被称为 Erdös-Rényi 网络 [33, 34, 73]。

考虑一个有 N 个节点的无向随机网络, 它的定义有两种, 第一种定义是任意两点之间独立地以概率 p 连边, 以概率 $1 - p$ 不连边; 第二种定义是从一个具有 N 个节点的完全图中, 完全随机地选择一定数量 M 的边作为边集即可得到一个随机网络。因此, 当 $M = pN(N-1)/2$ 且网络规模 N 不是很小的时候, 两种模型具有基本一致的性质。

随机网络示意图如图 1.5 所示。连接概率 p 控制着网络的密度和平均度, 当 $p = 1$ 的时候, 随机网络就成了一个完全图。根据随机图的定义可以发现, 任意节点度值为 k 的概率满足二项分布 p_k, 如下所示:

$$p_k = \binom{N-1}{k} p^k (1-p)^{N-1-k}. \tag{1.21}$$

根据二项分布的性质, 当 $N \to \infty$ 和 $p \to 0$ 的时候, 二项分布可以近似为泊松分布

$$p_k = \lim_{N \to \infty, p \to 0} \binom{N-1}{k} p^k (1-p)^{N-1-k} = \frac{\langle k \rangle^k \mathrm{e}^{-\langle k \rangle}}{k!}. \tag{1.22}$$

其中节点平均度 $\langle k \rangle = p(N-1)$ 为有限常数。

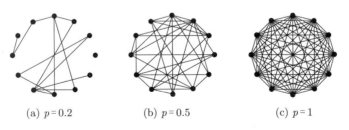

(a) $p = 0.2$　　　　(b) $p = 0.5$　　　　(c) $p = 1$

图 1.5　随机网络示意图

因此随机网络有时候也称泊松随机网络。图 1.6 展示了平均度分别为 1 和 2 的两个随机网络的节点连接情况和节点度分布, 左侧图中曲线展示了具有相同平均值的泊松分布。通过对比可以发现, 随机网络的度分布与泊松分布基本一致。

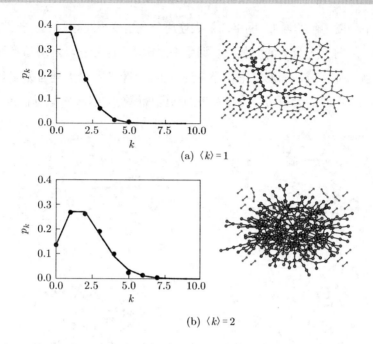

图 1.6　随机网络度分布和结构示意图, 右侧展示了该网络的节点连接情况。注: 右图中未显示孤立节点

　　任意一个节点的任意两个邻居之间存在一条边的概率也是 p, 因此 ER 网络的簇系数为 $p = \langle k \rangle/(N-1)$。当平均度为有限常数时, 随着网络规模 N 的增大, 网络簇系数会逐渐趋向于 0。由于随机网络节点度的同质性较强, 平均上讲, 每个节点有 $\langle k \rangle$ 个节点与它之间的距离为 1, 有 $\langle k \rangle^2$ 个节点与它之间的距离为 2, 以此类推, 大约有 $\langle k \rangle^n$ 个节点与它距离为 n。当平均度超过 3.5 之后, ER 网络的平均距离与网络规模存在近似关系 [36]:

$$\langle d \rangle \approx \frac{\ln N}{\langle k \rangle}. \tag{1.23}$$

　　总结起来, ER 随机图络具有小的簇系数、较短的平均距离和泊松形式的度分布。因此这也是人们把随机网络的平均距离作为判断一个复杂网络是否具有小世界效应的标准。除了度分布、簇系数和平均最短距离之外, 随机网络的连通性也是网络科学中所研究的重要问题。

　　如前所述, 网络的连通性通常用巨分支的大小来描述。图 1.7 描述了一个具有 200 个节点的随机网络的最大连通分支随平均度的增加而变化的过程。很明

显, 随着平均度 $\langle k \rangle$ 的增加, 网络的最大连通分支也变得越来越大。事实上, 当网络规模 N 趋向于无穷大的时候, 随机网络的最大连通分支与网络随平均度的变化展现出相变特性, 即当网络平均度达到一个临界值时, 最大连通分支会突然从有限变为无限, 即最大连通分支相对于网络的规模会突然从零变为非零。

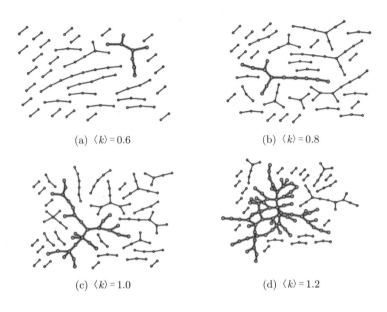

(a) $\langle k \rangle = 0.6$ 　　　　　　 (b) $\langle k \rangle = 0.8$

(c) $\langle k \rangle = 1.0$ 　　　　　　 (d) $\langle k \rangle = 1.2$

图 1.7　随机网络的最大连通分支 (加粗部分) 随平均度的变化。注: 图中未显示孤立节点

1.3.3　小世界网络

大量的实证研究发现, 绝大多数真实系统所抽象出的复杂网络既不同于规则网络, 又不同于随机网络, 表现出了较大的簇系数和较短平均距离这两个重要特征 [74-76]。为了更好地刻画真实网络, Watts 和 Strogatz 于 1998 年提出了著名的小世界网络模型 (WS 小世界网络模型) [5], 该模型能够生成一个介于规则网络和随机网络之间的网络。模型的规则为: 从一个具有 N 个节点、每个节点邻居数为 $2z$ 的最近邻环网络出发, 以一定的概率 p 将网络中的连接随机重连。此处的随机重连是指保持一个端点不变, 另外一个端点从其余节点中随机选择, 并且在重连的过程中避免重复边的产生。当 $p = 0$ 时, 模型生成的是一个规则网络; 而当 $p = 1$ 时, 模型生成的是一个随机网络。为了使 WS 网络在稀疏的情况下能够

基本保持连通, 一般取 $N \gg z \gg \ln(N) \gg 1$。

　　小世界网络模型抓住了社会系统和真实世界两个最为重要的特征。首先, 真实世界中节点因为受到空间的限制而倾向于与最近邻的节点产生连接; 再者, 也会由其他因素驱动而建立一些长距离的连接。具体而言, 对于人际关系网络, 由于地理环境限制, 大多数人更倾向于和他们距离最近的邻居、同事、同学成为朋友; 与此同时, 每个人都有可能因为工作、学习和社交等原因而产生远距离的朋友。图 1.8 是具有不同断边重连概率的 WS 小世界网络示意图。

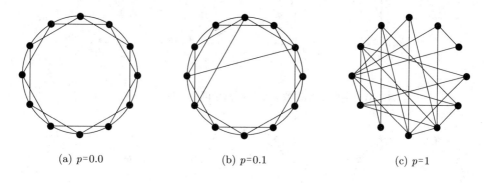

| (a) p=0.0 | (b) p=0.1 | (c) p=1 |

图 1.8　具有不同断边重连概率的 WS 小世界网络示意图

　　用 $\langle d \rangle_p$ 和 C_p 表示 WS 网络在给定重连概率 p 下的平均距离和簇系数。因此, $\langle d \rangle_0$ 和 C_0 分别代表最近邻环网的情况, $\langle d \rangle_1$ 和 C_1 分别代表随机网络的情况。图 1.9 展示了 $\langle d \rangle_p / \langle d \rangle_0$ 和 C_p / C_0 随 p 变化的情况, 在 p 值较小的时候, 平均距离 $\langle d \rangle_p$ 与 $\langle d \rangle_0$ 相比有非常明显的变化, 而簇系数 C_p 与 C_0 相比基本保持不变。因此 WS 小世界网络模型所产生的小世界网络相比规则网络和随机网络, 具有较短的平均距离和较大的簇系数, 这两个特征与真实网络是高度一致的。

　　不久之后, Monasson [77] 和 Newman 及 Watts [35] 独立提出另一个稍有不同的模型, 文献中一般称之为 Newman-Watts (NW) 模型。在 NW 模型中, 将 WS 模型的断边重连改成了添加连接, 即最近邻环网上原有的边都保留, 只是以概率 p 在每对尚未连接的节点间连一条边如图 1.10 所示。易于证明, WS 网络度分布形式与随机网络相似, 大度节点出现的概率呈指数衰减 [78]。NW 网络的度分布相当于一个规则网络和一个随机网络的叠加, 因此大度节点出现的概率随偏离平均值呈指数衰减的趋势。

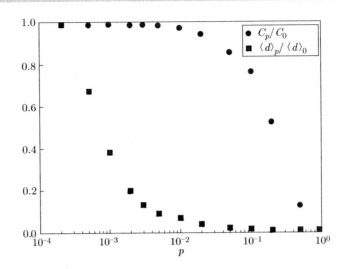

图 1.9   WS 网络中簇系数和平均距离随断边重连概率 p 变化的规律

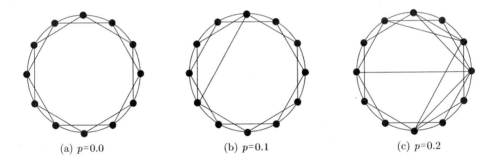

(a) $p=0.0$ (b) $p=0.1$ (c) $p=0.2$

图 1.10   具有不同加边概率的小世界网络示意图

在 N 足够大且 p 足够小的情况下, WS 网络和 NW 网络在本质上是一样的,
而且在性质上也几乎一致, 都具有较大的簇系数和较小的平均距离, 但是 NW 网
络可以避免 WS 网络在断边重连过程中出现网络整体不连通的可能性。以上两种
小世界网络模型的簇系数都是易于计算的, 对于 WS 网络, 任意一个节点 i 和它
的 2 个邻居 j 和 k 所形成的簇结构 (三角形), 每一条边都不变的概率为 $(1-p)^3$;
而当其中一条边被随机断开的时候, 还有 $\dfrac{1}{N-1}$ 的概率重新连接, 因此节点 i, j
和 k 仍然互为邻居的概率为 $(1-p)^3 + O(1/N)$。基于上述估计, Barrat 和 Weigt
给出了簇系数的解析结果 [78]:

$$C = \frac{3(z-1)}{2(2z-1)}(1-p)^3 + O(1/N). \tag{1.24}$$

对于 NW 网络, 也可以通过计算网络中三角形的数目和连通三元组的数目而得 [47]

$$C = \frac{3(z-1)}{2(2z-1) + 4zp(p+2)}. \tag{1.25}$$

通过对 NW 网络和 WS 网络的平均距离的研究, 当网络中长程边的数目 $zpN \gg 1$ 的时候, 小世界模型的平均路径长度具有如下近似形式 [35, 74]:

$$L \approx \frac{\ln(zpN)}{z^2 p}. \tag{1.26}$$

在高维规则网络基础上生成的 NW 网络和 WS 网络, 性质与一维情况类似 [35, 75, 76, 79], 只是平均距离的形式需要一个简单的修正: 将式 (1.26) 中的 N 替换成 $N^{1/d}$, 其中 d 是 $p = 0$ 时规则网络的维度。

1.3.4 无标度网络

无标度网络模型中最为著名的模型是 Barábasi 和 Albert 在 1999 年提出的生长模型, 简称 BA 网络模型, 该模型提供了真实网络度分布无标度特性的一种生成机制 [73]。BA 网络模型认为真实网络的生成是基于如下两个基本假设:

(1) 增长模式: 很多现实网络是通过不断增长而来的, 例如互联网中新网页的产生、交通网络中新交通枢纽的建造、人际关系网络中新朋友的加入、文献引用网络中新论文的发表等。

(2) 优先连接模式: 新节点在加入时倾向于与有更多连接的节点相连。例如新建网站的网页会倾向于和知名网站建立连接, 新的交通枢纽会优先考虑建立与其他重要枢纽之间的连接, 新加入社群的人会倾向于和社群中的知名人物结识, 新论文倾向于引用已被广泛引用的重要文献等。

如图 1.11 所示, 假定拟生成一个具有 N 个节点的 BA 网络, 其产生遵循以下步骤:

(1) 初始化: 建立一个具有 m_0 个节点的网络, $m_0 \ll N$。

(2) 增长: 新增加的节点从网络中已经存在的节点中选择 m 个并与之相连。在此过程中遵循优先连接的原则: 任意一个已经存在的节点 i 被选中的概率与它的度值 k_i 成正比。

(3) 重复过程 (2), 直到达到规定的节点数量 N。

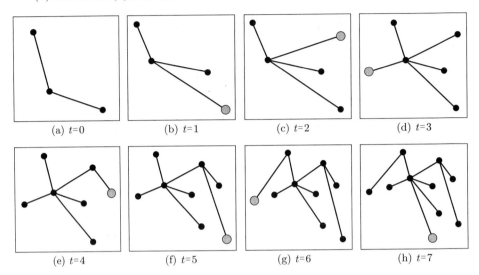

(a) $t=0$　　　(b) $t=1$　　　(c) $t=2$　　　(d) $t=3$

(e) $t=4$　　　(f) $t=5$　　　(g) $t=6$　　　(h) $t=7$

图 1.11　BA 网络增长示意图, 其中较大的灰色节点表示新加入网络的节点

由于存在优先连接机制, BA 模型节点的度分布具有高度的异质性。利用平均场近似, 在网络规模 $N \to \infty$ 的时候, Barábasi 等人证明了 BA 网络度分布是指数为 3 的幂律分布 [80]:

$$p_k \sim k^{-3} \tag{1.27}$$

当节点数 $N \gg m_0$ 时该分布与初始条件无关。主方程法 [81]、率方程法 [82]、非齐次马尔可夫链分析 [83] 等方法可以得到精确解, 此处不再详细介绍。图 1.12 的左侧部分展示了一个由 1000 个节点组成了 BA 无标度网络的度分布示意图, 可以看到其累积度分布非常接近指数为 -2 的幂函数, 这与理论计算一致。图 1.12 的右侧部分展示了该网络的结构, 可以看到该网络节点度分布的异质性。

Bollobás 等人的研究表明, BA 网络同样具有小世界效应, 其直径 (最长的平均距离) 增长趋势为

$$d_{\max} \approx \frac{\ln N}{\ln \ln N}. \tag{1.28}$$

但是 BA 网络的簇系数很小, 并且随着网络节点数 N 的增大很快趋于 0, 其趋势为 [84, 85]

$$C \approx \frac{\ln^2 N}{N}. \tag{1.29}$$

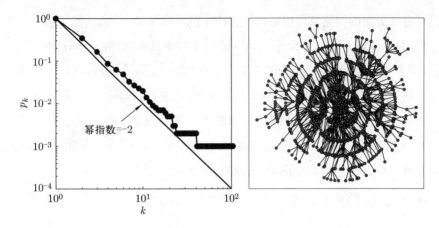

图 1.12 BA 网络累积度分布 (左) 与对应网络结构图 (右)

由于很多真实网络具有很大的簇系数, 而且簇系数的大小也与网络规模无明显的关联, 因此 BA 网络并不能很好再现真实网络高集聚的性质。

表 1.1 对比了上述 4 个网络模型与部分真实网络的基本拓扑性质。可以发现每一种网络模型只能刻画真实网络的部分性质。当然, 网络建模方面的研究目前已经非常成熟, 很多真实网络的结构性质都能够通过建模研究 [86]。

表 1.1　各种网络主要拓扑特征一览

网络类型	平均距离	簇系数	度分布
规则网络	大	大	δ 函数
随机网络	小	小	泊松分布
WS 小世界网络	小	大	指数分布
BA 小世界网络	小	小	幂律分布
部分真实网络	小	大	近似幂律分布

1.3.5　广义随机网络与配置模型

对于一个随机网络, 给定节点数 N, 以相同的概率 p 将 M 条边连接到任意两个节点上, 根据这样的规则所生成的网络, 其度分布满足泊松分布。类似地, 根据 BA 无标度网络模型的规则可以生成一个度分布为幂律分布的网络。但是, 并不是任意度分布的网络都可以通过一种简单的规则来生成。假定给定若干节点的度序列, 是否能够生成一个除了节点的度值不同而其他方面的性质都相同的网络呢? 这样的网络被称为广义随机网络 (generalized random network)。广义随机网络往往通过配置模型 (configuration model) 来生成 [36, 87]。

在配置模型中需要根据网络度分布来产生节点的度序列 $k_1, k_2, \cdots, k_N$, 其中非负整数 k_i 表示节点 i 的度值。当然这个度序列也可以由人为指定。为了保证能够生成符合度序列的简单网络, 该度序列需要满足以下条件:

(1) 所有节点的度值之和 $\sum\limits_{i=1}^{N} k_i$ 等于边数之和的两倍。

(2) 所有节点的度值之和不能超过相同节点数量的完全图, 即满足条件:

$$\sum_{i}^{N} k_i \leqslant N(N-1). \tag{1.30}$$

在生成符合条件的度序列之后, 可以根据配置模型的算法生成广义随机网络。具体算法的细节分为 3 个步骤:

(1) 初始化: 根据给定度序列随机地指定 N 个节点的度值。

(2) 引出线头: 将度值为 k_i 的节点 i 引出 k_i 个线头, 并将每个线头编号 $(i = 1, 2, \cdots, N)$。

(3) 随机配对: 随机挑选 2 个线头的编号进行连接, 然后将剩余的线头再随机挑选 2 个进行连接, 直到所有的线头连接完毕为止。

需要注意的是, 在这个过程中同一个节点引出的两个线头可能连在一起, 而同一个节点引出的两个线头也有可能同时连接到另外一个节点的两个线头, 因此该模型有可能出现自环和重复边。如果不允许出现自环和重复边, 不但可能破坏线头之间配对连接的随机性, 而且可能无法生成指定度序列的网络。然而在网络规模非常大, 而网络的度值都相对较小的时候, 上述配置模型产生自环和重边的概率将大大减小。

1.4 小结

本章介绍了网络的表示形式以及描述网络和节点性质的几种指标,回顾了真实网络实证研究的一些重要结果,例如真实网络的小世界效应和度分布的无标度特征。最后介绍了几种最为基础的网络模型,这些模型在网络建模、网络动力学等研究中有广泛应用。对于入门的读者,阅读本章可以了解复杂网络的基础知识,为深入理解复杂网络上的渗流理论和模型提供了铺垫。如需了解更多有关复杂网络的结构特征和演化动力学的研究,可以参考一些专门的书籍和文献 [1–4]。

参考文献

[1] Newman M E J. Networks: An Introduction [M]. Oxford: Oxford University Press, 2010.

[2] Albert R, Barabási A L. Statistical mechanics of complex networks [J]. Rev. Mod. Phys., 2002, 74: 47–97.

[3] Dorogovtsev S N, Mendes J F F. Evolution of networks [J]. Advances in Physics, 2002, 51(4): 1079–1187.

[4] 陈关荣, 汪小帆, 李翔. Introduction to Complex Networks: Models, Structures and Dynamics [M]. 北京: 高等教育出版社, 2012.

[5] Watts D J, Strogatz S H. Collective dynamics of 'small-world' networks [J]. Nature, 1998, 393: 440–442.

[6] Amaral L A N, Scala A, Barthélémy M, et al. Classes of small-world networks [J]. Proceedings of the National Academy of Sciences, 2000, 97(21): 11149–11152.

[7] Ravasz E, Barabási A L. Hierarchical organization in complex networks [J]. Phys. Rev. E, 2003, 67: 026112.

[8] Barabási A, Jeong H, Néda Z, et al. Evolution of the social network of scientific collaborations [J]. Physica A: Statistical Mechanics and its Applications, 2002, 311(3):

590–614.

[9] Newman M E J. Scientific collaboration networks. I. Network construction and fundamental results [J]. Phys. Rev. E, 2001, 64: 016131.

[10] Golder S A, Wilkinson D M, Huberman B A. Rhythms of Social Interaction: Messaging Within a Massive Online Network [C] // Steinfield C, Pentland B T, Ackerman M, et al. Eds. Proceedings of Communities and Technologies 2007, London: Springer, 2007: 41–66.

[11] Ahn Y Y, Han S, Kwak H, et al. Analysis of topological characteristics of huge online social networking services: Proceedings of the 16th International Conference on World Wide Web, New York, NY [C]. New York: ACM, 2007: 835–844.

[12] Xia Y, Tse C K, Tam W M, et al. Scale-free user-network approach to telephone network traffic analysis [J]. Phys. Rev. E, 2005, 72: 026116.

[13] Onnela J P, Saramäki J, Hyvönen J, et al. Structure and tie strengths in mobile communication networks [J]. Proceedings of the National Academy of Sciences, 2007, 104(18): 7332–7336.

[14] Sen P, Dasgupta S, Chatterjee A, et al. Small-world properties of the Indian railway network [J]. Phys. Rev. E, 2003, 67: 036106.

[15] Stefan L, Björn G, Dirk H. Scaling laws in the spatial structure of urban road networks [J]. Physica A: Statistical Mechanics and its Applications, 2006, 363(1): 89–95.

[16] Han J D J. Understanding biological functions through molecular networks [J]. Cell Research, 2008, 1.

[17] Proulx S R, Promislow D E, Phillips P C. Network thinking in ecology and evolution [J]. Trends in Ecology & Evolution, 2005, 20(6): 345–353. Special Issue: Bumper Book Review.

[18] Jeong H, Tombor B, Albert R, et al. The large-scale organization of metabolic networks [J]. Nature, 2000, 407: 651–654.

[19] Wagner A, Fell D. The small world inside large metabolic networks [J]. Biological Sciences, 2001, 268(1478): 1803–1810.

[20] Jeong H, Mason S P, Barabási A L, et al. Lethality and centrality in protein networks [J]. Nature, 2001, 411: 41–42.

[21] Maslov S, Sneppen K. Specificity and stability in topology of protein networks [J].

Science, 2002, 296(5569): 910–913.

[22] Agrawal H. Extreme self-organization in networks constructed from gene expression data [J]. Phys. Rev. Lett., 2002, 89: 268702.

[23] Guelzim N, Bottani S, Bourgine P, et al. Topological and causal structure of the yeast transcriptional regulatory network [J]. Nature Genetics, 2002, 31: 60–63.

[24] Gao J, Li D, Havlin S. From a single network to a network of networks [J]. National Science Review, 2014, 1(3): 346–356.

[25] Boccaletti S, Bianconi G, Criado R, et al. The structure and dynamics of multilayer networks [J]. Physics Reports, 2014, 544(1): 1–122.

[26] Bond J, Murty U S R. Graph Theory with Applications [M]. London: MacMillan Press, 1976.

[27] Bollobás B. Modern Graph Theory [M]. Berlin: Springer, 1998.

[28] Euler L. Solutio Problematis ad geometriam situs pertinentis [J]. Commentarii Academiae Scientiarum Imperialis Petropolitanae, 1736, 8: 128–140.

[29] Johan U, Brian K, Lars B, et al. The anatomy of the Facebook social graph [J]. CoRR, 2011, abs/1111.4503.

[30] Kleinfeld J S. The small world problem [J]. Society, 2002, 39(2): 61–66.

[31] Huberman B A, Adamic L A. Growth dynamics of the World Wide Web [J]. Nature, 1999, 401: 131.

[32] Ferrer I, Cancho R, Solé R. The small world of human language [J]. Proceedings of the Royal Society B: Biological Sciences, 2001, 268(1482): 2261–2265.

[33] Erdös P, Rényi A. On random graphs I [J]. Publicationes Mathematicae Debrecen, 1959, 6: 290–297.

[34] Erdös P, Rényi A. On the strength of connectedness of a random graph [J]. Acta Mathematica Scientia Hungary, 1961, 12:261–267.

[35] Newman M, Watts D. Renormalization group analysis of the small-world network model [J]. Physics Letters A, 1999, 263(4): 341–346.

[36] Chung F, Lu L. The average distances in random graphs with given expected degrees [J]. Proceedings of the National Academy of Sciences, 2002, 99(25): 15879–15882.

[37] Bollobás B, Riordan O. The diameter of a scale-free random graph [J]. Combinatorica, 2004, 24: 5–34.

网
络
渗
流

[38] Liben-Nowell D, Novak J, Kumar R, et al. Geographic routing in social networks [J]. Proceedings of the National Academy of Sciences, 2005, 102(33): 11623–11628.

[39] Leskovec J, Kleinberg J, Faloutsos C. Graph evolution: densification and shrinking diameters [J]. ACM Trans. Knowl. Discov. Data, 2007, 1(1).

[40] López E, Parshani R, Cohen R, et al. Limited path percolation in complex networks [J]. Phys. Rev. Lett., 2007, 99: 188701.

[41] Barabási A L, Albert R. Emergence of scaling in random networks [J]. Science, 1999, 286(5439): 509–512.

[42] de Solla Price D J. Networks of scientific papers [J]. Science, 1965, 149(3683): 510–515.

[43] Strogatz S H. Exploring complex networks [J]. Nature, 2001, 410: 268–276.

[44] Russell B H, Killworth P D, Evans M J, et al. Studying social relations cross-culturally [J]. Ethnology, 1988, 27(2): 155–179.

[45] Newman M E J. The structure of scientific collaboration networks [J]. Proceedings of the National Academy of Sciences, 2001, 98(2): 404–409.

[46] Ren X Z, Yang Z M, Wang B H, et al. Mandelbrot law of evolving networks [J]. Chinese Physics Letters, 2012, 29(3): 038904.

[47] Newman M E J. The structure and function of complex networks [J]. SIAM Review, 2003, 45(2): 167–256.

[48] Yan G, Zhou T, Hu B, et al. Efficient routing on complex networks [J]. Phys. Rev. E, 2006, 73: 046108.

[49] Freeman L C. A set of measures of centrality based on betweenness [J]. Sociometry, 1977, 40: 35–41.

[50] Sabidussi G. The centrality index of a graph [J]. Psychometrika, 1966, 31(4): 581–603.

[51] Freeman L C, Roeder D, Mulholland R R. Centrality in social networks: ii. experimental results [J]. Social Networks, 1979, 2(2): 119–141.

[52] Tian L, Bashan A, Shi D N, et al. Articulation points in complex networks [J]. Nature Communications, 2017, 8: 14223.

[53] Brandes U. A faster algorithm for betweenness centrality [J]. Journal of Mathematical Sociology, 2001, 25(2): 163–177.

[54] Newman M E J. A measure of betweenness centrality based on random walks [J].

Social Networks, 2005, 27(1): 39–54.

[55] Estrada E, Rodríguez-Velázquez J A. Subgraph centrality in complex networks [J].
Phys. Rev. E, 2005, 71: 056103.

[56] Pastor-Satorras R, Vázquez A, Vespignani A. Dynamical and correlation properties
of the Internet [J]. Phys. Rev. Lett., 2001, 87: 258701.

[57] Vázquez A, Pastor-Satorras R, Vespignani A. Large-scale topological and dynamical
properties of the Internet [J]. Phys. Rev. E, 2002, 65: 066130.

[58] Newman M E J. Assortative mixing in networks [J]. Phys. Rev. Lett., 2002, 89:
208701.

[59] Newman M E J. Mixing patterns in networks [J]. Phys. Rev. E, 2003, 67: 026126.

[60] Yang D, Pan L, Zhou T. Lower bound of assortativity coefficient in scale-free networks
[J]. Chaos, 2017, 27(033113).

[61] Shi D H. Scale-free networks: Basic theory and applied research [J]. Journal of Uni-
versity of Electronic Science and Technology of China, 2010, 39: 644–650.

[62] Zhou S, Mondragón R J. Structural constraints in complex networks [J]. New Journal
of Physics, 2007, 9(6): 173–173.

[63] Wang L, Wang B H, Hu B. Cellular automaton traffic flow model between the Fukui-
Ishibashi and Nagel-Schreckenberg models [J]. Phys. Rev. E, 2001, 63: 056117.

[64] Shi D, Lü L, Chen G. Totally homogeneous networks [J]. National Science Review,
2019, 0(0): 0–8.

[65] Xu J M. Topological Structure and Analysis of Interconnection Networks [M]. Berlin:
Kluwer Academic Publishers, 2001.

[66] Wolfram S. Theory and Applications of Cellular Automata [M]. Singapore: World
Scientific Publishing Company, 1986.

[67] Zhou T, Zhou P L, Wang B H. Brief review of artificial financial markets based on
cellular automata [J]. Complex Systems and Complexity Science, 2005, 2: 10–15.

[68] Lam L. Histophysics: A new discipline [J]. Modern Physics Letters B, 2002, 16:
1163–1176.

[69] Han X P, Zhou T, Wang B H. Nation evolutionary model based on cellular automata
[J]. Complex Systems and Complexity Science, 2004, 1: 74–78.

[70] Szele T. Combinatorial investigations concerning directed complete graphs [J].

Matematikai és Fizikai Lapok, 1943, 50: 223–256.

[71] Erdös P. Some remarks on the theory of graphs [J]. Bulletin of the AMS, 1947, 53: 292–294.

[72] Solomonoff R, Rapoport A. Connectivity of random nets [J]. The Bulletin of Mathematical Biophysics, 1951, 13(2): 107–117.

[73] Erdös P, Rényi A. On the evolution of random graphs [J]. Publ. Mah. Inst. Hung. Acad. Sci, 1960, 5: 17–60.

[74] Barthélémy M, Amaral L A N. Small-world networks: Evidence for a crossover picture [J]. Phys. Rev. Lett., 1999, 82: 3180–3183.

[75] Newman M E J, Watts D J. Scaling and percolation in the small-world network model [J]. Phys. Rev. E, 1999, 60: 7332–7342.

[76] Moukarzel C F. Spreading and shortest paths in systems with sparse long-range connections [J]. Phys. Rev. E, 1999, 60: R6263–R6266.

[77] Monasson R. Diffusion, localization and dispersion relations on "small-world" lattices [J]. The European Physical Journal B (Condensed Matter and Complex Systems), 1999, 12(4): 555–567.

[78] Barrat A, Weigt M. On the properties of small-world network models [J]. The European Physical Journal B (Condensed Matter and Complex Systems), 2000, 13(3): 547–560.

[79] Ozana M. Incipient spanning cluster on small-world networks [J]. Europhysics Letters (EPL), 2001, 55(6): 762–766.

[80] Barabási A L, Albert R, Jeong H. Mean-field theory for scale-free random networks [J]. Physica A: Statistical Mechanics and its Applications, 1999, 272(1): 173–187.

[81] Dorogovtsev S N, Mendes J F F, Samukhin A N. Structure of growing networks with preferential linking [J]. Phys. Rev. Lett., 2000, 85: 4633–4636.

[82] Krapivsky P L, Redner S, Leyvraz F. Connectivity of growing random networks [J]. Phys. Rev. Lett., 2000, 85: 4629–4632.

[83] Shi D, Chen Q, Liu L. Markov chain-based numerical method for degree distributions of growing networks [J]. Phys. Rev. E, 2005, 71: 036140.

[84] Klemm K, Eguíluz V M. Highly clustered scale-free networks [J]. Phys. Rev. E, 2002, 65: 036123.

[85] Klemm K, Eguíluz V M. Growing scale-free networks with small-world behavior [J]. Phys. Rev. E, 2002, 65: 057102.

[86] Barabási A L. Scale-free networks: A decade and beyond [J]. Science, 2009, 325(5939): 412–413.

[87] Molloy M, Reed B. A critical point for random graphs with a given degree sequence [J]. Algorithms, 1995, 6(2): 161–180.

网
络
渗
流

第 2 章 经典渗流模型

渗流 (percolation) 原意为过滤 (filter)、渗透 (trickle through), 也常译作逾渗。渗流模型的机制虽然简单, 但应用十分广泛, 小到微观世界、粒子物理中的退禁闭 (deconfinement) 问题 [1-3], 大到宏观世界、星系中恒星的形成 [2, 4], 乃至实际工程材料领域的多孔介质、聚合物等问题。本书关注的网络鲁棒性与传播等问题, 是近年来渗流模型与理论的一个重要应用领域。

渗流理论的研究涉及统计物理与非线性物理中众多基础理论与问题, 如相变与临界现象、标度理论、重整化以及分形理论等 [5], 因此得到了物理学者的大量关注。由于大部分渗流问题都很难直接求解, 所以研究通常以模拟计算的形式出现。近年来, 渗流模型以其简单的规则与展现出的众多基本物理问题, 与 Ising 模型一起常被用作相变与计算物理学习的典型例子 [6-8]。

本章将介绍统计物理中经典渗流模型的基本概念及其相关性质与分析方法。

2.1 经典渗流模型与分类

渗流模型的应用很广, 因而可由多种角度展开模型的讨论。考虑到本书的受众, 本章将先通过一个例子引出相关模型与基本问题, 而后给出一般的定义与相关物理概念。

2.1.1 什么是渗流

渗流模型的提出通常认为是 Broadbent 和 Hammersley 于 1957 年发表的关于多孔介质渗透问题的论文 [9]。现今, 由于模型的拓展与相关理论的发展, 渗流在统计物理中泛指一类定义在网格系统上的物理模型。本章作为对经典模型的介绍, 也只限于网格系统。作为一本非物理理论的专业书籍, 这里不妨通过一个森林火灾模型示意图 (图 2.1), 了解渗流模型的基本形式与研究的关注点。

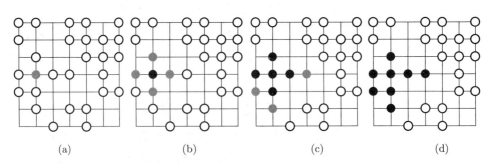

图 2.1　森林火灾模型示意图。图中空心点表示树木, 灰色点表示正在燃烧的树木, 黑色点表示已燃烧完的树木

如图 2.1 所示, 将一片森林简单地用方格表示, 树木只能存在于方格的节点处。为了表示森林的疏密, 假设树木密度为 p, 即每个节点有一棵树的概率为 p。注意, 各个节点是否有树的概率相互独立, 即树木随机分布。假设一棵树只能燃烧一个时步, 并且当一棵树燃烧时, 它可以引燃四周距离最近的节点上的树木 (如

果有)。图 2.1(a) $\sim$ 图 2.1(d) 给出了森林火灾从发生到熄灭的过程。

对于森林火灾模型, 需要关注的问题有两个: 一是火灾的破坏力, 二是火灾的持续时间。对于前者, 可以如图 2.1 所示, 从火源开始逐步演化, 最终得到被烧毁的树木数量, 就是火灾的破坏力。对于后者, 不妨假设每棵树都只能燃烧一段时间, 进而可以统计出从火源点燃到最后一棵树熄灭所用的时间, 即火灾持续时间。

我们在 100×100 的方格上进行了森林火灾模型的模拟, 且取 2000 次独立模拟的平均, 所得结果在图 2.2 中给出。可以发现在树木密度 p 超过 0.6 之前, 火灾都不会造成大规模破坏, 即受火区域相对于整个系统很小。再观察火灾的持续时间, 同样在 $p = 0.6$ 附近, 火灾的持续时间达到了极大值。这样一个特殊的点, 渗流理论中称之为临界点或渗流阈值, 记为 p_c。显然, 临界点 p_c 可用于表征森林火灾的基本特性: 密度大于 p_c 的森林有发生大规模火灾的可能, 小于 p_c 的森林则没有。从火灾持续时间上看, 当森林密度小于 p_c 时, 火灾传播范围很小, 持续时间自然很短; 当森林密度大于 p_c 时, 由于火势过大, 森林在很短的时间内燃烧殆尽, 持续时间也很短。

换一个角度, 图 2.2 的结果说明密度为 p_c 时, 树木组成了一种特殊结构①。在这种结构下, 森林既可大面积燃烧, 但又不会迅速燃尽。在物理上, 这种特殊结构称为分形 (fractal) 结构 [10]。用非线性物理中的方法度量这种结构的维度, 如格子覆盖法 (box covering), 可发现其维度并不是 2, 而是介于 1 与 2 之间, 一般称为分数维或分形维。这也是其分形名称的由来。这种结构具有自相似特性, 即从不同的尺度上观察都会发现相似的结构。这种与尺度无关的特性导致在临界点 p_c 附近, 系统具有无标度特性。分形相关研究常用重整化群 (renormalization group) 方法 [11–13]。

从数值模拟的角度看, 火灾燃烧时间在临界点附近远大于其他处, 意味着在临界点处需要更大的时间开销, 这一特性并不是该森林火灾或者渗流模型所特有, 而是广泛存在于相变问题的模拟中, 计算物理中称为临界慢化 (critical slowing down) [6, 7]。由于临界点的特殊性, 所以常常是研究的关注点, 临界慢化带来的更多是数值计算的困难。为了确定临界点附近系统的性质, 往往要花费数百倍甚至数万倍于其他情形下的模拟时间。因此, 计算物理中开发适用于临界点附近的高

① 指组成的最大集团。

网络渗流

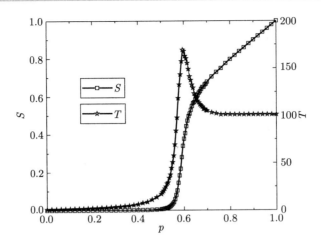

图 2.2　森林火灾模型模拟结果。模拟中, 随机选择一个节点作为火源。图中 S 表示烧毁的树木占系统总节点数的比例, T 为火灾的持续时间

效算法也是一个重要研究课题。另一方面, 如果在某个问题的模拟中发现了类似的慢化现象, 我们需要停下来思考是否对应了系统中某种物性的变化, 即是否有相变存在。临界慢化只是临界点附近系统特性的具体体现之一, 在临界点附近, 系统还会展现出很多特殊性质, 这些现象一般统称为临界现象 (critical phenomena) [14, 15]。临界现象研究是渗流研究中的重要内容, 或者可以说渗流理论就是研究渗流相变中的临界现象。

　　图 2.2 的曲线虽然做了多次平均但并不光滑, 这是因为一些随机因素会对系统的表现造成较大的影响。例如, 同一密度 p 下, 森林可以具有完全不同的构型。要消除这些随机因素的影响, 需要做大量的模拟并取平均。另外, 因为系统边缘的节点连接比较特殊, 对火势的传播有较大影响, 所以需要在尽可能大的系统中进行模拟, 以减小系统边界的影响。那么, 新的问题就出现了: 临界点 p_c 的取值是固定不变, 还是随着系统大小变化而变化呢? 相关现象是否随系统尺度的变化而变化呢? 这些问题在渗流理论中常以有限尺度标度律的形式被研究, 即系统所呈现的现象随着系统尺度的增加而呈现的变化规律。例如, 在 100×100 的系统中, 假设一棵树被点燃后, 距其 ξ 内的一棵树也会被点燃。那么, 对于同样的树木密度, 一个 200×200 的系统中, 距离火源为 ξ 的一棵树会不会被点燃呢? 或者说, 对于更大的系统, ξ 值是增大还是保持不变? 这里, ξ 即是渗流理论中的另一个重

要参量, 一般称为关联长度 (correlation length)。在森林火灾模型中可描述火灾的传播距离, 或者说两棵树能够状态保持一样 (是否被点燃) 的最远距离。此外, 从理论上说, 相变只能发生在无限大的系统中, 渗流相变的模拟研究, 也只能是研究系统对于无穷大的趋近行为。

如果考虑更多因素, 该森林火灾模型还可以有很多变形形式。例如, 一棵树只有与两棵或以上正在燃烧的树相邻才能被点燃, 或者由于风势作用, 火势只能沿着某一特定方向传播。这些变形都只是改变了火的传播机制, 而其最终性质仍是由森林中一片片树木组成的连通集团决定。这些连通集团的问题都是渗流问题, 包括夸克退禁闭、恒星的形成以及复杂网络中的疾病传播等都属于这一类问题。为了探究这些问题中一般性的现象与结论, 需要对相关概念做更严谨更一般的定义。

2.1.2 渗流模型的定义

从森林火灾模型的讨论中可以发现, 该问题的关键是树木能否连成一个大集团。当树木都是一些分散的小集团时, 无论火源在哪里都不会引起大面积的火灾。所以, 森林火灾问题可等价于树木邻接集团与森林密度 p 的关系, 这即是一个标准的座渗流 (site percolation)问题。

座渗流更一般的定义如图 2.3 所示。在一个方格系统 (大小 $N = L \times L$), 以概率 p 占据每个节点, 亦可理解为以概率 $1-p$ 删除节点。渗流问题即是考察由这些占据节点形成的集团的性质。一般地, 这些集团称为分支 (component), 其包含的节点数称为分支大小, 本书中记为 s。显然, 对于较小的概率 p, 所有分支都满足 $s \ll N$ (见图 2.3(a) 与图 2.3(b))。而对于较大的概率 p, 系统中存在一个分支, 其大小 $s \sim O(N)$ (见图 2.3(c))。这样的分支一般称为巨分支 (giant component)。

为了描述这种分支大小随占据概率 p 的变化, 我们定义

$$S = \lim_{N \to \infty} \frac{s_{\max}}{N}. \tag{2.1}$$

其中, $s_{\max}$ 为系统中最大的一个集团大小。对于一个无限大的系统, 随着占据概率 p 的增加, S 从零变为非零值, 这即是渗流相变。S 是这个相变的序参量, 其从零变为非零值时的占据概率 p_c 称为临界点。相对于序参量 S, 概率 p 控制着

37

网络渗流

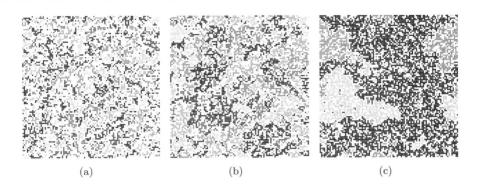

图 2.3　座渗流示意图。座渗流即是以一定概率 p 占据节点, 并考察由占据节点所形成的连接集团的特性。图中略去了未被占据的节点以及所有连边, 并将相邻的占据节点用同一种颜色标出。图中所示系统大小为 100×100, 占据概率依次为 (a) $p = 0.4$, (b) $p = 0.5$,(c) $p = 0.6$。从图中可以看出, 当占据概率 $p = 0.6$ 时, 系统中会出现一个较大的连接集团贯穿整个系统。这与 2.1.1 节中森林火灾爆发的临界点 p_c 一致

系统的状态, 所以常称为控制参量 (control parameter)。对于 $p > p_c$, S 也常称为巨分支大小[1]。该渗流模型没有临界点 p_c 的精确解, 但通过蒙特卡罗模拟可得到较为精确的临界点, 例如, 文献 [6] 给出 $p_c = 0.59274621(13)$, 文献 [17] 给出 $p_c = 0.5927465(4)$。这与森林火灾的模拟结果吻合。需要指出的是, 对于森林火灾模型, 即使系统中存在巨分支, 而由于火源的随机性, 也可能不会有火灾发生。但是, 对于无限大的系统, 这并不影响临界点的存在。

与座渗流相对应, 如果考虑边的占据与否, 则可构造另一类渗流模型——键渗流 (bond percolation)。如图 2.4 所示, 同样在方格网络上, 以概率 p 占据边, 或以概率 $1 - p$ 删除边。随着 p 的增加, 系统中也会有巨分支的涌现, 与之前讨论的座渗流有相似、相同或不同的性质, 本书会渐进地进行讨论与分析。这里先明确一点, 方格系统上的键渗流临界点 p_c 可以通过对偶变换 (duality transformation) [18-20]或者实空间重整化 (real space renormalization) [5, 8], 求得精确值 $p_c = 1/2$。

图 2.5 给出了两种渗流模型的模拟结果。可以看到, 随着系统尺度的增加, 模拟结果逐渐靠近理想情况, 即临界点以下 $S = 0$, 临界点以上 $S > 0$。此外, 还可以看到序参量的涨落 (统计误差) ΔS, 以及系统中的第二大分支 s_2 都在临界点附近取得极值。这与森林火灾燃烧时间在临界点取极值是类似的, 都是由临

---

[1] 注意, $S \in [0, 1]$, 与普通分支大小的定义不同。

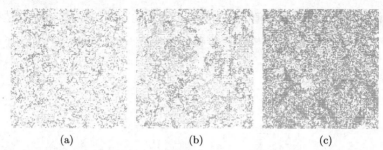

图 2.4　键渗流示意图。键渗流即是以一定概率 p 占据边, 并考察由占据边所连接的连通集团的特性。图中略去了未被占据的边以及节点, 并将相连的边用同一种颜色标出。图中所示系统大小为 100×100, 占据概率依次为 (a)$p = 0.3$,(b)$p = 0.4$,(c)$p = 0.5$。从图中可以看出, 当占据概率 $p = 0.5$ 时, 系统中会出现一个较大的连通集团贯穿整个系统

界点的一些特殊性质所决定。这一特点可用来确定一个给定系统的临界点。需要指出的是, 对于有限尺度系统, 极值点与理论临界点有一定差别, 但随着系统

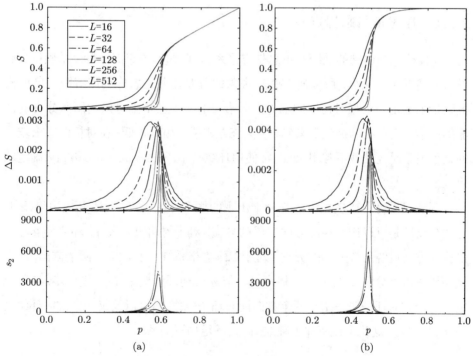

图 2.5　两种渗流模型的模拟结果。(a) 座渗流, (b) 键渗流。模拟中网格大小为 $L \times L$, 序参量 S 为 $n = 1000$ 次模拟平均值, 统计误差为 $\Delta S = \sqrt{\sum\limits_{i=1}^{n} (S_i - S)^2 / (n-1)}$, 其中 S_i 为第 i 次模拟的结果。另外, s_2 为第二大分支的大小。模拟采用了文献 [16] 中的算法

尺度的增加会逐渐靠近理论值, 这一点可以由图 2.5(b) 中键渗流模拟结果看出 (理论解为 $p_c = 1/2$)。通常将有限尺度模拟中极值点给出的临界点称为赝临界点 (pseudo-critical point)。

2.2　相变与临界现象

渗流相变的研究主要关注于临界现象, 而探究临界现象首先需要知道系统的临界点。但是, 除少数特殊模型外, 一般渗流模型都无法直接求得临界点。本节将首先介绍如何通过数值模拟比较精确地确定临界点, 而后讨论临界现象。

2.2.1　序参量与临界点

实际研究中遇到的系统并不总是方格系统, 而如键渗流那样可以精确得到临界点的情况少之又少, 所以研究临界现象的首要任务是怎样利用有限尺度的模拟结果来确定一个相对精确的临界点。第 2.1 节中已指出可以利用巨分支统计涨落或第二大分支的极值点来确定, 但该方式精度相对较低, 在对精度要求较高的临界现象研究中并不常用, 此时常使用环绕概率 (wrapping probability)确定临界点。

环绕概率为一次模拟中环绕分支出现的概率, 记为 R。对于开放边界条件, 环绕分支即是可以连通相应方向边界的分支; 对于周期边界条件, 环绕分支即是沿相应方向可绕系统一周的分支。对于二维方格系统, 有 x 与 y 两个方向, 所以环绕概率可以分为 x 方向环绕概率 R_x 与 y 方向环绕概率 R_y。进一步, 还可以定义一个方向环绕概率 R_1, 两个方向同时环绕概率 R_{11}, 以及仅一个方向环绕概率 R_{10}。显然, 这几个概率并不独立, 而是满足如下关系:

$$R_x = R_y, \tag{2.2}$$

$$R_1 = R_x + R_y - R_{11}, \tag{2.3}$$

$$R_{10} = R_x - R_{11} = R_y - R_{11}, \tag{2.4}$$

$$R_{11} = R_1 - 2R_{10}, \tag{2.5}$$

$$R_{11} \leqslant R_x(R_y) \leqslant R_1, \tag{2.6}$$

$$R_{10} \leqslant R_x(R_y). \tag{2.7}$$

注意, 仅一个方向环绕概率 R_{10} 在占据概率 p 趋于 0 或 1 时都趋于 0, 所以该概率非单调。除此之外, 其他几个环绕概率都单调地随着占据概率 p 的增加而增加; 并且对于 $N \to \infty$ 的系统, 在临界点以下这些概率都为 0。所以, 这些概率都可用作渗流模型的序参量。注意, 这与之前定义的序参量 S 并不完全等价。例如, 在临界点 $S \to 0$, 而环绕概率都有固定取值。文献 [21, 22] 给出了这些取值的精确结果:

$$R_x = R_y = 0.521058290, \tag{2.8}$$

$$R_1 = 0.690473725, \tag{2.9}$$

$$R_{10} = 0.169415435, \tag{2.10}$$

$$R_{11} = 0.351642855. \tag{2.11}$$

那么, 怎样用环绕概率确定临界点呢? 图 2.6 给出了几种不同系统大小的座渗流环绕概率模拟结果。可以发现对于不同尺度的系统, 环绕概率相交于临界点处, 而交点正是以上列出的精确解。这显然比利用第二大分支或者涨落的极大值点确定赝临界点更方便与精准。所以, 很多研究中都以此种方式确定临界点。表 2.1 给出了常见网格系统的渗流临界点。

不同尺度系统的环绕概率之所以相交于一点, 是由其有限尺度的标度特性所决定。如果考察系统中最大分支与第二大分支的比值, 可以发现类似的现象, 亦可用于确定临界点 [23, 24]。更多确定临界点的方法与技术, 可以参考计算物理与蒙特卡罗模拟的相关书籍。

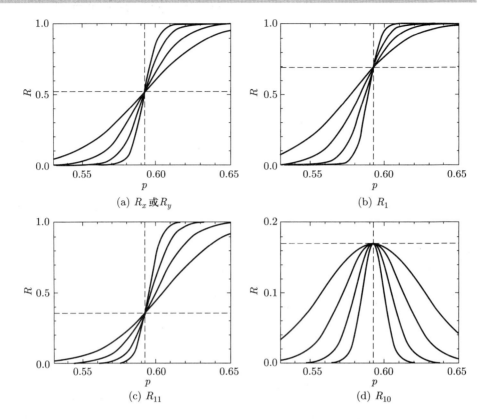

图 2.6　不同系统大小 $L \times L$ 的座渗流环绕概率模拟结果。各图中 4 条曲线由上至下 (临界点以下部分) 依次对应 $L = 32, 64, 128, 256$。该图取自文献 [16]

表 **2.1**　不同系统的渗流临界点 p_c，取自文献 [8]

系统	座渗流	键渗流
一维链	1	1
二维方格	0.59274621	1/2
二维三角	1/2	$2\sin(\pi/18)$
二维六角	0.6971	$1 - 2\sin(\pi/18)$
三维方格	0.3116080	0.2488126
四维方格	0.196889	0.160130
五维方格	0.14081	0.118174
六维方格	0.1090	0.09420
七维方格	0.08893	0.078685
Bethe 晶格	$1/(z-1)$	$1/(z-1)$

注: 1. 对于 Bethe 晶格, z 为节点度, 也称为配位数。

2. 表中表达式或分数形式的临界点 p_c 为精确解, 而小数形式的为模拟所得。

2.2.2 相变与临界指数

在森林火灾模型中, 我们已经看到在临界点附近系统会展现出一些特殊性质, 如燃烧时间取极大值, 这即是系统状态转变时展现出的临界现象。从字面看, 所谓临界即逐渐靠近临界点 p_c, 写成数学形式即是 $p \to p_c$ 或 $p - p_c \to 0$。所以, 简单来说, 临界现象即是系统在 $p - p_c \to 0$ 时所展现的行为。

1. 序参量——指数 β

由图 2.5 可以粗略看出, 序参量 S 在临界点处连续变化, 即占据概率 p 从临界点以上逐渐减小时, 序参量 S 也逐渐减小, 对于理想情况 (无限大系统), 在临界点处序参量至 0。这种类型的相变称为连续相变, 或二阶相变; 反之, 若 S 在临界点有跃变, 则称为不连续相变, 或一阶相变[①] 。那么, 我们考察的第一个临界现象就是: 当 $p - p_c \to 0$ 时, 序参量 S 以怎样的形式趋近于 0? 为了回答这个问题, 我们统计了序参量 S 在临界点附近的值, 如图 2.7 所示。由图 2.7 中的渐进行为可以推测当 $L \to \infty$ 时, 序参量 S 应有如下临界行为:

$$S \propto (p - p_c)^{\beta}, \quad p \to p_c. \tag{2.12}$$

图 2.7 中 $\beta = 5/36$ 为理论结果。这种在临界点附近的指数形式关系一般称为标度律 (scaling law), 指数 β 称为临界指数 (critical exponent)。需要指出的是, 所谓相变与临界现象都是针对热力学极限, 即系统无限大。所以, 如图 2.7 所示的有限尺度模拟结果, 只能看出符合标度律的趋势, 而并不是完全吻合。

由图 2.7 可以看出, 键渗流与座渗流的临界指数 β 相同。这是临界指数的一般性质, 即普适性 (universality)。临界指数只与系统维度、基础作用方式等有关, 而与系统结构细节或者是键渗流还是座渗流无关。表 2.2 列出了若干维度下渗流模型的临界指数。基于这种普适性, 下文对临界指数的介绍将不再区分模型的具体形式。

---

① 对于热力学相变, 相变类型可利用自由能的导数严格定义, 可参见统计物理书籍。

网络
渗流

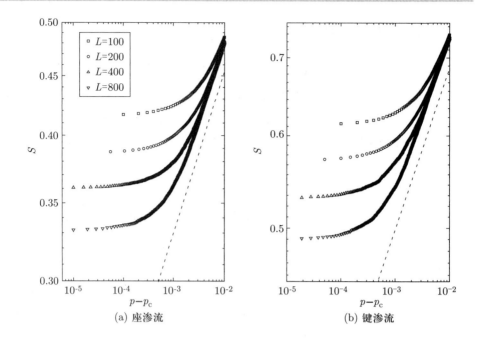

(a) 座渗流   (b) 键渗流

图 2.7   序参量的临界指数 β。图中虚线斜率为 5/36

表 **2.2**   不同维度下渗流模型的临界指数, 取自文献 [8]。表中整数和分数均为理论解, 小数为模拟结果

临界指数	$d=1$	$d=2$	$d=3$	$d=4$	$d=5$	$d \geqslant 6$
$\beta : S \propto (p-p_c)^\beta$	0	5/36	0.4181(8)	0.657(9)	0.830(10)	1
$\gamma : \chi \propto \lvert p-p_c \rvert^{-\gamma}$	1	43/18	1.793(3)	1.442(16)	1.185(5)	1
$\nu : \xi \propto \lvert p-p_c \rvert^{-\nu}$	1	4/3	0.8765(16)	0.689(10)	0.569(5)	1
$\sigma : s_\xi \propto \lvert p-p_c \rvert^{-1/\sigma}$	1	36/91	0.4522(8)	0.476(5)	0.496(4)	1/2
$\tau : p_s \propto s^{-\tau}$	2	187/91	2.18906(6)	2.313(3)	2.412(4)	5/2
$d_f : s_\xi \propto \xi^{d_f}$	1	91/48	2.523(6)	3.05(5)	3.54(4)	4

2. 分布特性——Fisher 指数 τ

临界指数 β 关系式 (2.12) 揭示了在临界点附近巨分支以怎样的形式增长。在这个过程中, 系统中其他小分支显然也会变化。那么, 第二个问题来了: 其他小分支在临界点附近以怎样的形式存在与演化呢? 由于系统中的分支数量众多, 所以逐个考察所有分支的形成过程既不现实也无必要。渗流过程是一个随机过程, 形

成的各个分支都具有相同或相似的结构, 可以区分这些分支的仅是其大小 s。因此, 可以通过考察分支大小 s 的分布 p_s 来回答这个问题。这里, 分布 p_s 定义为

$$p_s = \frac{\text{大小为 } s \text{ 的分支数}}{\text{总分支数}}. \tag{2.13}$$

p_s 表示所有分支中大小为 s 的分支所占比例, 或者任取一个分支其大小为 s 的概率。很多文献中 [5, 8], 也常用归一化分支数 (normalized cluster number) n_s 来描述这一特性, 其定义为

$$n_s = \frac{\text{大小为 } s \text{ 的分支数}}{\text{总节点数}}. \tag{2.14}$$

该量的物理意义并不容易直接表述, 而乘以 s 得到的 sn_s 则有明确意义: 一个节点属于大小为 s 的分支的概率。对比 p_s 与 n_s 的定义, 可知 $p_s \propto n_s$, 具体为

$$p_s = n_s \times \frac{\text{总节点数}}{\text{总分支数}} \tag{2.15}$$

即

$$p_s = \frac{n_s}{p} \times \frac{p \times \text{总节点数}}{\text{总分支数}} \tag{2.16}$$

因此

$$p_s = \frac{n_s \langle s \rangle}{p}. \tag{2.17}$$

其中, $\langle s \rangle = \sum_s p_s s$ 为分支的平均大小。对于键渗流, 令 $p = 1$。可见 n_s 与 p_s 没有本质区别, 本书统一用 p_s。

图 2.8 给出了分支大小分布 p_s 的模拟结果。可以发现, 当 $p \to p_c$ 时, p_s 展现出如下临界指数关系:

$$p_s \propto s^{-\tau}, \quad p \to p_c. \tag{2.18}$$

图 2.8 中 $\tau = 187/91$ 也是理论结果。τ 就是这里介绍的第二个临界指数, 常称为 Fisher 指数。此关系式也回答了之前的问题: 在 p 逐渐靠近临界点 (从 $p < p_c$ 方向) 的过程中, 大分支并不能突然出现, 系统中先需累积大量小分支, 而后才可在此基础上涌现出大分支, 并进一步累积涌现出更大的分支。而当 $p > p_c$ 时, 系统

中会涌现出一个巨分支, 它将系统中大分支连通, 所剩的分支都是一些较小的分支 (见图 2.8 (b))。由此推知, 在临界点 p_c, 由于无巨分支的存在, 这种小分支的累积与大分支的涌现现象可无限延伸, 即此时绝对满足 (2.18) 式。

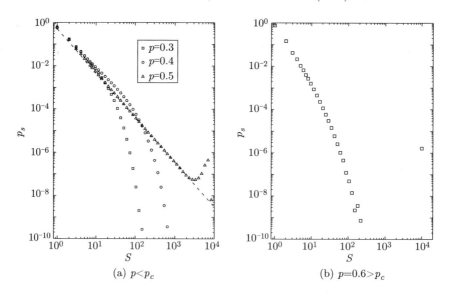

(a) $p < p_c$ (b) $p = 0.6 > p_c$

图 2.8   分支大小分布 p_s。模拟结果 $(L = 400)$ 由键渗流模型得到, 其临界点为 $p_c = 1/2$。图中虚线斜率为 187/91

如图 2.8(a), 对于 $p < p_c$, 分布 p_s 只有在 s 较小时满足 (2.18) 式, 而当 s 较大时 p_s 快速衰减趋近于 0。为了描述这种特性, 假设对给定概率 p, 分布 p_s 都存在截断点 $s_\xi(p)$。由此, 将式 (2.18) 写为更一般的形式:

$$p_s = s^{-\tau} f(s/s_\xi). \tag{2.19}$$

这里函数 $f(x)$ 应当满足: 当 $x > 1$ 时, 快速衰减为 0; $x < 1$ 时为常数。在相变理论中, 形如式 (2.19) 的式子称为标度假定 (scaling ansatz), $f(x)$ 称为标度函数。s_ξ 通常称为特征大小, 可简单地将其理解为相应系统的最大分支。

为解释标度假定的意义, 将式 (2.19) 改写为

$$p_s/s^{-\tau} = f(s/s_\xi). \tag{2.20}$$

该式的意义是: 若分布 p_s 以 $s^{-\tau}$ 为 "尺子", 分支大小 s 以 s_ξ 为 "尺子", 则该分布函数满足普适函数 $f(x)$, 而与特征大小 s_ξ(即概率 p) 无关。怎样验证这个普

适函数呢? 可以将模拟中得到的分布 p_s 除以 $s^{-\tau}$, 相应的分支大小 s 除以 s_ξ, 这样即可得到 $p_s/s^{-\tau}$ 与 s/s_ξ 的函数曲线。如果标度假设式 (2.20) 成立, 对于不同的概率 p, 这些曲线应该是相互重叠的。由于该模型对于任意概率 p, 无法精确得到 s_ξ, 所以这里暂不验证此式。在第 2.3.4 节中, 我们将通过另一种方式验证这个标度假设。如果需要直接验证这个式子, 也可以通过考察一维系统或者 Bethe 晶格等特征大小 s_ξ 有精确解的模型 [5, 8]。

3. 特征尺度——临界指数 σ 与 ν

在以上讨论中, 引入了一个新的参量——特征大小 s_ξ。由标度假设以及对图 2.8(a) 的分析可知该量也应在临界点处发散。那么, 类比以上临界指数的讨论, 可以将这种发散表达为

$$s_\xi \propto |p - p_c|^{-1/\sigma}, \quad p \to p_c. \tag{2.21}$$

对于二维方格系统, 临界指数 σ 的理论值为 36/91。注意, 与之前不同的是, 这里用了 $p - p_c$ 的绝对值。这是因为无论从哪个方向趋近临界点, s_ξ 都是发散的①。当然, 这种形式也默认了两个方向的趋近行为遵从相同的形式。之前已经提到从模拟数据中确定 s_ξ 并不方便, 所以这里暂不展示临界指数 σ 的模拟结果, 而先以理论的方式讨论临界指数 σ。

对于一个占据的节点, 其必属于某一分支, 则有如下等式:

$$S + \sum_{s=1}^{\infty} sn_s = p, \tag{2.22}$$

即

$$S + p \sum_{s=1}^{\infty} \frac{sp_s}{\langle s \rangle} = p. \tag{2.23}$$

对于键渗流, 只需令 $p = 1$。在临界点 p_c, $S = 0$, 式 (2.23) 可简化为

$$p_c \sum_{s=1}^{\infty} \frac{sp_s}{\langle s \rangle} = p_c. \tag{2.24}$$

用式 (2.23) 减去式 (2.24), 并代入式 (2.19), 对于 $p \to p_c$, 有

$$S \propto \sum_{s=1}^{\infty} s^{1-\tau} [f(0) - f(s/s_\xi)] + (p - p_c). \tag{2.25}$$

---

① 如果 $p > p_c$, s_ξ 以及 p_s 都是针对巨分支以外的其他分支而言。

式中 $f(0)$ 对应于临界点 $s_\xi \to \infty$。为方便讨论, 将式中求和化为积分, 并做变量代换 $x = s/s_\xi$, 得到

$$S \propto \int_1^\infty s^{1-\tau} \left[f(0) - f(s/s_\xi) \right] \mathrm{d}s + (p - p_c), \tag{2.26}$$

$$\propto s_\xi^{2-\tau} \int_{1/s_\xi}^\infty x^{1-\tau} \left[f(0) - f(x) \right] \mathrm{d}x + (p - p_c). \tag{2.27}$$

我们关注 $p \to p_c$ 的情形, 所以积分下限 $1/s_\xi \to 0$。式 (2.27) 简化为

$$S \propto s_\xi^{2-\tau} \int_0^\infty x^{1-\tau} \left[f(0) - f(x) \right] \mathrm{d}x + (p - p_c). \tag{2.28}$$

式中积分项可当作常数略去, 为了保证严谨, 可如下简单讨论该积分的发散性。在积分下限附近, $x \to 0$, 那么 $f(x)$ 可展开为 $f(0) + f'(0)x + f''(0)x^2/2 + \cdots$, 因此, 被积函数简化为 $x^{2-\tau} f'(0)$。此积分在 $x = 0$ 处不发散需满足 $2 - \tau > 1$, 即 $\tau < 3$。积分上限为 ∞, 标度函数 $f(x)$ 在 $x > 1$ 时迅速衰减为 0, 所以在积分上限附近被积函数简化为 $x^{1-\tau} f(0)$。此积分在 $x = \infty$ 处不发散需满足 $1 - \tau < -1$, 即 $\tau > 2$。综上, 式 (2.28) 中积分不发散的条件为 $2 < \tau < 3$, 显然前文给出的临界指数 τ 满足这个条件。因此, 式 (2.28) 可简化为

$$S \propto s_\xi^{2-\tau} + (p - p_c) \tag{2.29}$$

$$\propto (p - p_c)^{(\tau-2)/\sigma} + (p - p_c). \tag{2.30}$$

上式中, 已代入临界指数关系 (2.21)。由之前给出的 τ 与 σ 值, 可知 $p \to p_c$ 时, 第一项为主项, 即

$$S \propto (p - p_c)^{(\tau-2)/\sigma}. \tag{2.31}$$

前文已说明序参量 S 有临界指数关系 $S \propto (p - p_c)^\beta$, 对比式 (2.31), 可得

$$\beta = \frac{\tau - 2}{\sigma}. \tag{2.32}$$

该关系式的推导过程中, 除标度假设之外, 并无其他限制, 如系统类型等。因而该关系式是一个普适性的结论, 读者可参照表 2.2 逐一验证。此式的意义在于临界指数并不独立。

在特征大小 s_ξ 的符号中使用了下标 ξ, 这就是森林火灾模型中提到的关联长度, 也称为特征长度。如前所述, ξ 可以表示相距多远的两棵树可以同时被烧毁。

更一般地, 类似于 s_ξ, 特征长度 ξ 表示系统中分支大小的线性截断, 即线性长度超过 ξ 的分支数量会快速衰减至 0。所谓线性大小, 如果将特征大小 s_ξ 理解为面积或体积, ξ 即是边长或者半径。显然, 特征长度 ξ 也在临界点发散, 因此类似于特征大小 s_ξ, 可将这种关系表达为

$$\xi \propto |p - p_c|^{-\nu}, \quad p \to p_c. \tag{2.33}$$

对于方格子系统, 临界指数的理论值为 $\nu = 4/3$。注意, 对于 $p > p_c$, ξ 只讨论除巨分支以外的分支。由于系统尺度将直接限制特征长度 ξ, 所以临界指数 ν 常出现在有限尺度标度律的讨论中, 将在后文中进一步讨论。

4. 平均大小——指数 γ

以上讨论了分支的特征尺度与分布特性, 显然对于统计量特性的描述还有平均值。在渗流理论中, 分支平均大小 (mean cluster size) 通常定义为

$$\chi = \sum_s s^2 n_s. \tag{2.34}$$

前文已经介绍 sn_s 表示任取一个节点其所属分支大小为 s 的概率, 因而上式更明确的意义应为: 任取一个节点其所属分支的平均大小。有些文献中, 上式的定义还会除以 $\sum_s sn_s$。对于键渗流 $\sum_s sn_s = 1 - S$ 及座渗流 $\sum_s sn_s = p - S$, 当 $p \to p_c$, 两者都趋于常数, 所以这并不影响对 χ 临界行为的考察。

式 (2.34) 与前文所提分支平均大小 $\langle s \rangle = \sum_s sp_s$ 并不相同。为进一步明确 χ 的意义, 利用 p_s 与 n_s 关系, 可将式 (2.34) 改写为

$$\chi = p \frac{\sum\limits_{s=1}^{\infty} s^2 p_s}{\langle s \rangle}. \tag{2.35}$$

式中 p 与 $\langle s \rangle$ 可理解为归一化系数, 因而该式右边意义明确: 分支大小平方的平均值。图 2.9 给出了 $p \to p_c$ 时, χ 的行为。类似于前文对临界指数的讨论, 将这种行为表示为

$$\chi \propto |p - p_c|^{-\gamma}, \quad p \to p_c. \tag{2.36}$$

其中, χ 的理论值为 43/18。

网络渗流

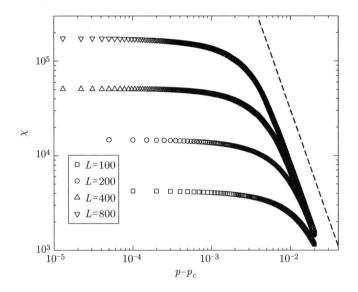

图 2.9　分支平均大小 χ 的行为。模拟结果是由键渗流模型得到, 临界点为 $p_c = 1/2$。图中虚线斜率为 43/18

　　类似于对临界指数 σ 的讨论, 下面考察临界指数 γ 与其他临界指数的关系。首先, 将式 (2.19) 代入式 (2.35), 可得

$$\chi \propto \sum_{s=1}^{\infty} s^{2-\tau} f(s/s_\xi) \tag{2.37}$$

$$\propto \int_1^{\infty} s^{2-\tau} f(s/s_\xi)\mathrm{d}s. \tag{2.38}$$

做变量代换 $x = s/s_\xi$, 得

$$\chi \propto s_\xi^{3-\tau} \int_0^{\infty} x^{2-\tau} f(x)\mathrm{d}x. \tag{2.39}$$

式中的积分下限用到了 $s_\xi \to \infty$, $p \to p_c$。类似前文讨论, 式中积分为常数可略去, 再代入式 (2.21), 有

$$\chi \propto s_\xi^{3-\tau} \tag{2.40}$$

$$\propto |p - p_c|^{-(3-\tau)/\sigma}. \tag{2.41}$$

对比式 (2.36), 得到关系式

$$\gamma = \frac{3 - \tau}{\sigma}. \tag{2.42}$$

这样我们又得到了一个临界指数的关系, 它与式 (2.32) 共同决定了临界指数间的关联性。

5. 小结

综上, 我们得到如下临界指数关系:

$$S \propto (p - p_c)^\beta, \tag{2.43}$$

$$\chi \propto |p - p_c|^{-\gamma}, \tag{2.44}$$

$$\xi \propto |p - p_c|^{-\nu}, \tag{2.45}$$

$$s_\xi \propto |p - p_c|^{-1/\sigma}, \tag{2.46}$$

$$p_s \propto s^{-\tau}. \tag{2.47}$$

并有临界指数的关联性:

$$\beta = \frac{\tau - 2}{\sigma}, \tag{2.48}$$

$$\gamma = \frac{3 - \tau}{\sigma}. \tag{2.49}$$

这样一组临界指数即确定了一个渗流相变的临界现象, 称为一个普适类。普适类一般只与系统维度及基本作用方式有关, 表 2.2 中列出了不同维度下渗流模型的临界指数。另外, 表 2.2 中临界指数 d_f 并未说明, 这是巨分支的分形维度, 将在第 2.4 节进行介绍。

2.3 有限尺度标度律

相变与临界现象都是对无限大系统而言, 而无论是数值模拟还是实验都只能操作有限大的系统。因此, 前文都是通过观察系统对无限大的趋近行为以验证标度关系。下面, 就从理论上分析这种趋近行为——有限尺度标度律 (finite-size scaling)。

2.3.1 出发点

在之前的讨论中, 多次提到了发散、无穷大等词汇。显然, 这些词汇只是针对理想情况, 即系统无限大。在有限系统中, 各种物理量都会受到系统尺度的限制而有上限。例如, 特征尺度表征了系统中最大分支的尺度, 显然其必受限于系统尺度, 即 $\xi \leqslant L$。因而在临界点处, 特征尺度的发散行为只能表现为 $\xi = L$, 而无法同理论结果为无穷大。那么, 有限尺度标度律的分析即以此为出发点——临界点处有限系统的特征尺度即是系统尺度 $\xi = L$。

2.3.2 巨分支与平均分支大小

渗流相变为连续相变, 因而在临界点处序参量应为零。然而, 对于有限尺度系统其值并不为零, 但会随系统增大而逐渐减小 (见图 2.5)。我们先讨论有限尺度关系, 利用式 (2.12) 与式 (2.33), 可得

$$S \propto \xi^{-\beta/\nu}. \tag{2.50}$$

对有限尺度系统, 在临界点处特征尺度 $\xi \sim L$, 从而有

$$S_c \propto L^{-\beta/\nu}. \tag{2.51}$$

可见在临界点处序参量 S_c 随系统尺度以指数形式衰减, 这即是序参量的有限尺度标度律。类似地, 分支平均大小的有限尺度标度律为

$$\chi_c \propto \xi^{\gamma/\nu} \tag{2.52}$$

$$\propto L^{\gamma/\nu}. \tag{2.53}$$

图 2.10 给出了 S_c 与 χ_c 对不同尺度系统的模拟结果, 二者都与理论值吻合。这说明有限尺度分析出发点的正确性, 即临界点处特征尺度等于系统尺度。注意, 对于非规则的网络系统, 由于无法定义系统长度 L, 因而有限尺度标度律常以讨论相应参量随系统大小 N 的变化规律的形式出现。

2.3.3 超标度关系

下面考察与特征尺度 s_ξ 有关的有限尺度标度律。类似于面积与边长的关系,

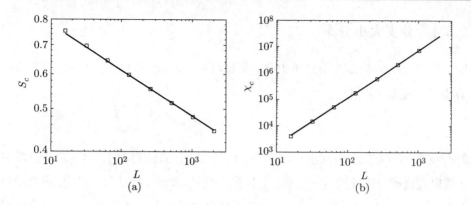

图 2.10　(a) 巨分支在临界点处的有限尺度标度律, 图中实线斜率为 $-\beta/\nu = -5/48$。(b) 平均分支大小在临界点处的有限尺度标度律, 图中实线斜率为 $\gamma/\nu = 43/24$。模拟结果由键渗流模型得到, 其临界点为 $p_c = 1/2$

特征尺度 s_ξ 与 ξ 也应有如下关系:

$$s_\xi \propto \xi^{d_f}. \tag{2.54}$$

这里, d_f 即是前文所提的分形维度, 其值并不简单等于系统维度 d, 这里先当作结论直接使用, 因此, 不可直接用系统大小 L^d 取代 s_ξ 以得到有限尺度标度律, 而是使用 $\xi^{d_f} \sim L^{d_f}$。

　　特征尺度 s_ξ 表示分支大小的截断, 所以其值与系统中最大分支同量级。这样, 临界点处序参量 S_c 可表示为

$$S_c \propto \lim_{L \to \infty} \frac{s_\xi}{L^d} \propto \lim_{L \to \infty} L^{d_f - d} \to 0. \tag{2.55}$$

显然, 要满足 $S_c \to 0$, 必须有 $d_f < d$。进一步, 对比式 (2.51) 与式 (2.55), 可以得到

$$d_f = d - \frac{\beta}{\nu}. \tag{2.56}$$

这样就又找到了一个临界指数的关系式, 并且该关系式包含了系统维度 d, 这样的关系式一般称为超标度关系 (hyperscaling relation)。需要指出的是, 这种关系式只对 6 维以下的系统成立, 6 维以上系统的临界指数相同, 都为平均场结果。这里 $d_c = 6$ 即是渗流模型的临界维度。

网络渗流

2.3.4 分支大小分布

在式 (2.19) 分支大小分布中含有系统特征尺度 s_ξ, 在临界点处, 可将其写成有限尺度标度律形式

$$p_s/s^{-\tau} = f(s/L^{d_f}). \qquad (2.57)$$

即分支大小分布的有限尺度标度关系。在对 (2.20) 式的讨论中, 由于对任意概率 p 难以直接确定特征尺度 s_ξ, 不便验证标度假设。此时, 特征尺度已定, 可直接验证标度假设。图 2.11 画出了不同尺度下临界点处的分支大小分布。可以发现所有模拟结果都重叠在同一曲线上, 并且在 $s/L^{d_f} > 1$ 后, $p_s/s^{-\tau}$ 迅速衰减至 0。这正是标度函数应具有的性质, 从而验证了标度假设。

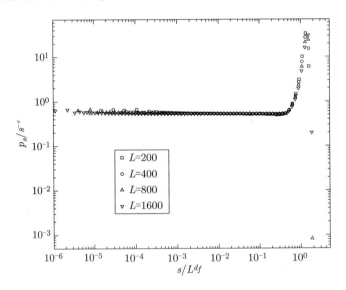

图 2.11　不同尺度下临界点处的分支大小分布。图中 $\tau = 187/91$, $d_f = 91/48$。模拟结果由键渗流模型得到, 临界点为 $p_c = 1/2$

　　由于实际模拟或实验研究中, 不可能使用无限大的系统, 所以有限尺度标度律的分析在渗流研究中有着重要的意义, 很多临界行为的确定都是通过分析有限尺度的趋近行为。渗流相变中类似的有限标度分析可参见渗流相变相关书籍。需要指出的是, 有限尺度的分析都是针对临界点附近, 对于临界点以外, 特征尺度 $\xi \ll L$, 无法将系统尺度引入相关标度关系式中。另外, 这里有限尺度的分析是通

过引入系统线性 (一维) 尺度达成的, 系统的面积、体积等高维度尺度也类似依次引入系统, 但在临界点这些量的维度不是简单等于系统维度 d, 也不等于比系统维度低阶的整数维, 如 $d-1, d-2, \cdots$, 而是以非整数的形式出现。这就是广泛存在于自然界的分形结构, 也正是这个结构的特殊性引起了渗流模型的种种临界现象。同时, 也正是这种结构的涌现, 使得我们拥有处理分析相变与临界现象的精妙方式——重整化。

2.4 分形与重整化

2.4.1 数学形式

前文已多次提到临界点处巨分支的分形结构, 本节将做一般性的讨论。在一个足够大的系统中, 取边长为 L 的子系统 (L 也足够大), 假设该区域中最大分支包含的节点数为 M。利用序参量的定义, M 可表示为

$$M = L^d S. \tag{2.58}$$

再利用式 (2.50) 与式 (2.56), 可得

$$M \propto \left(\frac{L}{\xi}\right)^d \xi^{d_f}. \tag{2.59}$$

$$\propto \left(\frac{L}{\xi}\right)^{d-d_f} L^{d_f}. \tag{2.60}$$

确切地说, 这里 ξ 应为子系统的特征尺度。而由前文可知, 远离临界点的系统特征尺度 ξ 远小于系统尺度, 子系统足够大, 则 ξ 亦是系统的特征尺度。而在临界点附近, 子系统的特征尺度受到区域限制, 即 $\xi \sim L$。因此, 若以子系统长度 L 与系统特征尺度 ξ 的大小关系为标准, 可以将 M 划分为

$$M \propto \begin{cases} \left(\dfrac{L}{\xi}\right)^d \xi^{d_f}, & L \gg \xi, \\ L^{d_f}, & L \ll \xi. \end{cases} \tag{2.61}$$

显然, 在临界点处巨分支大小与系统大小有简单关系 $M \propto L^{d_f}$, 这就是巨分支的分形结构数学表达式。类比面积或体积与边长的关系, d_f 称为分形维度, 一般是非整数, 所以也常称为分数维。利用上式, 分形维度可以表示为

$$d_f = \frac{\log M}{\log L}. \tag{2.62}$$

如果模拟得到不同 L 值所对应的 M, 则可以通过该式求得分形维度。

更一般地, 可以引入标度函数 $m(x)$, 它在 $x \ll 1$ 时为常数, 而当 $x \gg 1$ 时为 x^{d-d_f}。由此, M 可以简单表示为

$$M = L^{d_f} m\left(\frac{L}{\xi}\right). \tag{2.63}$$

2.4.2 分形结构的性质

由分形结构的数学表达式可知, 考察任意大小的分形结构, 其特点 (维度 d_f) 都不会发生变化。具体地, 将子系统长度变为 L/b, 特征尺度也变为 ξ/b, 则 M 可表示为

$$M\left(\frac{L}{b}, \frac{\xi}{b}\right) = \left(\frac{L}{b}\right)^{d_f} m\left(\frac{L}{\xi}\right)$$
$$= b^{-d_f} M(L, \xi). \tag{2.64}$$

如此连续做 n 次变换, 则有

$$M(L, \xi) = (b^n)^{d_f} M\left(\frac{L}{b^n}, \frac{\xi}{b^n}\right). \tag{2.65}$$

对于一个无限大系统, 这种变换可以无限地持续下去。

显然, 另一个问题就是这种不同标度下的系统, 其性质有什么特点呢? 是相同, 还是各异呢? 回顾前文对特征尺度 ξ 物理意义的介绍, 它表示相距多远的两个节点能处于同一个分支中, 即状态一样。这样, 如果 $b^n < \xi$, 这种变换并不会改变系统性质, 因为它只是将原本有关联的节点合并在一起而已。然而, 一旦 $b^n > \xi$, 这种变换就会将原本无关联的节点合并在一起, 这显然会改变系统的性质。在临界点处情况很特殊, $\xi \to \infty$, 这表明无论怎样变换, 系统的性质都不会改变, 这就是分形结构的特性——自相似。

那么, 怎样更直观地理解这种自相似特性呢? 如果用一个刻度精细的尺度去度量系统, 可以认为是深入系统内部观察细节; 而用粗略的尺度, 则相当于忽略细节去观察系统整体或某个局部。自相似是指这两种观察方式会看到相同结果。图 2.12 给出了一个经典的例子——Sierpinski 三角, 很容易发现这种结构无论怎样放大细节都会看到和整体相同的结构。类似的规则分形结构在自然界中广泛存在, 例如, 雪花、罗马花椰菜 (Romanesco broccoli) 等。而自然界中更广泛存在的是随机分形, 例如: 弯曲的海岸线、起伏的山脉、变幻的浮云以及灿烂的星空等, 乃至本书所讨论的复杂网络 [25]。这里讨论的渗流模型中的分形也是随机分形。相比于规则分形, 随机分形结构的细节并不完全与整体结构相同, 而是相似。以星空为例, 如果将两张不同尺度的星空照片摆在面前, 可能无法直接区分出两者哪一个是大尺度的而哪一个是小尺度的。图 2.13 给出了临界点处不同尺度下巨分支的分形结构示意图, 也呈现出这种自相似。

图 2.12　Sierpinski 三角示意图。按从左至右的方式连续迭代下去, 即可生成 Sierpinski 三角。此图形的分形维度为 $d_f = \log 3/\log 2 \approx 1.585$

分形理论作为非线性科学的重要分支, 内容丰富, 详细内容可参见相关书籍, 如文献 [10]。这里之所以简要介绍了分形, 一方面因为分形是渗流模型在临界点处的重要性质, 而更重要的是这种性质使得我们拥有了一种分析渗流模型的特殊方法——重整化。

2.4.3　重整化

在阐述分形的数学形式时, 曾提到将度量尺度不断扩大的变换过程, 现在就考察一下在真实系统中如何做这种变换。图 2.14 给出了一个例子, 将系统 "尺子" 扩大为原来的 b 倍, 系统即被划分成若干 $b \times b$ 的小块。然后, 取每个小块中多数节点的状态表示整个小块的状态, 如此可以得到一个新系统。若系统足够大, 这种变换可以连续地进行。这就是重整化变换。

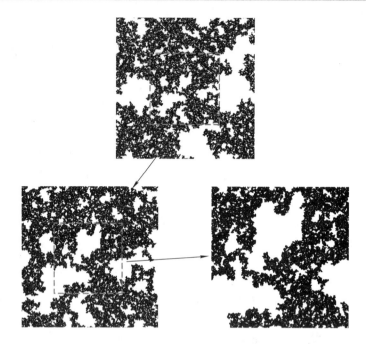

图 2.13 渗流临界点处分形结构示意图。沿箭头顺序, 后一幅图为前一幅图中心部分 (虚线框标示) 放大的结果

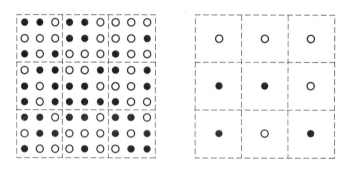

图 2.14 渗流模型重整化示意图。将左图的渗流系统划分成 3×3 的若干子系统, 然后将子系统中的节点合并为一个节点, 即构成右图的渗流系统。合并后节点占据与否由合并前子系统中占多数的节点决定

将初始系统记为 C, 以尺子 b 做一次重整化, 记为 $R_b(C)$。对于不同的取值 b, 这些操作构成了一个群 (group), 所以这种操作常称为重整化群变换。需要注意的是, 这个变换没有逆操作, 如图 2.14 中若已知右图无法推知左图, 所以重整化群是个半群 (semigroup)。这也说明重整化群变换是一个粗粒化 (coarse graining) 处理。

在重整化过程中, 不断地丢弃系统细节, 只留下全局性性质, 如标度不变性、对称性等。我们知道也正是这些性质决定相变与临界现象, 有兴趣的读者可以参阅文献 [11]。此外, 物理学中当提到重整化时更多是在量子场论 (quantum field theory) 中 [26], 这里的重整化往往称为实空间重整化 (real-space renormalization)。

下面讨论重整化处理渗流问题的思想。试想一个占据概率为 p 的系统, 重整后系统的占据概率变为 p', 表示为 $p' = R_b(p)$。如果这种变化不改变系统的性质, 显然有 $p' = p$。那么, 可以得到重整化变换的稳定点方程 $p = R_b(p)$。首先, 可以知道 $p = 0,1$ 都是这个方程的解, 因为当全占据或全不占据时, 系统的性质显然都不会随重整化变换而变化。其次, 临界点的特殊性也使得其满足这个方程。因而, 只要获得 $R_b(p)$ 的具体表达式, 即可求解出系统的临界点, 乃至讨论相关临界指数。

实际中, 对于一个规则系统, $R_b(p)$ 的具体表达式并不难得到。例如, 图 2.14 所示系统, 即可写为

$$R(p) = \sum_{i=5}^{9} \binom{9}{i} p^i (1-p)^{9-i}. \tag{2.66}$$

但是, 可以发现这样求得的 p 值并不能与前文的模拟结果完全吻合。究其原因, 主要有两条。首先, 原系统中的大分支可能会被重整化肢解, 小分支可能被合并, 这会破坏原系统的特性。其次, 重整后的系统并不是一个真正的渗流系统, 因为每个节点的占据概率不再独立。当然, 这并不是说重整化方法不适用, 在很多情况下, 重整化都可以得到正确的临界点, 例如键渗流、三角网格上的渗流等, 以及用来分析临界指数等, 这涉及场论问题, 本书不再讨论。

2.5 小结

本章在引出渗流模型最基本的定义与概念的同时, 详细介绍了渗流相变的理论问题。虽然渗流相变在复杂网络的研究中很少涉及, 对非物理专业的读者也略

网络渗流

有难度, 但它作为渗流问题的基本性质, 有着优美的数学形式及深邃的物理意义, 对我们理解复杂网络上的相关问题有着重要的指导意义。

行文中, 我们已注意到语言的通俗性, 尽量避免引入过多过深的物理概念。所以, 不免对有些物理概念的介绍不够严谨与透彻, 感兴趣的读者可以进一步阅读文中提到的一些书籍。作为科普, 感兴趣的读者可以阅读文献 [27] 以对相变与临界现象有更多的了解。对于对复杂网络上渗流问题有所了解的读者, 也可以略过这一章, 直接阅读下面的章节。

参考文献

[1] Pajares C. String and parton percolation [J]. The European Physical Journal C, 2005, 43(1): 9–14.

[2] Seiden P E, Schulman L S. Percolation model of galactic structure [J]. Advances in Physics, 1990, 39(1): 1–54.

[3] Braun M, Deus J D, Hirsch A, et al. De-confinement and clustering of color sources in nuclear collisions [J]. Physics Reports, 2015, 599: 1–50.

[4] Schulman L S, Seiden P E. Percolation and galaxies [J]. Science, 1986, 233(4762): 425–431.

[5] Aharony A, Stauffer D. Introduction to Percolation Theory [M]. Oxford: Taylor & Francis, 2003.

[6] Newman M E J, Barkema G T. Monte Carlo Methods in Statistical Physics [M]. Oxford: Oxford University Press, 1999.

[7] Landau D P, Binder K. A Guide to Monte Carlo Simulations in Statistical Physics [M]. Oxford: Taylor & Francis, 2001.

[8] Christensen K, Moloney N R. Complexity and Criticality [M]. London: Imperial College Press, 2005.

[9] Broadbent S R, Hammersley J M. Percolation processes: I. Crystals and mazes [J]. Mathematical Proceedings of the Cambridge Philosophical Society, 1957, 53(3): 629–641.

[10] 刘式达, 刘式适. 物理学中的分形[M]. 北京: 北京大学出版社, 2014.

[11] Zinn-Justin J. Phase Transitions and Renormalization Group [J]. Oxford: Oxford University Press, 2007.

[12] Wilson K G. The renormalization group and critical phenomena [J]. Rev. Mod. Phys., 1983, 55: 583–600.

[13] Pelissetto A, Vicari E. Critical phenomena and renormalization-group theory [J]. Physics Reports, 2002, 368(6): 549–727.

[14] Stanley H E. Phase Transitions and Critical Phenomena [M]. Oxford: Clarendon Press, 1971.

[15] Ma S K. Modern Theory of Critical Phenomena [M]. Lebanon: Da Capo Press, 2000.

[16] Newman M E J, Ziff R M J. Efficient Monte Carlo algorithm and high-precision results for percolation[J]. Phys. Rev. Lett., 2000, 85: 4104–4107.

[17] Deng Y, Blöte H W J. Monte Carlo study of the site-percolation model in two and three dimensions [J]. Phys. Rev. E, 2005, 72: 016126.

[18] Wu F Y. The Potts model [J]. Rev. Mod. Phys., 1982, 54: 235–268.

[19] Ziff R M, Scullard C R. Exact bond percolation thresholds in two dimensions [J]. Journal of Physics A, 2006, 39(49): 15083.

[20] Ohzeki M. Duality with real-space renormalization and its application to bond percolation [J]. Phys. Rev. E, 2013, 87: 012137.

[21] Pinson H T. Critical percolation on the torus [J]. Journal of Statistical Physics, 1994, 75(5): 1167–1177.

[22] Ziff R M, Lorenz C D, Kleban P. Shape-dependent universality in percolation [J]. Physica A, 1999, 266(1): 17–26.

[23] Jan N, Stauffer D, Aharony A. An infinite number of effectively infinite clusters in critical percolation [J]. Journal of Statistical Physics, 1998, 92(1): 325–330.

[24] Silva C R, Lyra M L, Viswanathan G M. Largest and second largest cluster statistics at the percolation threshold of hypercubic lattices [J]. Phys. Rev. E, 2002, 66: 056107.

[25] Song C, Havlin S, Makse H A. Origins of fractality in the growth of complex networks [J]. Nature Physics, 2006, 2(4): 275.

[26] Peskin M E. An Introduction to Quantum Field Theory [M]. Boulder: Westview Press, 1995.

[27] 于渌, 郝柏林, 陈晓松. 边缘奇迹:相变和临界现象[M]. 北京: 科学出版社, 2016.

第3章 网络渗流模型

网格系统具有规则的结构、明确的维度,是理论研究的出发点。而现实世界并不都是由网格构成的,不规则而又不完全随机的网络才是现实中更为普遍的系统组织形式,例如,社交网络、食物链、神经网络、交通网络以及通信网络等。那么,对于这些形式各异的网络,渗流模型又会展现出怎样的性质呢?第 2 章已经提到渗流相变的性质与系统维度有关,而一般的网络系统都高于临界维,所以它们虽然形式各异,但是大多都属于相同的普适类[①]。所以,本章将不再过多关注网络渗流的临界现象,而是将其作为一种分析问题的角度与方法进行讨论。由于随机网络的特殊性,其上的渗流模型可以精确求解,这为分析网络结构提供了很好的角度。

本章将首先利用渗流模型分析随机网络,而后分为无向网络与有向网络两个部分对相关渗流模型进行讨论,最后会给出一些拓展模型的介绍。

---

① 对于无标度网络,由于其强异质性,可以给出不同于一般形式的平均场临界指数,具体形式与度分布有关 [1, 2]。

3.1 网络结构与渗流模型

本章研究的随机网络是指度分布给定而连接随机的一类网络, 或者说是给定度分布 p_k 的一个网络系综。由于这些网络是稀疏且随机的, 所以对于足够大的网络, 都可认为是树形的 (tree like), 即网络中没有圈。这种网络上的渗流模型可通过生成函数方法精确求解, 因而其提供了一个很有效的方式分析这类网络。虽然树形的假设与很多实际网络不符, 但作为一个理论基础, 可以先以这样的网络开始。在后面的内容中, 可以发现即使做了这种近似也可以给出很符合实际的理论结果。

3.1.1 基本概念与思想

首先, 确定所研究的网络类型: 无权无向、度分布 p_k 给定且足够大的网络。注意, 这些条件并不能完全确定一个网络, 只是确定了一类网络, 所以我们的研究对象为一个网络系综。模拟时, 可以用配置模型 (configuration model)[3] 来生成这样的网络。所以, 相应的结果为这个网络系综的平均结果。但如果网络足够大也可与单次实现的结果吻合。

其次, 确定研究的物理图像: 从任意一个节点出发, 沿着边按邻居、次邻居等顺序依次搜寻网络中的节点。这不仅是理论探讨网络结构的方法, 也是模拟中搜索网络结构所遵循的思想。为了搜索过程的表述, 引入剩余度分布 q_k 的概念, 表示网络中随机沿着一条边, 可到达一个度为 k 的节点的概率。作为类比, 度分布 p_k 则可理解为网络中任取一个节点, 其度为 k 的概率。显然, q_k 与网络的度分布有关, 网络中度为 k 的节点越多 (p_k 越大), q_k 就越大。此外, 若一个节点的度 k 越大, 那么所选的边属于该节点的概率也就越大。因此, 有

$$q_k \propto p_k k. \tag{3.1}$$

由于 q_k 表示一个概率, 将其归一化, 有

$$q_k = \frac{p_k k}{\sum\limits_k p_k k} = \frac{p_k k}{\langle k \rangle}. \tag{3.2}$$

这里 $\langle k \rangle = \sum\limits_k p_k k$ 为平均度。

q_k 之所以被称为剩余度分布, 是因为其可以表示沿一条随机选择的边到达一个剩余 $k-1$ 条边没有被搜索的节点的概率。注意, 到达该节点所用的边已经被搜索过, 所以需要减 1。然而, 该关系并不是对所有网络都成立。试想一个含有圈的网络, 由于圈的存在, 两个节点间可能存在多条简单路径。这时, 在剩余的 $k-1$ 条边里, 可能有部分会通向之前已经搜索过的节点。也就是说, 未被搜索过的边数要少于 $k-1$ 条。对于一个聚类系数为 C 的网络, 沿边到达的度为 k 的节点有 i 条边没有被搜索过的概率可以近似表示为

$$\binom{k-1}{i}(1-C)^i C^{k-1-i}. \tag{3.3}$$

根据聚类系数的定义, 我们知道其可以表示一个节点的两个邻居间有连边的概率, 所以该剩余度的表达式也很容易理解。需要指出的是, (3.3) 式只考虑了单个圈的影响, 如果圈之间相互嵌套, 那么情况会复杂很多。但是这些影响都是 $O(C^2)$ 或更高量级的, 一般网络的聚类系数 C 都较小, 所以只考虑 (3.3) 式也会得到一个较为吻合实证的理论结果 [4]。另外, 真实网络中还会有一些长程圈, 这些圈的存在会使得剩余度的表达式更为复杂, 甚至无法写出表达式, 这不在本书的讨论范围内。

从更为物理的角度看, 树形网络的假设也就确立了在搜索过程中未来不受历史影响, 即搜索的下一个节点状态与搜索路径无关, 而是由一个先验式的概率决定。在树形网络中, 一个未被搜索过的节点最多只能和 1 个已搜索过的节点相邻; 而含圈网络中将可能多于 1 个, 这使得搜索中下一个节点的状态与搜索路径 (即搜索历史) 有关。这个与历史无关正是平衡态统计物理的基本假设, 也正是这个假设使系综方法得以使用 [5]。

网络渗流

进一步, 可以写出概率分布 p_k 与 q_k 的生成函数[①]:

$$G_0(x) = \sum_{k=0}^{\infty} p_k x^k, \tag{3.4}$$

$$G_1(x) = \sum_{k=1}^{\infty} q_k x^{k-1} = \sum_{k=1}^{\infty} \frac{p_k k}{\langle k \rangle} x^{k-1}. \tag{3.5}$$

注意, 沿着一条边到达的节点的度最小为 1, 所以 $G_1(x)$ 的求和从 1 开始。式 (3.4) 和式 (3.5) 在应用中, x 一般是一个概率, 表示边的连接状态, 所以两个生成函数都满足收敛条件 $|x| \leqslant 1$。也正因为 x 与边有关, 所以在剩余度分布的生成函数 $G_1(x)$ 中, q_k 对应 x 剩余度 $k-1$ 次方。这种对应也使得数学上生成函数 $G_1(x)$ 的求和也是从零阶项开始。由于上述两个概率都是归一化的, 显然有

$$G_0(1) = G_1(1) = 1. \tag{3.6}$$

此外, 两个生成函数还满足

$$G_1(x) = \frac{G_0'(x)}{G_0'(1)}. \tag{3.7}$$

若已知网络的两个生成函数, 可以求出很多网络的相关参量。例如, 度分布与剩余度分布:

$$p_k = \frac{1}{k!} \left. \frac{\mathrm{d}^k G_0(x)}{\mathrm{d}x^k} \right|_{x=0}, \tag{3.8}$$

$$q_k = \frac{1}{(k-1)!} \left. \frac{\mathrm{d}^{k-1} G_1(x)}{\mathrm{d}x^{k-1}} \right|_{x=0}. \tag{3.9}$$

网络的平均度可以表示为

$$\langle k \rangle = \sum_k p_k k = G_0'(1). \tag{3.10}$$

乃至度的高阶矩

$$\langle k^n \rangle = \sum_k p_k k^n = \left. \left(x \frac{\mathrm{d}}{\mathrm{d}x} \right)^n G_0(x) \right|_{x=1}. \tag{3.11}$$

以上就是进一步讨论中要用到的一些概念与数学形式。关于生成函数的数学问题以及网络的应用问题可参见文献 [6, 7]。

[①] 生成函数的定义参见附录 A。

3.1.2 网络的层次结构

真实网络往往具有类似图 3.1 所示的层次结构。这种层次性直接决定了网络的分支大小与结构, 其性质将可用来解释与解析网络的渗流过程。下面, 我们就根据第 3.1.1 节中指明的物理图像, 利用引入的两个生成函数, 一层一层地探究这种网络结构。需要指出的是, 本节讨论的网络必须是连通的, 对于不连通的网络, 层次性无从谈起, 我们稍后再讨论。

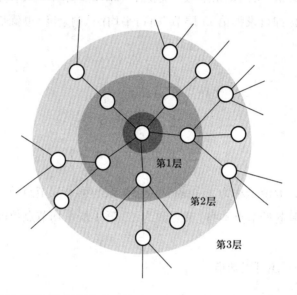

图 3.1 网络层次示意图。从任意节点开始 (生成函数 $G_0(x)$), 沿着边向外逐层延伸 (生成函数 $G_1(x)$), 直至整个网络。跨越第 m 层与第 $m+1$ 层的边数, 是第 m 层节点的总剩余度, 也是第 $m+1$ 层的节点数

从任意节点开始, 网络的第 0 层即节点本身, 其剩余度即是节点的度。所以, 第 0 层节点的剩余度分布可用生成函数 $G_0(x)$ 表示, 这里 x 表示第 0 层向外延伸的边。第 1 层节点的总剩余度即是该层节点的剩余度之和, 而这些节点的剩余度都可由生成函数 $G_1(x)$ 给出。所以, 第 1 层节点的总剩余度分布生成函数可以写为

$$G^{(1)}(x) = \sum_k p_k (G_1(x))^k = G_0(G_1(x)). \tag{3.12}$$

这里 x 表示第 1 层向外延伸的边。类似地, 我们还可以写出第 2 层节点 (邻居的

邻居) 的总剩余度分布函数 $G^{(2)}(x) = G_0(G_1(G_1(x)))$。依次类推, 可以得到第 m 层节点总剩余度分布函数

$$G^{(m)}(x) = G_0(\underbrace{G_1(G_1(\ldots G_1(x)\ldots))}_{m \text{ 次迭代}}) = G^{(m-1)}(G_1(x)), \quad m > 1. \tag{3.13}$$

注意, 这种类推要求网络为树形网络。由于 x 表示第 m 层向外延伸的边, 所以 x 的幂指数表示第 m 层的剩余度数。类似于 (3.10) 式求平均度, 将 (3.13) 式对 x 求导并令 $x = 1$, 即可求得第 m 层节点的 (平均) 总剩余度, 也就是第 $m + 1$ 层的 (平均) 节点数

$$\begin{aligned}
\langle k_{m+1} \rangle &= \left. \frac{\mathrm{d}G^{(m)}(x)}{\mathrm{d}x} \right|_{x=1} \\
&= \left. \frac{\mathrm{d}G^{(m-1)}(x)}{\mathrm{d}x} \right|_{x=1} G_1'(1) \\
&= \langle k_m \rangle G_1'(1), \quad m \geqslant 1.
\end{aligned} \tag{3.14}$$

注意, 上式中 m 取值最小为 1, 也就是说第 1 层与第 0 层节点数不满足以上递推式。第 0 层即是起始节点本身, 节点数为 1。第 1 层平均节点数即是网络平均度 $\langle k \rangle$。

由式 (3.14), 还可以知道

$$\frac{\langle k_{m+1} \rangle}{\langle k_m \rangle} = G_1'(1), \quad m \geqslant 1. \tag{3.15}$$

可见, 在一个树形网络中任取一个节点开始搜索, 相邻两层的节点数之比为定值 $G_1'(1)$。显然, 一个无限大的网络应有无穷多层, 每层节点数不可以递减, 即必须满足

$$G_1'(1) \geqslant 1. \tag{3.16}$$

只包含有限大分支的网络不满足上式, 所以上式也是一个随机网络出现巨分支的条件。如果以网络的某个结构参量, 如平均度作为网络渗流相变的控制参量, 利用上式即可求出相应渗流相变的临界点。至此, 我们还没有具体讨论网络渗流问题, 但是已经将其临界点求出。后文中我们会利用其他方式再次导出此关系式, 这里暂不做具体讨论。

下面讨论尺度有限的网络。关注网络的平均层数 $\bar{l}$, 此值可以作为网络平均路径长度或直径的估计值。利用 (3.14) 式, 可知第 m 层的节点数为

$$\langle k_m \rangle = \langle k_1 \rangle \left(\frac{\langle k_2 \rangle}{\langle k_1 \rangle} \right)^{m-1} = \langle k \rangle \left(\frac{\langle k_2 \rangle}{\langle k \rangle} \right)^{m-1}, \quad m \geqslant 1. \tag{3.17}$$

利用此式对网络的所有层求和, 可得网络的总节点数

$$N = 1 + \sum_{m=1}^{\bar{l}} \langle k_m \rangle. \tag{3.18}$$

解这个方程, 即可得网络的平均层数

$$\bar{l} = \frac{\ln \left[(N-1)(\langle k_2 \rangle - \langle k \rangle) + \langle k \rangle^2 \right] - 2\ln\langle k \rangle}{\ln\langle k_2 \rangle - \ln\langle k \rangle}. \tag{3.19}$$

真实网络一般有 $N \gg \langle k \rangle$ 且 $\langle k_2 \rangle \gg \langle k \rangle$, 则上式可以化为

$$\bar{l} = \frac{\ln N - \ln\langle k \rangle}{\ln\langle k_2 \rangle - \ln\langle k \rangle} + 1. \tag{3.20}$$

虽然 (3.20) 式只是对网络平均路径的一个估计值, 精确值要由网络更具体的条件决定, 但是对于很多真实网络, 该式给出了很好的估计值 [8, 9]。由该式还可以看出, 对于一个随机网络有 $\bar{l} \propto \ln N$, 这正是随机网络的小世界特性, 且与网络的度分布无关 ($\langle k_2 \rangle$ 不随 N 发散)。另外, 可以注意到上式对全局量平均层数的计算只用到了节点的邻居以及次邻居的局域关系, 这是树形网络的设定确立了搜索与历史无关的必然结果。这说明节点的邻居以及次邻居的连接情况是网络的重要参量, 而长程连接关系作用较小, 很多时候可以忽略不考虑。两个连接不同但是平均度与平均次邻居数相同的网络将拥有相同的平均路径长度。

3.1.3 分支大小分布

以上我们讨论的网络都是连通的, 即从任一个节点出发可以到达其他所有节点。理论上, 连接比较稀疏或较特殊时, 网络也可能不连通。这种情况往往对应真实网络中节点损坏等情形。对于这种情况, 分析网络的层次性就失去了意义, 而确定网络的连通性成为首要目标。也就是要确定节点损坏有没有影响到整个网络的连通, 或者某种动力学状态有没有传播到整个网络。

网络渗流

1. 分布概率

由于此时网络是由若干分支组成, 所以不妨利用第 2 章中讨论渗流模型中分支大小分布的方式来讨论网络连接情况。为了更为直观地表达物理意义, 这里既不用概率分布 p_s 也不用概率分布 n_s, 而是使用概率分布 $\eta_s = sn_s = sp_s/\langle s\rangle$。由第 2 章的介绍, 我们知道 η_s 表示任取一个节点其所在分支大小的概率分布。此外, 还可以定义一条边所连分支大小的概率分布为 ρ_s。类似于式 (3.4) 与式 (3.5), 可将两个概率分布都表示为生成函数

$$H_0(x) = \sum_{s=1}^{\infty} \eta_s x^s, \tag{3.21}$$

$$H_1(x) = \sum_{s=1}^{\infty} \rho_s x^s. \tag{3.22}$$

其中, x 表示分支中一个节点的状态。注意, x 没有零阶项, 因为分支大小为 0 无意义。显然, 两个分布 η_s 与 ρ_s 是有关联的: 一个节点所属分支大小等于其所有边所连分支之和。图 3.2 给出了分支大小分布的生成函数示意图。由此, 可以得出 $H_0(x)$ 与 $H_1(x)$ 的关联关系:

$$H_0(x) = x \sum_{k=0}^{\infty} p_k \left[H_1(x)\right]^k = xG_0[H_1(x)], \tag{3.23}$$

$$H_1(x) = x \sum_{k=1}^{\infty} q_k \left[H_1(x)\right]^{k-1} = xG_1[H_1(x)]. \tag{3.24}$$

这里 p_k 与 q_k 分别是网络的度分布与剩余度分布。根据图 3.2, 式 (3.23) 和式 (3.24) 的意义很容易理解。需要指出的是, 上两式右边都乘了 x, 这是因为节点度 $k = 0$ 相当于分支大小 $s = 1$。或者数学上理解, 即 $H_0(x)$ 与 $H_1(x)$ 都没有零阶项, 而 $G_0(x)$ 与 $G_1(x)$ 都有零阶项。显然, 对于一个度分布给定的随机网络, 联立求解以上两个方程, 即可得到 $H_0(x)$。然后类似 (3.8) 式处理, 即可求出网络中各个大小的分支所占比例。

2. 巨分支的涌现

在讨论具体网络之前, 先讨论由式 (3.23) 与式 (3.24) 可以得到的随机网络的

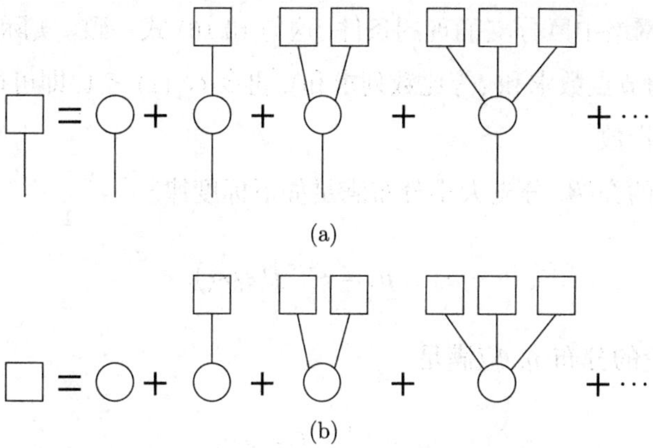

(a)

(b)

图 3.2   分支大小分布的生成函数示意图。圈表示一个节点, 方框表示相互连接的一个节点集团。(a) $H_1(x)$ 示意图, 等号左边是生成函数 $H_1(x)$, 等效于等号右边所有情况之和; (b) $H_0(x)$ 示意图, 等号左边是生成函数 $H_0(x)$, 等效于等号右边所有情况之和

一般性质。首先, 可以求出网络的平均分支大小

$$
\begin{aligned}
\chi &= \sum_s s^2 n_s \\
&= \sum_s s\eta_s \\
&= H_0'(1) \\
&= 1 + G_0'(1)H_1'(1).
\end{aligned}
\tag{3.25}
$$

式中最后一步利用了 (3.23) 式对 x 的微分。然后再将 (3.24) 式两边同时对 x 微分, 并令 $x = 1$, 得

$$
H_1'(1) = 1 + G_1'(1)H_1'(1).
\tag{3.26}
$$

综合 (3.25) 式与 (3.26) 式, 可得

$$
\chi = 1 + \frac{G_0'(1)}{1 - G_1'(1)}.
\tag{3.27}
$$

注意, 此表达式只含有生成函数 $G_0(x)$ 与 $G_1(x)$, 所以只需知道度分布, 就可利用该式求出一个网络的平均分支大小 χ。

另外, 还可以看出 (3.27) 式在 $G_1'(1) = 1$ 时发散。第 2 章已说明网络的平均分支大小发散表示网络中含有无限大的分支, 即巨分支, 发散点即临界点。这里再

次得到了随机网络中巨分支涌现的条件, 这与 (3.16) 式一致。实际上, 利用 (3.14) 式, 对所有层的节点数求和 (等比数列求和); 再令 $G'_1(1) < 1$, 即可得到 (3.27) 式。

3. Fisher 指数

由第 2 章的介绍, 分支大小分布满足如下标度律:

$$n_s \propto p_s = s^{-\tau} f(s/s_\xi). \tag{3.28}$$

因而, 以上讨论的分布 η_s 应满足

$$\eta_s \propto s^{1-\tau} f(s/s_\xi). \tag{3.29}$$

即如果求得生成函数 $H_0(x)$, 可以类似 (3.8) 式处理, 进而得到 Fisher 指数 τ。下面就来进行这个问题的讨论。

类似 (3.8) 式, 可将概率分布 η_s 表示为

$$\eta_s = \frac{1}{(s-1)!} \frac{\mathrm{d}^{s-1}}{\mathrm{d}x^{s-1}} \frac{H_0(x)}{x} \bigg|_{x=0}. \tag{3.30}$$

将上式中 $H_0(x)$ 用 (3.23) 式替换, 有

$$\begin{aligned}
\eta_s &= \frac{1}{(s-1)!} \frac{\mathrm{d}^{s-1}}{\mathrm{d}x^{s-1}} G_0\left[H_1(x)\right] \bigg|_{x=0} \\
&= \frac{1}{(s-1)!} \frac{\mathrm{d}^{s-2}}{\mathrm{d}x^{s-2}} \left\{ G'_0\left[H_1(x)\right] H'_1(x) \right\} \bigg|_{x=0}.
\end{aligned} \tag{3.31}$$

此时仍无法直接处理, 因为 $H_1(x)$ 未知。下面, 我们的主要目的即是消去未知函数 $H_1(x)$。利用 Cauchy 积分公式

$$\frac{\mathrm{d}^n}{\mathrm{d}z^n} f(z) \bigg|_{z=z_0} = \frac{n!}{2\pi\mathrm{i}} \oint \frac{f(z)}{(z-z_0)^{n+1}} \mathrm{d}z \tag{3.32}$$

将 (3.31) 式中微分化为积分。注意,Cauchy 积分公式 (3.32) 是针对复平面中围绕奇点 z_0 的封闭区域的积分, π 是圆周率, i 是虚数单位。由 (3.32) 式与 (3.31) 式, 可取 $z_0 = 0$, 进而得到

$$\begin{aligned}
\eta_s &= \frac{1}{2\pi\mathrm{i}(s-1)} \oint \frac{G'_0\left[H_1(z)\right] H'_1(z)}{z^{s-1}} \mathrm{d}z \\
&= \frac{1}{2\pi\mathrm{i}(s-1)} \oint \frac{G'_0\left[H_1(z)\right]}{z^{s-1}} \mathrm{d}H_1(z).
\end{aligned} \tag{3.33}$$

注意, 对于生成函数 $G_0(x)$ 与 $G_1(x)$, 有关系式

$$G_1(x) = \frac{G_0'(x)}{G_0'(1)} = \frac{G_0'(x)}{\langle k \rangle}. \tag{3.34}$$

利用该式, 将 (3.33) 式中 $G_0'(x)$ 替换, 则有

$$\eta_s = \frac{\langle k \rangle}{2\pi \mathrm{i}(s-1)} \oint \frac{G_1\left[H_1(z)\right]}{z^{s-1}} \mathrm{d}H_1(z). \tag{3.35}$$

由 (3.24) 式可知

$$z = \frac{H_1(z)}{G_1[H_1(z)]}. \tag{3.36}$$

从而可以消去 (3.35) 式中的 z^{s-1}, 得到

$$\eta_s = \frac{\langle k \rangle}{2\pi \mathrm{i}(s-1)} \oint \frac{\{G_1\left[H_1(z)\right]\}^s}{[H_1(z)]^{s-1}} \mathrm{d}H_1(z). \tag{3.37}$$

该式中已不再显式地含有变量 z, 因而可将 $H_1(z)$ 作为自变量。注意, 因为当 $z \to 0$ 时, $H_1(z) \to 0$, 所以这种替换并不影响这个积分。所以, 用 z 直接代替 $H_1(z)$ 后, 上式积分简化为

$$\eta_s = \frac{\langle k \rangle}{2\pi \mathrm{i}(s-1)} \oint \frac{[G_1(z)]^s}{z^{s-1}} \mathrm{d}z. \tag{3.38}$$

至此, 已成功将 η_s 表达式中未知函数 $H_1(z)$ 消去, 所剩的表达式中 $G_1(z)$ 可直接由度分布确定。再次利用 Cauchy 积分公式, 将上式化为实空间的微分形式

$$\eta_s = \frac{\langle k \rangle}{(s-1)!} \frac{\mathrm{d}^{s-2}}{\mathrm{d}x^{s-2}} \left[G_1(x)\right]^s \bigg|_{x=0}. \tag{3.39}$$

对于任意随机网络, 将剩余度分布代入上式即可得到概率分布 η_s 的具体表达式, 进而可以得到分布 p_s 与 n_s。注意, 上式对 $s=1$ 不成立。但 $s=1$ 的分支对应着度为零的节点, 所以不难知道 $\eta_1 = p_0$。

下面来看几个具体的例子。首先讨论 ER 随机网络, 其度分布为泊松分布 $p_k = \langle k \rangle^k \mathrm{e}^{-\langle k \rangle}/k!$。ER 随机网络生成函数有简单形式

$$G_0(x) = G_1(x) = \mathrm{e}^{-\langle k \rangle(1-x)}. \tag{3.40}$$

代入 (3.39) 式, 可得

$$\eta_s = \frac{[s\langle k \rangle]^{s-1} \mathrm{e}^{-s\langle k \rangle}}{s!}. \tag{3.41}$$

73

网络渗流

对于给定的平均度 $\langle k \rangle$, 此式即可给出相应的分支分布。为了进一步验证 Fisher 指数 τ, 将式 (3.41) 化成标准的标度率形式

$$\eta_s = s^{-3/2}(\sqrt{2\pi}\langle k \rangle)^{-1}\mathrm{e}^{-s(\langle k \rangle - \ln\langle k \rangle - 1)}. \tag{3.42}$$

其中用到了 Stirling 公式, $n! \approx \sqrt{2\pi n}n^n\mathrm{e}^{-n}$, 其中 n 越大, 误差越小。对比 (3.29) 式, 可知对于 ER 随机网络, 有

$$\tau = \frac{5}{2}, \tag{3.43}$$

$$s_\xi = \frac{1}{\langle k \rangle - \ln\langle k \rangle - 1}. \tag{3.44}$$

这显然与临界维以上的普适类吻合。另外, 可以发现特征大小 s_ξ 在平均度 $\langle k \rangle_c=1$ 时发散, 意味着 ER 随机网络中巨分支涌现的临界点是 $\langle k \rangle = 1$。这与 (3.16) 式与 (3.27) 式的结果一致。注意, (3.42) 式的得到使用了 Stirling 公式, 这要求 $s \to \infty$, 而模拟中 s 受到系统尺度影响, 所以以上理论结果可能无法与模拟结果完全精确吻合 (如图 3.3(a) 所示), 但临界指数关系 $p_s \propto s^{-5/2}$ 还是可以在临界点处得到很好的验证 (如图 3.3(b) 所示)。

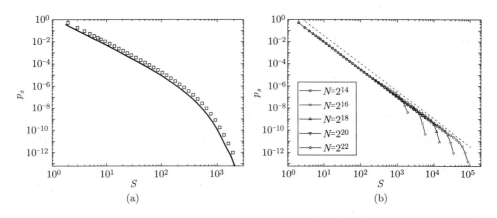

图 3.3 ER 随机网络的分支大小分布。(a) $\langle k \rangle = 0.9$, 散点大小为 $N = 2^{22}$ 的系统上的模拟结果, 实线由 (3.42) 式给出, $p_s = \langle s \rangle \eta_s / s$; (b) $\langle k \rangle = 1$, 图中虚线斜率为 $-5/2$

再来看度分布为幂指数 $p_k = Ce^{-\lambda k}$ 的随机网络, 其中 $C = 1 - e^{-\lambda}$ 为归一化常数, 且 $e^{-\lambda} < 1$。所以, 生成函数 $G_0(x)$ 与 $G_1(x)$ 即是简单的等比数列求和,

易得

$$G_0(x) = \frac{e^\lambda - 1}{e^\lambda - x}, \tag{3.45}$$

$$G_1(x) = \left(\frac{e^\lambda - 1}{e^\lambda - x}\right)^2. \tag{3.46}$$

代入 (3.39) 式, 可得

$$\eta_s = \frac{(3s-3)!}{(s-1)!(2s-1)!}(1 - e^{-\lambda})^{2s-1}e^{-\lambda(s-1)}. \tag{3.47}$$

同样利用 Stirling 公式, 对于 $s \to \infty$, 可以化为如下形式[①]

$$\eta_s = \sqrt{\frac{3}{4\pi}}\frac{e^\lambda}{1 - e^{-\lambda}}s^{-3/2}e^{-s\ln\left[27e^{-\lambda}\left(1-e^{-\lambda}\right)^2/4\right]}. \tag{3.48}$$

上式计算中还用到了 $\lim\limits_{n\to\infty}(n+m)^{n+m} = n^{n+m}$。注意, 由于 (3.47) 式计算中出现多个类似的无穷大项, 所以 n^{n+m} 不能进一步简单近似为 n^n, 这会使得无穷大的相对阶数变化。对比 (3.29) 式, 可知对于该随机网络有

$$\tau = \frac{5}{2}, \tag{3.49}$$

$$s_\xi = \frac{1}{\ln\left[\dfrac{27}{4}e^{-\lambda}\left(1-e^{-\lambda}\right)^2\right]}. \tag{3.50}$$

可见, 该随机网络也属于临界维以上的普适类。令 $s_\xi = \infty$, 可得临界点应满足

$$\frac{27}{4}e^{-\lambda}\left(1-e^{-\lambda}\right)^2 = 1. \tag{3.51}$$

进而可以求得临界点

$$\lambda_c = \ln(3). \tag{3.52}$$

不难验证该结果与前文结论 $G_1'(1) = 1$ 所得临界点吻合。

以上验证了两个不同度分布随机网络的 Fisher 指数, 可见它们都是满足临界维以上的普适类。但是不是所有随机网络都属于这个普适类。已有研究表明, 对于无标度网络 $p_k \propto k^{-\gamma}$, 只有 $\gamma > 4$ 时, $\tau = 5/2$, 得到这一结论利用了生成函数的渐进展开形式, 更多的无标度网络临界指数的讨论还涉及场论内容, 不再展开介绍, 具体可参见文献 [2, 11, 12] 等。

---

① 注意, 文献 [10] 中得到 $\eta_s \propto s$, 结果有误。

3.2 无向网络渗流

第 3.1 节通过两种方式给出了随机网络上巨分支涌现的条件, 显然这个条件即是网络渗流的临界点。本节将具体讨论网络上的渗流模型问题。简单回顾一下模型定义: 在一个度分布给定的网络中, 占据比例 p 的节点 (座渗流) 或边 (键渗流)。由于这里讨论的网络都是不规则的, 无法定义环绕概率, 因而一般选择巨分支大小 S 作为序参量。显然, S 还可以表示网络中任取一个节点, 其属于巨分支的概率。还需要一个辅助参量 R, 定义为沿着一条随机选择的边所到达的节点属于巨分支的概率, 即一条边通向巨分支的概率。注意, 这里的 S 与 R 都是平均概率, 是一种平均场的思想。

3.2.1 基本方程

模型中占据比例 p 的节点或边, 相当于删除比例 $1-p$ 的节点或边, 显然这种操作会改变网络的度分布。先考虑一种简单的情况 $p=1$, 而后再考察删除比例 $1-p$ 的节点或边对度分布的影响。

对于一个度为 k 的节点, 其不属于巨分支的条件是: 所有 k 条边都不与巨分支连接, 其概率可用辅助参量 R 表示为 $(1-R)^k$。对于任意节点, 度 k 应满足度分布 p_k, 将概率 $(1-R)^k$ 对所有可能度 k 求平均, 即可得到一个节点不属于巨分支的概率:

$$1 - S = \sum_{k=0}^{\infty} p_k (1-R)^k. \tag{3.53}$$

利用生成函数 $G_0(x)$, 上式可表示为

$$S = 1 - G_0(1-R). \tag{3.54}$$

此方程给出了 S 与 R 的关系, 但并不能解出 S 或 R。为此, 考虑一条边是否通向巨分支的概率 R。如果通向, 那么所到达的节点的剩余度中至少应有一条通向

巨分支。写成数学形式即是

$$R = \sum_k q_k \sum_{i=1}^{k-1} \binom{k-1}{i} R^i (1-R)^{k-1-i} \tag{3.55}$$

$$= 1 - \sum_k q_k (1-R)^{k-1}. \tag{3.56}$$

利用生成函数 $G_1(x)$, 可以表示为

$$R = 1 - G_1(1-R). \tag{3.57}$$

显然, 对于给定的度分布 p_k, 生成函数都有明确的形式 (封闭形式或者数值形式), 因而可以利用 (3.54) 式与 (3.57) 式求出序参量 S 与辅助参量 R。

以上考察的是极端情况 $p = 1$, 下面讨论一般情况。我们知道初始删除节点或边相当于改变度分布, 也就改变了生成函数 $G_0(x)$ 与 $G_1(x)$。因此只需求出删除节点或边之后网络新的度分布, 然后代入 (3.54) 式与 (3.57) 式, 即可解出网络渗流模型。下面就来求解删除节点或边后的新的度分布 $p_{k'}$。

对于键渗流, 新网络中一个度为 k' 的节点是原网络度为 k 的节点删除 $k - k'$ 条边所得。因而有

$$p_{k'} = \sum_{k=k'}^{\infty} p_k \binom{k}{k'} p^{k'} (1-p)^{k-k'}. \tag{3.58}$$

利用这个度分布, 可以写出新网络的度分布生成函数

$$
\begin{aligned}
g_0(x) &= \sum_{k'=0}^{\infty} p_{k'} x^{k'} \\
&= \sum_{k'=0}^{\infty} \sum_{k=k'}^{\infty} p_k \binom{k}{k'} p^{k'} (1-p)^{k-k'} x^{k'} \\
&= \sum_{k=0}^{\infty} p_k \sum_{k'=0}^{k} \binom{k}{k'} p^{k'} (1-p)^{k-k'} x^{k'} \\
&= \sum_{k=0}^{\infty} p_k (1 - p + px)^k \\
&= G_0(1 - p + px), \tag{3.59}
\end{aligned}
$$

以及剩余度分布生成函数

$$
\begin{aligned}
g_1(x) &= \sum_{k'=1}^{\infty} \frac{p_{k'} k'}{p\langle k\rangle} x^{k'-1} \\
&= \sum_{k'=1}^{\infty} \sum_{k=k'}^{\infty} p_k \binom{k}{k'} p^{k'} (1-p)^{k-k'} \frac{k'}{p\langle k\rangle} x^{k'-1} \\
&= \sum_{k'=1}^{\infty} \sum_{k=k'}^{\infty} \frac{p_k k}{\langle k\rangle} \binom{k-1}{k'-1} p^{k'-1} (1-p)^{k-k'} x^{k'-1} \\
&= \sum_{k=1}^{\infty} \frac{p_k k}{\langle k\rangle} \sum_{k'=1}^{k} \binom{k-1}{k'-1} p^{k'-1} (1-p)^{k-k'} x^{k'-1} \\
&= \sum_{k=1}^{\infty} \frac{p_k k}{\langle k\rangle} (1-p+px)^{k-1} \\
&= G_1(1-p+px).
\end{aligned} \tag{3.60}
$$

其中, $G_0(x)$ 与 $G_1(x)$ 是原网络相应的生成函数。将两个新的生成函数, 代入 (3.54) 式与 (3.57) 式, 可以得到键渗流方程

$$
S = 1 - G_0(1-pR), \tag{3.61}
$$

$$
R = 1 - G_1(1-pR). \tag{3.62}
$$

对于座渗流, 新网络的度分布表达式 (3.59) 式与 (3.60) 式同样适用, 只是这时概率 $1-pR$ 应理解为一个没被删除的节点的邻居被删除的概率。所以, (3.61) 式与 (3.62) 式也可以用来求解座渗流模型。需要注意的是, 座渗流中删节点不仅会改变网络度分布, 也会使网络总节点数变为原来的 p 倍。因此, (3.61) 式与 (3.62) 式求出的 S 是相对于删节点后的新网络, 而这个新网络的大小只是原网络的 p 倍。相对于原网络的大小需要乘以 p, 座渗流的方程可写为

$$
S = p\left[1 - G_0(1-pR)\right], \tag{3.63}
$$

$$
R = 1 - G_1(1-pR). \tag{3.64}
$$

很多时候, 为了表述方便或数学上的对称, 常将上两式中的 pR 简单表示为 R(注意, 这种替换改变了 R 的含义), 从而有

$$
S = p\left[1 - G_0(1-R)\right], \tag{3.65}
$$

$$
R = p\left[1 - G_1(1-R)\right]. \tag{3.66}
$$

这种形式下, 两式的物理意义很明显: (3.65) 式右侧 p 表示节点不被初始删除的概率, $1 - G_0(1 - R)$ 表示节点属于巨分支的概率; (3.66) 式右侧 p 表示边通向的节点不被初始删除的概率, $1 - G_1(1 - R)$ 表示该节点属于巨分支的概率。

通常 (3.61) 式与 (3.62) 式称为网络键渗流方程, 由于键逾渗关注边的状态, 而网络中边的状态常常与传播过程相关, 所以该方程常用来研究网络上的疾病与信息传播。(3.63) 式与 (3.64) 式 (或 (3.65) 式与 (3.66) 式) 称为网络座渗流方程, 关注节点连接状态, 所以常用来研究网络的鲁棒性。对于较复杂的情况, 二者也可有很多变形形式, 具体内容将在后续章节中逐渐展示。另外, 这几组方程的形式相同, 求解时一般先解出只含一个未知量 R 的辅助参量方程, 然后将 R 值代入序参量方程解出 S。对比两组方程也可知道, 对于相同的占据概率 p, 键渗流与座渗流的巨分支大小相差 p 倍。这些理论上的结论在第 3.2.3 节的模拟结果中都得到了验证。最后, 只要在上述方程中令 $p = 1$, 即可退回到方程 (3.54) 与方程 (3.57)。

3.2.2 临界点的讨论

由方程 (3.61) 与方程 (3.63) 可知, 两种渗流的序参量 S 都由辅助参量 R 给定, 只有非零的 R 值才能给出非零的 S 值。因此, 网络渗流的临界点由辅助参量 R 的方程决定。而两种渗流的 R 方程 ((3.62) 式与 (3.64) 式) 相同, 因此可以知道两种渗流模型在网络上给出相同的临界点, 而序参量差 p 倍。

显然, 方程 (3.62) 或方程 (3.64) 有平庸解 $R = 0$, 对应网络中无巨分支的状态。随着 p 的增加, R 的非平庸解首次出现时的 p 值即临界点 p_c。为了便于讨论, 设函数

$$w(R) = R - [1 - G_1(1 - pR)]. \tag{3.67}$$

此函数恒过 $(0, 0)$ 点, 即方程的平庸解。方程的非平庸解对应此函数与 R 轴的非平庸交点。对于 $R > 0$, 函数 $w(R)$ 显然是 p 的单调减函数。在 p 由 0 开始逐渐增加的过程中, 函数 $w(R)$ 逐渐减小, 经历与 R 轴不相交 (除 $R = 0$ 点) 到相切再到相交的过程。图 3.4 给出了这个过程的示意图。

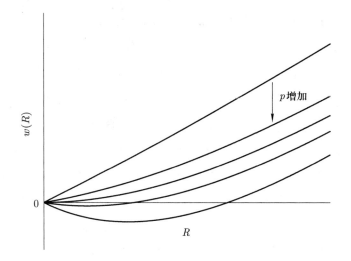

图 3.4 渗流方程非平庸解示意图。随着占据概率 p 的增加, 函数 $w(R)$ 逐渐减小, 经历与 R 轴不相交 (除 $R = 0$ 点) 到相切再到相交的过程

因此, 临界点 p_c 显然对应 $w(R)$ 与 R 轴相切的情形, 即

$$w'(R_c) = 1 - p_c G'_1(1 - p_c R_c) = 0. \qquad (3.68)$$

显然, 临界点还应满足 $w(R) = 0$, 联合两式即可解出临界点。若 $R_c = 0$, 序参量在临界点连续变化, 则相变为连续相变; 若 $R_c > 0$, 序参量在临界点有跃变, 则相变为不连续相变。

利用 (3.68) 式与 $w(R_c) = 0$ 消去 p_c, 可得 $y \equiv p_c R_c$ 所满足的方程

$$y = \frac{1 - G_1(1 - y)}{G'_1(1 - y)}. \qquad (3.69)$$

式中, 等号右边随 y 单调变化, 其斜率恒大于 1。所以除 $y = 0$ 点外, 式 (3.69) 右边恒大于左边。因此, 临界点只有解 $y = 0$。注意, 得到这个结论并没有其他假设, 因而树形网络的渗流相变都为连续相变。进一步, 在 $R \to 0$ 条件下解 $w(R) = 0$, 或直接在 (3.68) 式中令 $R_c = 0$, 得到临界点

$$p_c = \frac{1}{G'_1(1)}. \qquad (3.70)$$

其中, $G'_1(1)$ 是网络中相邻两层节点数的比值。$pG'_1(1)$ 可以理解为在删除比例 $1 - p$ 的节点或边后, 网络中相邻两层节点数的比值。对于原网络, 只需令 $p = 1$,

该式即可给出与 (3.16) 式或 (3.27) 式相同的临界点表达式。另外, 临界点 (3.70) 式在很多文献中写为如下形式:

$$p_c = \frac{\langle k \rangle}{\langle k^2 \rangle - \langle k \rangle}. \tag{3.71}$$

这种形式常称为 Molloy-Reed 条件 (Molloy-Reed criterion)[13]。只需在 (3.70) 式中代入生成函数的表达式即可得到这种形式。

以上, 从网络渗流的角度再次求出了巨分支涌现的条件。加之第 3.1 节中的 3 种求解角度 (网络的层次性、分支平均大小、特征尺度), 我们从 4 个角度得到了相同的结论, 这说明了分析方法的自洽性, 体现了物理思想的精妙与数学形式的优美。4 种方式可以相互推导, 各有侧重点, 在具体应用中可根据问题选择使用。需要再次强调的是, 这里的讨论都是针对无限大的树形随机网络。

下面, 对临界点做一些简单讨论。若 $G_1'(1) < 1$, 由于 $p \leqslant 1$, 方程 (3.70) 无解, 即此时系统中无相变。这很容易理解, 因为当 $G_1'(1) < 1$ 时, 节点数逐层递减, 即使不删除任何节点, 网络中也不存在巨分支; 另外, 若 $G_1'(1)$ 发散, 方程 (3.70) 只有解 $p_c \to 0$, 此时系统也无相变。这种网络很特殊, 即使删除网络中几乎所有节点, 巨分支仍然存在。这就是复杂网络中常见的无标度网络, 其渗流的性质将在本书后续内容中逐步展示。

既然序参量与控制变量的方程以及临界点都已经确定, 那么显然可以令 $p \to p_c$, 进而考察序参量的临界指数 β。当 $p \to p_c$ 时, 由 (3.61) 式与 (3.63) 式可知, 无论是键渗流还是座渗流, 均有 $S \propto R \to 0$。因而求临界指数 β, 也就是在 $R \to 0$ 的条件下求解方程 $w(R) = 0$。不妨先将函数 $w(R)$ 在 $R = 0$ 附近展开, 即

$$w(R) = w(0) + w'(0)\epsilon + \frac{1}{2!}w''(0)\epsilon^2 + \mathcal{O}(\epsilon^3). \tag{3.72}$$

这里, $\epsilon = R - R_c = R \ll 1$。由 (3.67) 式可知, $w(R) = 0$, $w'(0) = 1 - pG_1'(1) = 1 - p/p_c$, $w''(0) = p^2 G_1''(1)$。忽略高阶项, 代入方程 $w(R) = 0$, 可得

$$\epsilon = \frac{-2w'(0)}{w''(0)} \tag{3.73}$$

即

$$\epsilon = \frac{2}{p^2 p_c G_1''(1)}(p - p_c). \tag{3.74}$$

网络渗流

由此, 可以得到临界关系

$$S \propto R \propto (p - p_c)^\beta, \quad \beta = 1. \tag{3.75}$$

图 3.5 给出了 ER 随机网络序参量临界指数的模拟结果, 显然与这一理论结果吻合。注意, 在得出此临界指数时, 并未考虑具体度分布, 所以该式是普适的。也就是说, 如果树形随机网络的生成函数 $G_1(x)$ 及其导数无奇异点①, 相关渗流相变都满足此临界指数关系。由第 2 章讨论可知, 这一临界指数关系是属于临界维度以上的普适类。这是因为一般复杂网络的维度都是无穷大, 与 Bethe 晶格类似。也正因此, 得出此关系时才不需要考虑具体度分布。另外, 这里的求解方式都属于平均场方法, 所以得出的结果也只能是临界维度以上的。

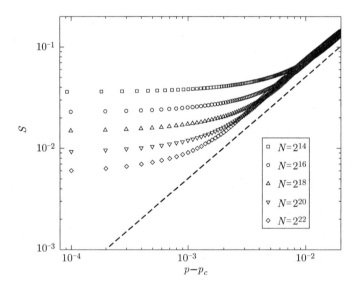

图 3.5　ER 随机网络的序参量临界指数 β。图中散点为模拟结果, 虚线斜率为 1。所用网络平均度为 $\langle k \rangle = 4$

3.2.3　例子

1. ER 随机网络

ER 随机网络的度分布为

---

① 无标度网络不满足此条件, 因而临界指数依赖于其度分布。

$$p_k = \frac{\mathrm{e}^{-\langle k \rangle} \langle k \rangle^k}{k!}. \tag{3.76}$$

在这种度分布下, 生成函数有简洁的表达形式

$$G_0(x) = G_1(x) = \mathrm{e}^{\langle k \rangle (x-1)}. \tag{3.77}$$

此时, 对于键渗流, (3.61) 式与 (3.62) 式中 S 与 R 等价, 退化成同一个方程

$$S = 1 - \mathrm{e}^{-p\langle k \rangle S}. \tag{3.78}$$

对于座渗流, (3.65) 式与 (3.66) 式中 S 与 R 等价, 也退化成同一个方程

$$S = p \left(1 - \mathrm{e}^{-\langle k \rangle S} \right). \tag{3.79}$$

方程 (3.78) 与方程 (3.79) 均无封闭形式解, 可用数值解法解出, 其结果与模拟结果的对比如图 3.6(a) 所示。但是, 两方程的临界点均可精确求出, 且相同:

$$p_c = \frac{1}{\langle k \rangle}. \tag{3.80}$$

这就是随机图理论里的经典结果 [14]。

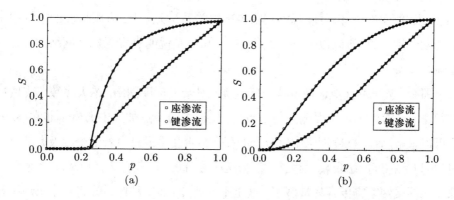

图 3.6　网络渗流模拟与理论结果对照图。图中散点为模拟结果, 曲线为相应的理论结果。模拟中所用网络大小为 $N = 2^{16}$。(a) ER 网络, 平均度 $\langle k \rangle = 4$; (b) 无标度网络,度的上下限分别为 2 与 $\sqrt{N}$, 度分布的负幂指数为 $\gamma = 2.5$

2. 无标度网络

对于无标度网络, 其度分布为 $p_k \propto k^{-\gamma}$, 则

$$G_0(x) \propto \sum_k k^{-\gamma} x^k, \tag{3.81}$$

$$G_1(x) \propto \sum_k k^{-\gamma} k x^{k-1}. \tag{3.82}$$

显然, 作为概率分布, (3.81) 式和 (3.82) 式都应能归一化, 即 $x = 1$ 时两式都不应发散, 因而要求 $\gamma > 2$。利用上式还可以求出

$$G_1'(1) \propto \sum_k (k^{2-\gamma} - k^{1-\gamma}). \tag{3.83}$$

显然上式在 $\gamma \leqslant 3$ 时发散。综上, 对于无标度网络, 临界点 $p_c \to 0$ 要求度分布的负幂指数满足 $2 < \gamma \leqslant 3$。而巧的是, 实证数据显示大多真实网络的 γ 值都落在这个范围内 [15]。对于真实网络, 度的取值范围有限, 也就是说 (3.83) 式中度的求和有上下限, 所以这种发散并不存在于真实网络中。

尺度有限的无标度网络上的渗流过程也会呈现出一个非零的临界点 (见图 3.6(b)), 一般常称为赝临界点 (pseudo-critical point)。需要指出的是, 即使在 $p_c \to 0$ 的无标度网络中, 仍可以观察到临界指数关系。实际上, 有限尺度的系统中是不会发生相变的, 所以以上理论结果 $p_c \to 0$ 只是说明真实无标度网络的鲁棒性很强。

那么, 怎样来直观地理解这个问题呢? 对于无标度网络, 绝大多数节点的度都很小。当随机选择所要删除的节点时, 度极大的节点被选中的概率非常小, 几乎可以忽略。而无标度网络中巨分支的存在与否几乎只是由若干个度极大节点决定, 所以无标度网络鲁棒性很强。根据这些分析可知, 若有选择地删除大度节点, 那么无标度网络将极容易被破坏。这里不再展开介绍, 具体讨论将在本书后续相关章节中进行。

需要指出的是, 由于无标度网络的强异质性, 其临界指数依赖于度分布的指数 γ, 只有当 γ 超过某个特定值时才能显示出与 ER 网络相同的临界指数。

3.3 有向网络

有向网络也是一类很常见的网络, 一些有关供需、传递的网络都是有向的。有向网络上是否可以定义渗流问题呢? 答案是肯定的, 只是分支的划分更为复杂。若不考虑边的方向性, 类似于无向网络, 将连接在一起的节点称为一个分支, 这种分支常称为弱连通分支 (weak connected cluster)。与之相对的是强连通分支 (strongly connected cluster), 构成强连通分支的节点必须可以沿着有向边相互达到。此外, 那些可以沿着有向边到达强连通分支、而强连通分支无法沿着有向边达到的节点构成了入分支, 反之称为出分支。除此之外, 还有很多其他小分支, 例如入分支可以到达的非强连通分支的节点, 可以到达出分支的节点, 可以从入分支直接到达出分支的连接等, 这些分支对有向网络整体结构影响较小。真实的有向网络通常是由强连通、入分支及出分支 3 个部分组成。所以, 本书中考虑的有向网络渗流, 即是这 3 种巨分支的涌现, 即巨强连通以及与其相对的巨入分支与巨出分支。

有向网络有出度与入度之分, 所以度分布为出度与入度的联合分布 p_{ij}, 其中 i 表示入度, j 为出度。因此度分布生成函数为

$$G_0(x,y) = \sum_{ij} p_{ij} x^i y^j. \tag{3.84}$$

由于边的方向性, 剩余度分布分化为沿着边的方向 (入度) 遇到的节点的剩余度, 以及逆着边的方向 (出度) 遇到的节点的剩余度。因此, 剩余度分布生成函数为

$$G_1^I(x,y) = \sum_{ij} \frac{p_{ij}i}{\langle k \rangle} x^{i-1} y^j, \tag{3.85}$$

$$G_1^O(x,y) = \sum_{ij} \frac{p_{ij}j}{\langle k \rangle} x^i y^{j-1}. \tag{3.86}$$

式中用上标 I 与 O 区分顺边方向与逆边方向。由于有向网络总的出度与入度是

相等的, 所以出入度的平均度都用 $\langle k \rangle = \sum_i p_{ij} i = \sum_j p_{ij} j$ 表示。

类似于无向网络的讨论, 我们定义辅助参量: R^I 表示有向边末端 (入度) 节点属于巨入分支的概率, R^O 表示有向边起始 (出度) 节点属于巨出分支的概率。根据出入分支的定义易知: 沿着一条边的方向 (入度) 到达的节点如果不属于巨入分支, 那么其所有出度都不能通向巨入分支, 而与其入度无关; 逆着一条边的方向 (出度) 到达的节点如果不属于巨出分支, 那么其所有入度都不能来自巨出分支, 而与其出度无关。由此可写出方程

$$R^I = 1 - G_1^I(1, 1 - R^I), \tag{3.87}$$

$$R^O = 1 - G_1^O(1 - R^O, 1). \tag{3.88}$$

代入具体度分布, 即可得到辅助参量 R^I 与 R^O, 方法类似于无向网络。根据有向网络各种分支的定义, 可知序参量均可用 R^I 与 R^O 表示出来, 即

$$S^I = 1 - G_0(1, 1 - R^I), \tag{3.89}$$

$$S^O = 1 - G_0(1 - R^O, 1), \tag{3.90}$$

$$S = 1 - G_0(1, 1 - R^I) - G_0^I(1 - R^O, 1) + G_0(1 - R^I, 1 - R^O). \tag{3.91}$$

式 (3.89) 中 S^I 即是巨入分支大小, 右端表示一个节点如果有一条边 (出度) 通向巨入分支, 那么其必属于巨入分支, 与入度无关。式 (3.90) 中 S^O 即是巨出分支大小, 右端表示一个节点如果有一条边 (入度) 来自巨出分支, 那么其必属于巨出分支, 与出度无关。式 (3.91) 中 S 即是巨强连通分支大小, 右端表示一个节点如果有一条边 (出度) 通向巨入分支, 且有一条边 (入度) 来自巨出分支, 那么其必可到达所有巨强连通分支内节点且所有巨强连通分支节点都可到达它, 也就是其属于巨强连通分支, $G_0(1 - R^I, 1 - R^O)$ 项是为了补偿前两项重复扣除的概率。

与无向网络相同, (3.87) 式与 (3.88) 式决定了网络的临界点。将两式分别对 R^I 与 R^O 微分, 并令 $R^I = 0, R^O = 0$, 则有

$$\left. \frac{\partial G_1^I(1, y)}{\partial y} \right|_{y=1} = 1, \tag{3.92}$$

$$\left. \frac{\partial G_1^O(x, 1)}{\partial x} \right|_{x=1} = 1. \tag{3.93}$$

代入生成函数的表达式, 不难发现这两式实质上是等价的。所以, 树形随机有向网络的 R^I 与 R^O 的临界点相同, 与度分布以及出入度关联性无关。巨入分支与巨出分支伴随着巨强连通分支同时出现, 不可能单独涌现其中之一。因此有向网络的巨出分支与巨入分支临界点相同, 同时也是巨强连通分支出现的临界点。图 3.7 中出入度无关联有向网络与图 3.8 中出入度关联有向网络的模拟结果都证实了这一点。有向网络的临界点可以写为更一般的形式

$$\sum_{ij} p_{ij}(2ij - i - j) = 0. \tag{3.94}$$

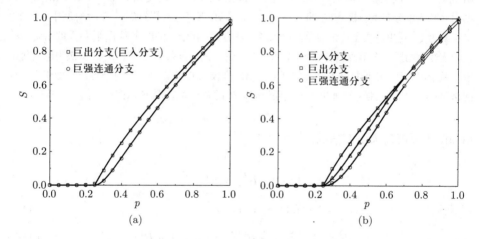

图 3.7　出入度无关联有向网络的渗流相变。散点为模拟结果, 实线为理论结果。模拟中, 出入平均度取为 $\langle k \rangle = 4$, 网络大小为 $N = 10^5$。(a) 出入度分布都是泊松分布, 即 $p_k = e^{-\langle k \rangle}\langle k \rangle^k / k!$; (b) 入度分布是泊松分布, 出度是指数分布 $p_k \propto k^{-\gamma}$, 其中 $\gamma = 2.6$, 最小度为 2。图 (a) 中出入度分布相同, 由对称性易知巨出分支与巨入分支相同。由于 (a) 与 (b) 两图中所用网络的入度分布一样, 由方程 (3.98) 可知两个网络的巨出分支相同。另外, 图 (a) 与 (b) 所用网络的度分布虽然不同, 但是都给出了相同的临界点, 与 (3.100) 式的理论推导一致

对于出入度相互独立的网络, (3.87) 式与 (3.88) 式可以改写为

$$R^I = 1 - O_0(1 - R^I), \tag{3.95}$$

$$R^O = 1 - I_0(1 - R^O). \tag{3.96}$$

其中, $O_0(x)$ 与 $I_0(x)$ 分别为出度分布与入度分布的生成函数。此时, (3.89) 式与

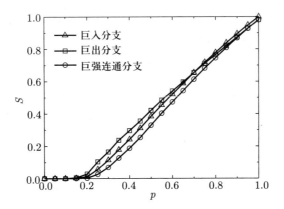

图 3.8　出入度关联有向网络的逾渗相变。模拟中, 出入平均度取为 $\langle k \rangle = 4$, 网络大小为 $N = 10^5$, 入度分布是泊松分布, 即 $p_k = e^{-\langle k \rangle} \langle k \rangle^k / k!$, 出度是指数分布 $p_k \propto k^{-\gamma}$, 其中 $\gamma = 2.6$, 最小度为 2。这里使用了一个简单的出入度关联方式: 在给定的度序列下, 将最大的出度与最大的入度赋给同一个节点, 将次最大的出度与次最大的入度赋给另一个节点, 依次类推给每个节点赋予出入度。这种构建方式会使网络中出现度极大的节点, 所以该网络性质类似于无标度网络, 网络鲁棒性较强。这种出入度关联没有简单的解析表达式, 所以图中只给出了模拟结果

(3.90) 式也可写为更简洁的形式

$$S^I = 1 - O_0(1 - R^I) = R^I, \tag{3.97}$$

$$S^O = 1 - I_0(1 - R^O) = R^O, \tag{3.98}$$

$$S = \left[1 - I_0(1 - R^O) \right] \left[1 - O_0(1 - R^I) \right]. \tag{3.99}$$

此时, 系统的临界点为

$$O_0'(1) = I_0'(1) = \langle k \rangle = 1. \tag{3.100}$$

这说明出入度相互独立的有向网络渗流临界点与网络度分布无关, 只是由网络平均度决定。图 3.7 中给出两个出入度无关联有向网络的模拟结果, 可以看出无论出入度为何种分布, 临界点都满足式 (3.100)。

　　至于有向网络的巨弱连通分支, 可以忽略边的方向, 然后利用无向网络的渗流方程得出。如果有向网络中没有对向边[①] (reciprocity), 那么可以将有向网络生

---

　　① 即一对方向相反的边, 例如边 $i \to j$ 与边 $j \to i$。对于稀疏的随机有向网络, 此种情况出现的概率极小 ($O(1/N)$ 量级), 对于无限大的网络此种情况可以忽略。

成函数对应的无向网络生成函数写为

$$G_0(x) = \sum_{ij} p_{ij} x^{i+j}. \tag{3.101}$$

其中, p_{ij} 是原有向网络的度分布。类似地, 还可以得到剩余度生成函数 $G_1(x) = G_0'(x)/G_0'(1)$。将两个生成函数代入无向网络渗流方程中, 即可求出有向网络的巨弱连通分支。

最后, 以上的分析都未考虑节点或者边的占据问题。若考虑初始删除 $1-p$ 的节点或边的渗流问题, 只需利用 (3.59) 式与 (3.60) 式修正上述生成函数即可。

3.4 其他网络渗流模型

在第 2 章对经典渗流模型的讨论中, 曾提到其有多种变形与拓展方式。引入网络结构后, 这些变形的模型可以对应网络上的不同动力学过程, 因而可以用来探索网络问题的不同方面, 例如传播、鲁棒性、级联、社团划分等。这里先对这些模型规则及基本性质做一个简单的介绍, 具体内容待后文涉及时再具体展开。

3.4.1 爆炸渗流

爆炸渗流 (explosive percolation) 在 2009 提出后 [16] 引起了学者的广泛关注, 它以简单的机制展现出了 "不连续" 相变, 而经典渗流相变都是连续的。然而, 后续的研究发现, 爆炸渗流依然是连续相变, 只是临界现象有些特殊而已 [17–20]。下面就来介绍爆炸渗流的具体规则。

ER 随机网络的生成方式有两种: 一种是将系统中所有节点都以概率 p 相连; 另一种是在节点间随机地加入一定数量的边。爆炸渗流的机制是在第二种方式的基础上稍做调整: 每次随机选取两对节点 (a,b) 与 (c,d)(如图 3.9(a) 所示), 计算每对节点所在分支大小的乘积, 即 $s_a s_b$ 与 $s_c s_d$, 然后选择乘积较小的一对节点相连。显然, 这种规则会抑制大分支的产生。因而, 相对于 ER 随机网络, 爆炸渗流的巨分支涌现需要加入更多边, 也就是临界点增大。而有趣的是, 如图 3.9(b) 所示, 在临界点处系统展现出一个剧烈的变化, 因而最初被误认为是不连续相变。

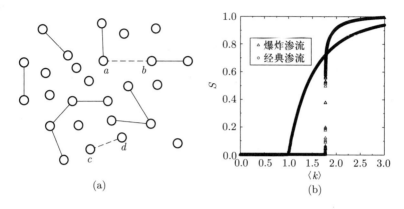

(a)

(b)

图 3.9　(a) 爆炸渗流示意图, 在网络中随机选取两对节点 (a, b) 与 (c, d), 4 个节点所在分支大小分别为 $s_a = 2, s_b = 2, s_c = 1, s_d = 1$, 由于 $s_a s_b > s_c s_d$, 按照规则连接节点 c 与 d; (b) 爆炸渗流与经典渗流模拟结果对比, 模拟中采用的网络大小为 $N = 2^{20}$, 经典渗流即 ER 随机网络的生成过程, 其临界点为 $\langle k \rangle = 1$

　　对于爆炸渗流过程中巨分支是怎样涌现的, 可以思考一个极端过程 [21]: 假设在每一步不是选择两组节点比较, 而是查看所有可能的节点对, 这样对于 N 个节点, 在加入前 $N/2$ 条边时, 系统中最大的分支都应是 2; 而一旦加入第 $N/2 + 1$ 条边, 最大分支就变为 4, 并保持至第 $N/2 + N/4 = 3N/4$ 条边加入; 依次类推, 当加入 $N - 4$ 条边后, 系统中只有 4 个大小为 $N/4$ 的分支; 当第 $N - 3$ 条边加入后, 系统最大分支由 $N/4$ 跃变为 $N/2$; 进一步, 当第 $N - 1$ 条边加入后, 系统最大分支又由 $N/2$ 跃变为 N。由此可见, 爆炸渗流的规则抑制大分支产生的结果就是巨分支涌现时会成倍增大, 而原规则 (每次随机选两组节点对连接) 只是放缓了这一过程而已, 并没有质的改变。

　　由以上分析可见, 在选择所要加的边时比较分支大小乘积并不是必需的, 只要比较与分支大小正相关的函数都可以得到类似的结果 [21]。此外, 只需对配置模型的连接机制进行类似操作 [22], 即可将爆炸渗流应用在各种网络上。相关研究以及爆炸渗流临界现象可参见文中所标文献及其相关引用, 关于爆炸渗流与同步还可参见综述性论文 [23]。

3.4.2 依赖渗流

依赖渗流 (dependent percolation) 泛指一类节点或边的占据与其邻居状态有关的渗流模型。这种渗流是一个动态过程,初始时系统中有一个或若干个节点被选为占据节点,然后依据一定的规则逐渐占据其他节点,直到系统稳定,即不再有新的占据节点产生。或者反过来,初始选取若干非占据节点,其余节点都为占据态,而后以一定规则逐渐将占据节点转化为非占据节点,直到系统稳定。这种类型的渗流相变,依据规则不同,有些可以展现出不连续相变。

下面以复杂网络常见的一种依赖渗流——k 核渗流 (k-core percolation) 为例 [24] 做简单介绍。k 核渗流规则规定: 如果一个占据节点的邻居中占据节点少于 k 个, 该占据节点就会转化为非占据节点; 转化后占据节点数目变化, 进而可能触发新的转化, 直到系统稳定。如果每次都将非占据节点移出网络, 模型规则也可简单表述为反复从网络中移除度小于 k 的节点。可见, 当系统稳定时, 剩下 (占据) 节点的度都必然大于等于 k。但是, 初始度大于 k 的节点并不一定能保留到最后, 因为在这个动态过程中, 节点是逐级被移除的, 节点的度动态变化。如果一个大度节点仅与若干小度节点相连, 那么其度将在这些小度节点被移除后也变小, 进而会被移除。综上, k 核渗流中的最终剩余节点必然是初始度较大的节点, 但初始度较大的节点并不一定能保留到最终。

如果网络是树形的, 只需 $k \geqslant 2$, 这种移除节点的操作就可以一直进行下去。也就是说只要 $k \geqslant 2$, 规则会迭代地将一个有限的树形网络完全摧毁。但是, 这并不会影响我们研究树形网络中 k 核巨分支的涌现, 因为相变都是针对无限大系统的。对于实际系统, k 核渗流所保留的分支应该是相互连接比较紧密一些节点, 它们组成了网络的核心, 因而保留下来的分支称为网络的 k 核, 那些属于 k 核而不属于 $k+1$ 核的节点称为系统的 k 壳 (k-shell)。因此, k 核渗流常用来分解网络 [25], 用以找到网络的核心部分。

考虑渗流相变, 初始移除 $1-p$ 的节点, 而后考察系统的 k 核分支大小。$k=1$ 时等同于一般网络渗流相变, 研究发现 $k > 2$ 的 k 核渗流会展现出不连续相变, 更确切地说是混合相变 (hybrid transition), 也就是说在临界点既有序参量的跃变也有临界指数关系, 其数学形式为

$$S^k - S_c^k \propto (p - p_c)^\beta. \tag{3.102}$$

这里 S^k 是序参量, 即 k 核大小; S_c^k 是临界点处 k 核大小。对于 $k > 2$, $S_c^k > 0$, $\beta = 1/2$; 而 $k = 1, 2$, $S_c^k = 0$, $\beta = 1$ 即是前文讨论的一般网络渗流。

类似 k 核渗流的依赖渗流还有很多种, 例如, 可以为每个节点赋予不同的 k 值 [26], 或者用当前度与初始度的比值作为判定标准 [27, 28]。这些过程均以迭代级联的形式出现, 所以在复杂网络研究中常称为级联过程。一个典型的应用就是网络的级联失效问题, 具体将在第 8 章和第 9 章关于网络鲁棒性的内容中讨论。

3.5　小结

本章通过分析网络的层次性结构引入了网络渗流的基本形式。在不引入占据概率的情况下, 可以选择网络某个结构参量作为系统渗流相变的控制参量, 如平均度。以这个角度, ER 随机网络会在平均度为 1 时涌现出一个巨分支, 也就是渗流相变的临界点。引入占据概率后, 相当于移除网络中没有被占据的节点或边, 这等效于改变网络的结构, 所以不需要重新定义与求解这个模型, 只需用这个新结构替代原网络即可。需要指出的是, 引入占据概率时, 网络的其他结构参数都应是固定的。

由于临界点的特殊性, 所以有众多性质可以用来求解临界点, 如文中用到的巨分支无限大、平均分支大小发散、特征大小发散以及直接讨论序参量方程的解。这些方法殊途同归得出相同的临界点, 再一次展现出了渗流模型的魅力, 以及相变理论的美妙。当我们对这些方式方法融会贯通后, 会对渗流理论有更深层次的理解。

另外, 本章讨论的理论方法都是针对树形网络, 虽然对于真实网络这种假设并不具有一般性, 然而这并不影响对网络渗流问题相关临界现象的理解。因为即使有圈结构的网络, 其在渗流临界点附近也大多会呈现出树形或接近树形的结构。

作为本书的理论基础, 本章更注重的是网络渗流的基本理论问题, 对于非物理专业的读者可能有些概念难以立刻完全理解, 在本书的后续章节中, 这些理论结果还将一次次地出现在各种网络动力学问题中, 如传播、级联故障等。在理论与实践的交融之中, 读者将会更好地理解这些理论问题。读者若不能完全理解本章引入的概念, 不妨在阅读完本书后面章节后再返回本章 (以及第 2 章), 也许会有新的收获。

参考文献

[1] Lee D S, Goh K I, Kahng B, et al. Evolution of scale-free random graphs: Potts model formulation [J]. Nucl. Phys. B, 2004, 696(3): 351–380.

[2] Cohen R, Avraham D, Havlin S. Percolation critical exponents in scale-free networks [J]. Phys. Rev. E, 2002, 66: 036113.

[3] Newman M. Networks: An Introduction [M]. Oxford: Oxford University Press, Inc., 2010.

[4] Berchenko Y, Artzy-Randrup Y, Teicher M, et al. Emergence and size of the giant component in clustered random graphs with a given degree distribution [J]. Phys. Rev. Lett., 2009, 102: 138701.

[5] McCoy B M. Advanced Statistical Mechanics [M]. Volume 146. Oxford: Oxford University Press, 2010.

[6] Wilf H S. Generatingfunctionology [M]. Wellesley: A K Peters Ltd., 2005.

[7] Newman M E J, Strogatz S H, Watts D J. Random graphs with arbitrary degree distributions and their applications [J]. Phys. Rev. E, 2001, 64: 026118.

[8] Newman M E J. Scientific collaboration networks. I. Network construction and fundamental results [J]. Phys. Rev. E, 2001, 64: 016131.

[9] Newman M E J. Scientific collaboration networks. II. Shortest paths, weighted networks, and centrality [J]. Phys. Rev. E, 2001, 64: 016132.

[10] Newman M E J. Component sizes in networks with arbitrary degree distributions [J]. Phys. Rev. E, 2007, 76: 045101.

[11] Burda Z, Correia J D, Krzywicki A. Statistical ensemble of scale-free random graphs [J]. Phys. Rev. E, 2001, 64: 046118.

[12] Faqeeh A. Percolation and its Relations to Other Processes in Networks[D]. University

网
络
渗
流

of Limerick, 2016.

[13] Molloy M, Reed B. A critical point for random graphs with a given degree sequence [J]. Random Structures & Algorithms, 1995, 6(2-3): 161–180.

[14] Bollobás B. Random Graphs [M]. Cambridge: Cambridge University Press, 2001.

[15] Albert R, Barabási A L. Statistical mechanics of complex networks [J]. Rev. Mod. Phys., 2002, 74: 47–97.

[16] Achlioptas D, D'Souza R M, Spencer J. Explosive percolation in random networks [J]. Science, 2009, 323(5920): 1453–1455.

[17] Costa R A, Dorogovtsev S N, Goltsev A V, et al. Explosive percolation transition is actually continuous [J]. Phys. Rev. Lett., 2010, 105: 255701.

[18] Grassberger P, Christensen C, Bizhani G, et al. Explosive percolation is continuous, but with unusual finite size behavior [J]. Phys. Rev. Lett., 2011, 106: 225701.

[19] Riordan O, Warnke L. Explosive percolation is continuous [J]. Science, 2011, 333(6040): 322.

[20] D'Souza R M, Nagler J. Anomalous critical and supercritical phenomena in explosive percolation [J]. Nature Physics, 2015, 11(7): 531–538.

[21] Nagler J, Levina A, Timme M. Impact of single links in competitive percolation [J]. Nature Physics, 2011, 7(3): 265–270.

[22] Radicchi F, Fortunato S. Explosive percolation in scale-free networks [J]. Phys. Rev. Lett., 2009, 103: 168701.

[23] Boccaletti S, Almendral J A, Guan S, et al. Explosive transitions in complex networks' structure and dynamics: Percolation and synchronization [J]. Physics Reports, 2016, 660: 1–94.

[24] Dorogovtsev S N, Goltsev A V, Mendes J F F. k-Core organization of complex networks [J]. Phys. Rev. Lett., 2006, 96: 040601.

[25] Carmi S, Havlin S, Kirkpatrick S, et al. A model of Internet topology using k-shell decomposition [J]. Proceedings of the National Academy of Sciences of the United States of America, 2007, 104(27): 11150.

[26] Cellai D, Lawlor A, Dawson K A, et al. Tricritical point in heterogeneous k-core percolation [J]. Phys. Rev. Lett., 2011, 107: 175703.

[27] Watts D J. A simple model of global cascades on random networks [J]. Proceedings

of the National Academy of Sciences of the United States of America, 2002, 99(9): 5766.

[28] Liu R R, Wang W X, Lai Y C, et al. Cascading dynamics on random networks: Crossover in phase transition [J]. Phys. Rev. E, 2012, 85: 026110.

第 4 章 数值模拟方法

　　随着计算机科学的发展，利用模拟计算的方式来研究问题已经越来越普遍。与传统研究方式相比，模拟研究可以解决理论尚无法直接求解的问题，并且实施难度与代价通常都远小于实际实验。虽然具有这样的优势，但因受到计算机运算速度与内存空间的限制，直接实施模拟计算很难达成，很多时候需要"绕弯子"才能在可接受的时间内利用有限的存储空间完成大量的精确计算。例如渗流问题，如果按模型规则，一步一步占据节点或边，而后一个一个搜索判断分支大小，将消耗大量时间，尤其在临界点附近。加之需要探究尽可能大的系统，并且需要做大量平均以消除涨落的影响，直接计算将无法在可接受的时间内完成。那么，需要怎样"绕弯子"才能加快计算速度且不改变模型本质呢？这就要求我们对模型的物理属性有清晰明确的认识，此外，模拟计算不仅仅是物理过程的模拟，从模拟中抽样提取数据并分析也是重要的一步，不恰当的统计分析方法也会将正确的模拟结果扭曲或掩盖。

　　本章将从渗流过程的模拟与物理量的抽样统计两个方面，对渗流模型中常见的模拟计算方法进行简明的介绍。

4.1 渗流过程的模拟

相对于其他统计物理模型如 Ising 模型, 渗流模型物理过程的模拟非常简单直接。对于一个给定的系统, 无论是经典的网格还是复杂网络, 只需按比例删除部分节点或边, 就可以完成渗流过程。接下来需要做的就是物理量的统计。我们知道, 渗流模型关心的物理量是各个分支的大小, 显然可以用经典的图搜索算法——深度优先搜索或者广度优先搜索 [1], 来获取各个分支的大小。

两种经典图搜索算法几乎所有算法书籍都会涉及, 这里不再赘述。下面简单分析这两种算法遍历整个网络时所消耗的时间, 即时间复杂度 (time complexity), 以便与后文介绍的算法进行效率比较。在两种算法中, 每搜到一个新节点, 都会检查其所有连接以找到所在分支的其他节点。所以, 一个节点需要的时间开销最少正比于它的度[①], 平均时间开销正比于平均度, 时间复杂度可记为 $O(\langle k \rangle) = O(2M/N)$, 其中, N 为网络的总节点数, M 为总边数, $\langle k \rangle$ 为平均度。渗流问题需要遍历整个网络, 所以总时间复杂度可表示为 $O(N\langle k \rangle) = O(2M)$。注意, 这只是对于一个给定的网络 (占据概率 p 也给定) 操作一次的时间复杂度, 实际中由于需要调节参量且多次模拟求平均, 时间复杂度比这个值高很多。

现有研究已经表明, 这两种经典的图搜索算法虽然具有普适性, 但是用来做渗流模型的模拟却效率很低, 且内存开销很大。下面将分别针对方格系统与网络系统介绍一些更高效的算法。

4.1.1 经典渗流

在深度优先搜索与广度优先搜索算法中, 我们需要知道各个节点的连接信息, 即每个节点的邻居。在图算法中, 这种连接信息常用邻接矩阵、链表、邻接压缩表等数据结构存储, 读者可以在几乎任何一本数据结构或者算法的书上找到相关

---

① 如果网络用矩阵存储, 则正比于节点数。

介绍 [1], 这里默认读者具备相关知识。对于经典渗流, 系统为规则方格, 所有节点的邻居都规律地排布, 如图 4.1 所示, 只需合理地为节点编号, 所有节点的邻居都可以快速计算得到, 而并不需要存储相应连接信息。对于大系统的模拟, 这将节省很大的内存开支。

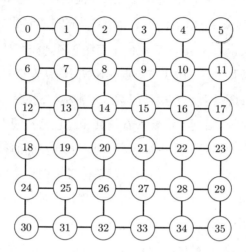

图 4.1　方格系统节点编号示意图。如图在一个 $L = 6$ 的方格系统中, 逐行依次为节点编号。编号后, 除边界节点外, 任一节点 i 的 4 个邻居可表示为 $i-1, i+1, i-L, i+L$。对于边界节点, 邻居依据边界条件而不同, 如果搜索方式合理, 边界节点亦可统一处理

　　在开始介绍算法之前, 不妨先简单分析下常用的邻接矩阵与链表数据结构的优劣, 以便后文对比。如用邻接矩阵存储网络, 每对节点是否连接都将被存储, 这将消耗 $4N^2$ B 的存储空间 (int 型占 4 B 存储空间)。如果计算 $N = 2^{20}$ 的网络, 则需要 4096 GB 的内存, 这是一般计算机甚至服务器都远远不能达到的。链表只需保存边的信息 (双向), 这大约需要 $4N\langle k \rangle$ B 的空间。对于 $N = 2^{20}, \langle k \rangle = 4$ 的网络, 只需要 16 MB 的内存。显然, 链表的存储方式大大缩减了存储空间, 说明了数据结构选取的重要性。

　　运算速度上, 我们知道矩阵可以直接修改某个单元的值, 而链表值的修改时间开销较大。如果采用删节点或边的方式模拟渗流, 链表将消耗更多的时间在删节点或边的操作上。而遍历一个节点所有邻居时, 链表将更高效。更多关于图算法的讨论, 感兴趣的读者可以参考书籍 [2]。

网络渗流

1. Hoshen-Kopelman 算法

由于经典渗流系统的规则性, 节点的遍历可以采用特殊的方式完成。我们介绍一个著名的渗流算法——Hoshen-Kopelman 算法, 该算法最早由 Hoshen 与 Kopelman 在 1976 年提出 [3]。该算法是经典渗流的一个常用算法, 在其基础上也发展出来许多改进算法。下面结合图示介绍算法的基本过程。

图 4.2 为 Hoshen-Kopelman 算法的示意图。考虑如图 4.2(a) 所示的一个键渗流位形图, 算法要求逐一遍历所有节点。不妨假设从左至右逐列搜索整个系统, 每列按照从上至下的顺序搜索。这种搜索方式常称为栅格扫描 (raster scan)。搜索过程中, 每遇到一个新节点, 需要查看与其相连且已被搜索过的邻居。按照我们的搜索方式, 这样的邻居最多只有两个, 即上方与左侧的邻居。如果有这样的邻居, 将其标号赋给该节点, 否则给节点赋新标号 (见图 4.2(b))。如图 4.2(c) 所示, 当两个邻居都相连且已被标号时, 可能出现标号冲突, 这时可使用任一邻居的标号, 然后记下两种标号等价。如此遍历整个系统后即可将所有节点标号 (见图 4.2(d)), 拥有相同或者等价标号的节点属于同一分支。为了方便, 可以再次遍历系统, 将等价的标号统一 (见图 4.2(e))。

具体实施中, 并不需要提前构造如图 4.2(a) 所示的渗流位形, 只需搜索时以概率 p 决定是否查看已搜索过的邻居 (上方与左侧) 即可, 这样不必保存渗流位形, 可节省存储空间。算法对于座渗流只需做简单调整即同样适用。例如, 当遇到一个新节点时, 以概率 $1 - p$ 直接赋予其一个特殊标号 (如 -1, 表示未被占据), 否则进行正常标号操作。在标号过程中, 只考虑除特殊标号之外的节点。

以上讨论的只是搜索过程, 那么物理量怎样获取呢? 可以为每个标号 i 设立一个量 n_i, 初始值都设为 0。每当有节点被赋予标号 i, 就将相应的 n_i 加 1。如此遍历整个网络后, n_i 就给出了相应分支的大小。这样, 分支大小分布、平均分支大小及最大分支等量的统计都已完成。实际上, 图 4.2(e) 所示的统一标号步骤也可省略, 只需要将等价标号的 n_i 相加即可。此外, 经典渗流模型还有一个重要物理量——环绕概率。根据环绕分支的定义, 只需查看相应边界上是否有相同或等价标号的节点。当系统为周期性边界条件时, 需要注意边界上有相同标号的节点可能只是相距 $L - 1$, 而并没有环绕整个系统, 因此还需要检查跨边界的连接。为了获取环绕概率, 需要在同一参量 p 下做多次模拟, 然后统计出有环绕分支的次

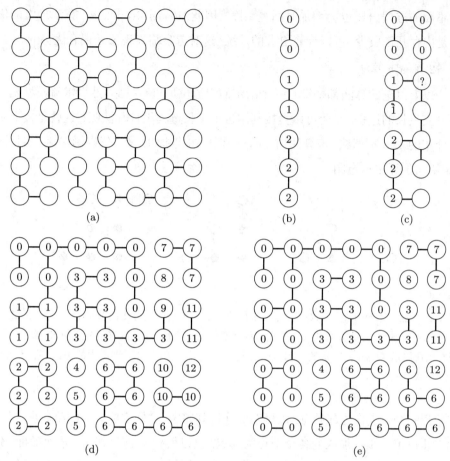

图 4.2　Hoshen-Kopelman 算法示意图。考虑如图 (a) 所示的键渗流位形, 算法采用从左至右
的顺序逐列搜索; (b) 从上至下搜索第一列, 当遇到一个新节点时, 如与其相连的邻居中已有节
点被标号, 那么将相应标号也赋给此节点, 否则赋新标号。注意, 搜索中只需查看上方 (相连)
邻居即可完成标号操作; (c) 对第二列进行与第一列相同的标号操作。注意, 此时既要查看上方
(相连) 邻居也要查看左侧 (相连) 邻居才能完成标号操作, 由于需要查看两个邻居, 所以标号
可能冲突 (图中 ? 标出的节点), 此时可使用两个标号中任一个赋给所搜索节点, 但需记下两种
标号等价; (d) 按照以上标号规则依次将所有节点标号; (e) 再次遍历网络, 将等价的标号都替
换成统一标号

数与总模拟次数的比值, 就得到环绕概率。

　　Hoshen-Kopelman 算法中每个节点仅需查看两个邻居, 所以时间复杂度为
$O(2N)$。在格子网络上, 深度优先搜寻与广度优先搜索都可以在此时间内完成。
两种传统搜索算法一般都使用递归的方式实现, 而递归中栈的内存开销很大, 并

且不断的进栈出栈也会增加时间复杂度。因此,Hoshen-Kopelman 算法最大的优势是内存开销极少, 可以计算更大的系统, 这对考察临界现象是很有优势的。

2. Leath 算法

以上讨论的算法都是针对一个给定的渗流位形进行搜索,然而渗流模型是一个分支生长的过程, 是否可以直接利用这个生长过程设计算法呢? 这就是接下来要介绍的 Leath 算法, 该算法由 Leath 在 1976 年提出 [4]。仍以键渗流为例, 图 4.3 给出了算法示意图。

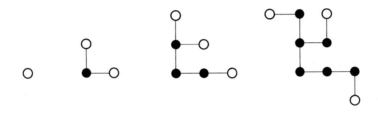

图 4.3　Leath 算法示意图。算法中, 每步仅搜索上一步新连入分支的节点 (空心点) 的邻居, 并以概率 p 连入; 按此方式从一个节点开始逐渐使分支增长, 直到没有新节点加入。图中从左至右依次展示了 Leath 算法的过程, 注意, 每个节点只会考察一次, 即图中的黑色节点不再被后续步骤考虑

以一个节点作为起始点, 以概率 p 连接其邻居, 这样完成分支的第一步生长。第二步以第一步新加入的各个节点为起点, 仍以概率 p 连接邻居。依次类推, 分支逐渐生长直至不再有新节点加入。注意, 在生长过程中每个边或节点只能被访问一次, 如果多次访问相当于增大了占据概率 p。为了达到这个目的, 需要存储每个被访问过的节点信息, 这显然需要相应的内存开销。另外, 只要占据概率 p 足够大, 这个分支生长过程可以一直持续下去, 所以算法中没有系统尺度的直接体现。想要限制系统尺度, 则可给这个生长过程一个尺度截断。例如, 若以二维坐标 (x,y) 标记每个节点, 可以通过设置 x 与 y 的取值范围以引入系统尺度的限制。由于一次只能生成一个分支, 所以统计判断分支是否为巨分支并不够直接方便, 但是它在分支大小分布及结构分析上具有一定优势 [5]。另外, Leath 算法还与自规避随机游走 [6] 以及 Ising 模型的 Swendsen-Wang 算法 [7, 8] 有关, 因此常在相关问题中使用与讨论, 感兴趣的读者可以参考相关文献。

注意到 Leath 算法的规则即是一个简单的传播过称, 是复杂网络研究中常见

且基本的机制, 网络动力学模型大多用类似的机制定义传播。这种机制在模拟中最简单的实现方法即是广度优先搜索。当然, 也有很多改进的算法可以节省内存开支 [9, 10]。这里不再深入介绍网格系统的渗流算法, 感兴趣的读者可查阅蒙特卡罗模拟以及渗流理论书籍 [11–14]。

4.1.2 网络渗流

一般网络由于其连接不规则, 所以需要消耗一定的内存用来存储网络结构。这使得网络渗流算法不能像 Hoshen-Kopelman 算法那样节省内存。在同等条件下, 网络渗流能计算的最大系统尺度要比经典渗流小很多。又由于网络中节点邻居的不规则性, 类似 Hoshen-Kopelman 算法的逐行扫描方式也无法使用。因此, 最直接方便可行的方案即是深度优先搜索与广度优先搜索, 二者均无网络结构的特殊要求。对于很多拓展的网络渗流问题, 这两种方案在很多时候是唯一高效可行的网络渗流算法。但这并不是说, 在异质网络结构下没有更高效的算法, 仍然可以通过一些方式优化算法或节省内存, 这也是本节将要展示的内容。

1. Newman-Ziff 算法

在渗流问题中, 常需要知道某个参量随控制参量 p 的变化关系, 也就是说需要在不同的 p 值下模拟, 而以上讨论的 Hoshen-Kopelman 算法是针对一个确定的位形 (给定 p 值[①])。那么, 这些不同 p 值的系统是不是有关联呢? 例如, 在占据概率 p 形成的位形中再随机加入一条边, 是不是就等同于占据概率为 $p + 1/M$ 的位形 (M 为系统可容纳的总边数)? 答案是肯定的。因为只要系统足够大, 以概率 p 占据每条边就等价于在系统中随机选取 pM 条边并占据[②]。因此, 对于不同的 p 值, 不必每次都重新生成位形再搜索, 只需在上一次的结果中修正即可。例如, 假设已经用 Hoshen-Kopelman 算法搜索了占据概率为 p 的位形, 当还需要 $p + \Delta p$ 的结果时, 只需在 p 的位形上随机增加 $\Delta p M$ 条边即可。每加入一条边, 如果连接的是两个标号不同或不等价的节点, 则令两个标号等价, 否则无需做任何变动。需要指出的是, 这种处理思想也常见于其他物理模型的模拟中, 它可以

---

① 当然, 给定 p 值也可以得到很多不同的位形, 这正是模拟中需要做大量平均的原因。

② 严格地说, 这涉及综综的等价性问题。给定概率 p, 模拟中的总占据边数并不固定, 而是在 pM 附近波动, 这对应于巨正则综综; 而直接给定总边数 pM, 则对应于正则综综。两个系综在热力学极限下即系统无限大时是等价的。

减少弛豫时间, 加速收敛。

以上说明了怎样将系统从占据概率为 p 的位形演化到占据概率为 $p+\Delta p$ 的位形。那么, 按此规则, 是否可以从 $p = 0$ 就开始如此演化系统呢? 答案是肯定的, 这就是著名的 Newman-Ziff 算法 [15, 16]。按照以上叙述, 很容易知道该算法的步骤, 可简单表述如下: 当一条边加入系统后, 检查所连两个节点标号; 如果两个标号不同或不等价, 则令两个标号等价, 否则无需任何操作。如此反复加边直至达到相应占据概率所需边数。

从算法规则可以看出, 该改进算法不仅适用于格子系统, 也适用于一般网络。对于一般网络, 算法中只用到了一条边两端的节点信息, 而节点的邻居信息并不需要知道, 这可以大大节省存储网络结构信息的内存开销并提高搜索速度。具体地, 对于一个给定的网络, 只需建立一个可以存储二元元素 (v,w) 的数组保存所有边即可, (v,w) 即是一条连接节点 v 与 w 的边。实施中, 每次从该数组中随机选择一个元素 (边) 加入系统, 直至达到所要求边数。更合理高效的做法应该是先将数组的元素随机打乱, 而后依次加入系统。进一步, 对于 ER 随机网络, 甚至这些边的信息也不需要存储, 而是将网络的生成与渗流过程合并。以平均度为 $\langle k \rangle$ 的 ER 随机网络为例, 占据概率为 p 就相当于在系统中随机加入 $p\langle k \rangle$ 条边, 每条边都随机选择两个节点作为端点。如此, 渗流过程完成的同时也得了一个平均度为 $p\langle k \rangle$ 的 ER 随机网络。

这些讨论都是针对键渗流, 但也容易拓展到座渗流。座渗流关注的是节点的占据, 所以依次加入 (占据) 节点。每个节点加入后, 检查其所有邻居, 并统一所有邻居 (包括自身) 的标号。注意, 这要求每个节点都知道邻居的信息, 所以座渗流虽然不需要边列表, 但是需要知道网络的连接结构。一般地, 利用合适的数据结构, 二者的内存开销基本相当 (前者约为后者一半)。但相比于键渗流, 座渗流每次都需要遍历所有邻居节点, 这将增加一定的运算时间。

2. 算法实现与数据结构

由 Newman-Ziff 算法的规则不难想象, 初始时系统中会出现大量不同的标号, 随着边或节点的加入, 这些标号会逐渐合并减少。过程中会涉及很多标号的重标操作, 如果使用的算法与数据结构不合适, 必将大大增加算法的时间复杂度。下面就给出比较方便快捷的算法实现。

为了标记不同的分支, 给每个节点定义一个 $root$ 值, 即建立整型数组 $root[N]$ (节点编号为 $0, 1, \cdots, N-1$)。每个分支都选出一个节点 r 作为根节点, 根节点的 $root$ 值定义为负, 即 $root[r] < 0$, 其绝对值表示分支包含的节点数。对于非根节点 v, 规定其 $root$ 值非负, 即 $root[v] \geqslant 0$。在同一分支内, 根节点 r 与非根节点 v 的 $root$ 值需满足如下关系之一: $root[v] = r$, $root[root[v]] = r$, $root[root[root[v]]] = r$, 依次类推。用函数表示为 $find\_root(v) = r$, 即沿着非根节点逐级搜索总可以到达根节点, 即分支以根节点开始呈现树形结构。

当有新节点加入分支时, 将其 $root$ 值设为分支中某一节点, 并将分支根节点的 $root$ 值减 1。当两个分支合并时, 将两个分支根节点的 $root$ 值相加并赋给其中一个根节点, 另外一个根节点的 $root$ 值需改为此分支中某一节点。图 4.4 给出了分支合并操作的示意图。注意, 为减少后续调用函数 $find\_root$ 的计算耗时, 当两个分支合并时, 应该将较小分支并入较大分支, 且较小分支根节点的 $root$ 值直接指向较大分支的根节点, 如图 4.4(d) 所示。同时, 在操作过程中也应尽可能地将节点的 $root$ 值直接设为所在分支的根节点, 以减少后续调用函数 $find\_root$ 时的计算耗时。

对于键渗流, 需要使用二元整型数组 $order[M]$ 存储所有边。$order$ 中边的存储顺序表示了边被加入网络的顺序, 所以初始时需将其打乱, 而后依次将 $order$ 中的边加入系统。一条边 (v, w) 加入后, 利用函数 $find\_root$ 找到两个节点所在分支的根 $r_v = find\_root(v)$ 与 $r_w = find\_root(w)$。若 $r_v \neq r_w$, 则合并两个分支, 否则无需操作。当达到加边数目后, 只需找出数组 $root$ 中所有小于 0 的元素, 这些元素的绝对值即是系统中各个分支的大小。

对于座渗流, 需要使用整型数组 $order[N]$ 存储所有节点被加入网络的顺序。另外, 将 $root$ 全部初始化为一个特殊值 (如 $-N-1$) 以表示节点未被加入网络。初始时需将 $order$ 打乱, 而后依次将 $order$ 中的节点加入系统。一个节点 v 加入后, 利用函数 $find\_root$ 找到其所有 $root$ 值不为 $-N-1$ 的邻居节点的根节点; 然后将节点 v 加入其中任意一个分支, 并逐一合并 (根节点) 不同的分支; 当达到加节点数目后, 只需找出数组 $root$ 中所有小于 0 且不等于 $-N-1$ 的元素, 这些元素的绝对值即是系统中各个分支的大小。

作为对比, 将键渗流与座渗流的 Newman-Ziff 算法主要步骤列于表 4.1 中。

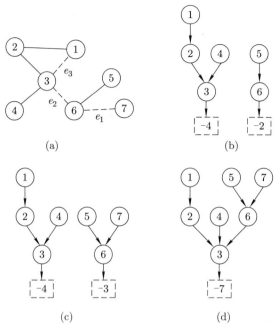

图 4.4　分支合并操作示意图。(a) 在网络中依次加入 e_1, e_2, e_3 三条边; (b) 图 (a) 所示网络当前连接情况下, 分支数据的存储结构, 箭头指向即节点 $root$ 值所保存数据 (节点编号), 对于每个分支的根节点, 箭头指向 ($root$ 值) 是所在分支大小的相反数, 图中用虚线方框表示; (c) 连接边 e_1, 节点 7 加入由节点 5 与 6 组成的分支, 节点 7 的 $root$ 值直接指向根节点 6, 且根节点 6 的 $root$ 值减 1; (d) 连接边 e_2, 网络中两个分支合并为一个分支, 原根节点 6 的 $root$ 值直接指向新根节点 3, 新根节点 3 的 $root$ 值变为原两个根节点 $root$ 值之和。另外, 连接边 e_3 后, 网络中分支并没有变化, 所有不需要任何操作

按照此步骤, 只需提供 $order$ 的打乱函数与 $find\_root$ 函数, 就可以很快完成整个程序。序列的打乱方法是算法书籍中必讨论的内容, 在很多程序语言中也提供了相应函数, 例如 C++ 的头文件 algorithm 中提供的 shuffle 函数, 这里不再介绍这种函数的实现。对于 $find\_root$ 函数, 其主要目的是顺着 $root$ 提供的节点链, 找到一个 $root$ 值为负的节点。用递归或者循环的方式显然很容易实现这种操作。从运算速度上考虑, 如果节点的 $root$ 值直接指向所在分支的根节点, 那么 $find\_root$ 函数只需一步即可完成。然而, 如图 4.4 所示, 分支的合并会使得很多节点的 $root$ 值并不直接指向根节点。但减少 $find\_root$ 函数的递归次数应是整个算法中都应考虑的问题, 即应当尽可能地缩短 $root$ 值形成的节点链。例如, 当发现 $root$ 值形成节点链 $a \to b \to c$ 时, 应将其改为 $a \to c \leftarrow b$, 这会减少后续调用 $find\_root$ 函

数的计算耗时。综合考虑这些因素, 可将 $find\_root$ 函数的伪代码写为

$find\_root(v)$

1   $w = v$

2   **while** $root[v] \geqslant 0$

3   **do** $root[w] = root[v]$

4          $w = v$

5          $v = root[v]$

6   **return** v

这里定义了一个辅助量 w, 用以保存 $find\_root$ 函数搜索中历经的节点, 并通过代码第 3、4 行调整 $root$ 值, 缩短节点链。如果仅从找到根节点的功能看上, 那么仅需要第 5 行代码。至此, 已解决 Newman-Ziff 算法的所有实现问题。

表 4.1   Newman-Ziff 算法的具体实现步骤。其中, N 为节点数, M 为边数, $edge$ 表示二元数据, 即 (int, int)

步骤	键渗流	座渗流
数据结构	int $root[N]$, $edge$ $order[M]$	int $root[N]$, int $order[N]$
初始化	$root$ 元素初始化为 -1, $order$ 存入所有需要占据的边, 并随机打乱	$root$ 元素初始化为 $-N-1$, $order$ 存入所有需要占据的节点, 并随机打乱
运行过程	将 $order$ 中的边依次加入系统。每次检查边所连接两个节点的根节点, 若不同, 则合并两个分支	将 $order$ 中的节点依次加入系统。每次首先将节点加入任一邻居的分支, 然后依次检查所有邻居的根节点, 合并不同分支
数据统计	找出 $root$ 中所有小于 0 的元素, 这些元素的绝对值即是各个分支的大小	找出 $root$ 中所有小于 0 且不等于 $-N-1$ 的元素, 这些元素的绝对值即是各个分支的大小

3. 算法复杂度

下面简单分析 Newman-Ziff 算法的复杂度。按照前文所示的实现方式, 容易知道一条边加入网络所引起的分支合并操作均可在常数时间内完成 [16]。因而, 整个渗流过程 (加入所有边) 时间复杂度为 $O(M)$, 初始打乱 $order$ 排序所消耗

的时间正比于 *order* 的长度。所以, 整个过程的时间复杂度为 $O(2M) = O(N\langle k\rangle)$ (键渗流) 或 $O(M + N) = O(N(1 + \langle k\rangle/2))$ (座渗流)。注意, 这与深度优先搜索和广度优先搜索完成一次的耗时相当。

再来看该算法所用的存储空间。首先, 对于键渗流, 不需要存储网络的连接结构, 只需要边的列表 *order*, 需要的空间为 $O(M)$。对于 *root*, 则需要空间为 $O(N)$。对于座渗流, 需要知道网络连接情况, 如用链表存储需要空间为 $O(2M)$; 如果是规则网络如方格, 节点邻居可计算得到, 此空间可省去。而 *order* 与 *root* 都需要空间 $O(N)$。可见, 两种渗流的 Newman-Ziff 算法所消耗的存储空间都比 Hoshen-Kopelman 算法多, 但与深度优先搜索和广度优先搜索相当。

相比于 Hoshen-Kopelman 算法, Newman-Ziff 算法以及深度优先搜索和广度优先搜索使用范围更广, 理论上可适用于任何网络。另外, 如果只针对一个特定结构搜索, Newman-Ziff 算法也并无明显优势。如果考虑一个过程, 例如在作序参量 S 与占据概率 p 的关系图时, Newman-Ziff 算法就会显示出巨大的优势。因为, Newman-Ziff 算法在加边的过程中可以随时停下以测量网络的巨分支的大小, 而深度优先搜索和广度优先搜索对于不同的 p 值都需要重新计算。这两种方式效率的差距可能达到上千倍 [16], 对于大型网络系统这种效率的差距直接决定了模拟能否在可接受的时间内完成。

4.1.3 本节小结

以上介绍了渗流问题的 3 个经典算法——Hoshen-Kopelman 算法、Leath 算法与 Newman-Ziff 算法。由于 Hoshen-Kopelman 算法要求系统规则, Leath 算法常用以探讨一些特殊问题, 因此在网络渗流问题中, Newman-Ziff 算法及其变形的使用更为普遍。对于非经典的渗流模型, 例如依赖渗流, 是复杂网络研究中更常见的模型。这些模型的规则更为复杂, 很多时候并不能直接套用 Newman-Ziff 算法, 甚至只能使用深度优先搜索和广度优先搜索算法, 对于具体问题, 我们无法在本书中穷尽所有算法。这些经典算法中凝结的思想与技巧, 将使我们的网络搜索算法设计思路不再局限于深度优先搜索和广度优先搜索算法, 这也正是本章的主旨。另外, 算法的操作往往与模型的机制相关, 这些经典算法的启发也会使我们对各种渗流模型的机制理解更为透彻, 从而在复杂网络的研究中设计出更为精炼与普适的动力学模型。

4.2 数据的分析与处理

通过第 4.1 节的学习, 已经知道如何进行渗流模型的模拟。进一步, 怎样从模拟结果中统计分析数据是另一个重要步骤。很多学科的计算课程如计算物理等 [13, 14], 都会有相关章节介绍数据的分析与处理。本书讨论的渗流模型, 由于其规则简单, 统计量也只有分支大小, 所以数据的分析与处理并不复杂, 这里主要介绍统计中的抽样与误差分析, 以及相关作图与拟合技巧。

4.2.1 物理量的抽样

渗流模型模拟的目的是获取在占据系统比例 p 的节点或边时的连接结构, 即各个分支的大小。每次模拟中, 概率 p 必须具体到某些节点或边的占据才能得以实施。显然任何一次这样的模拟都只能代表某种特殊的占据方式, 而无法直接表达以概率 p 占据的情况。因而通常将各次模拟结果平均以表示对理论情形 (概率 p 占据) 的估计。简单地说, 每一次模拟即是对以概率 p 占据这一条件下所有情形的抽样, 而我们用这些抽样的期望 (平均值) 来估计其真实结果。

1. 平均与遍历性

下面通过一个简单的例子来说明抽样与平均的相关理论问题。假设需要在网络中随机删除一个节点, 那么每次模拟中都会随机地选择到不同的节点。选取任何一次的结果都不能代表随机删除一个节点的理论情况, 而应该取平均值。例如, 做了 n 次模拟, 对于物理量 a 每次都会得到一个值 a_i, 那么就有平均值

$$\bar{a} = \frac{1}{n} \sum_{i=1}^{n} a_i. \tag{4.1}$$

使用该式表示物理量 a, 显然就默认了每个 a_i 出现的概率相同 $(1/n)$ 且相互独立, 即所有情况出现的可能性都独立且相同。如果模拟中的节点选取具有某种偏

向性, 即某些或某个节点被选中的概率较大, 显然就会破坏这里平均的基本出发点。所以, 在模拟中应保证相关概率的随机性。当然, 如果已知选取的偏向性, 也可用加权平均来取代直接平均。

仍以随机删除一个节点为例, 用 (4.1) 式计算物理量 a。如果 $n < N$ (N 为总节点数), 有些节点被删除的情况必然无法取到。因此 (4.1) 式不可能代表所有可能情况的平均。而如果 $n > N$, 这显然也不是一个很好的选择。因为选择是随机的, 仍无法避免有些情况无法取到, 而有些情况可能被多次取到, 并且 n 越大计算越耗时。因此, 最好的模拟方式应当是将网络中的 N 个节点依次分别删除, 然后得到相应的物理量 a。进而, 物理量 a 就可以表示为 $\bar{a} = \sum_{j=1}^{N} a_j / N$, 这里 a_j 表示第 j 个节点被删除时, 物理量 a 的取值。这种做法既穷尽了所有选取的可能性, 也保证了随机性, 并且只用了理论上最少的平均次数 N。

依据类似的思路, 如果删除 m 个节点, 则最少需要的模拟次数为 $\binom{N}{m}$。此值即是二项式系数, 在 $m = N/2$ 取最大值。做保守估计, 假设 $m \ll N$, 用 Stirling 公式可以得出 $\binom{N}{m} \sim N^m$。对于较大的网络, 该值将大得惊人。例如, 对于 $N = 10^5$ 的网络, 删除 100 个节点, 将大约有 $O(10^{500})$ 种可能。若只是给定概率 p, 那么各种删除节点的数量 m 都可能出现 (注意, 不同 m 出现的权重不同), 模拟将不可能在我们有生之年完成。所以, 对于一般的渗流模拟, 穷尽所有可能性的模拟方式显然不可行。通常只能做一定次数的模拟, 即从所有可能中随机抽样一定数量, 然后利用 (4.1) 式计算平均值。

作为抽样统计, 样本越多越好, 但样本的选取规则也同样重要。一个重要的选取规则即是遍历性, 即应该保证所有的情况都可能被选到。仍以随机删除一个节点为例, 即使模拟次数 n 非常大, 但如果某个或某些节点始终无法被选取删除, 那么平均结果也必然与理论值或真实值有所偏差。只删一个节点的情况很容易保证遍历性, 而更为复杂的情况, 如一些变形的渗流模型, 又或者随机数质量较差等, 都需要对算法的遍历性进行考察。另外, 有些样本值出现的概率可能极小, 但为了保证遍历与精确不得不做大量的模拟, 显然这会增加模拟时间。所以, 实际中常会采用一些技巧来提高这些情形出现的概率, 以提高模拟效率。但是这种操作改变了原各个情形的相对概率, 所以使用 (4.1) 式求平均时需对各项加上相应权值。

对于一个给定网络, 按照以上方式模拟然后求平均即可。对于给定度分布的网络系综, 由于每次模拟中生成的网络结构有差异, 所以还需要做网络的平均, 实际中需要的平均次数是非常大的。对于讨论临界现象, 又需要尽可能大的系统, 这些都大大增加了渗流模型的模拟时间。需要指出的是, 大系统的结构性质相对于小系统更为稳定, 所以得到较好结果所需的平均次数比小系统少, 但大系统每次模拟的时间也较长。考察临界指数或有限尺度标度律时, 小系统会有较大的偏差, 且无法由更多次的平均而消除, 所以研究这些问题时都需要尽可能大的系统。

2. 涨落与误差

既然用抽样统计的平均值估计真实值, 那么根据概率统计知识可以计算出相应的标准差

$$\delta a = \sqrt{\frac{\sum\limits_{i=1}^{n}(a_i - \overline{a})^2}{n-1}}. \tag{4.2}$$

在统计物理中也常称为涨落, 表示实际测度相对平均值的偏差。显然, δa 越大, 不同模拟中 a_i 取值的波动越大。抽样统计的标准误差定义为

$$\Delta a = \frac{\delta a}{\sqrt{n}} = \sqrt{\frac{\sum\limits_{i=1}^{n}(a_i - \overline{a})^2}{n(n-1)}}. \tag{4.3}$$

关于标准差与误差的定义, 这里不做严格讨论, 读者可参考相关数理统计或计算物理书籍。从 (4.3) 式可以看出, 抽样次数 n 越多, 误差越小。为了保证模拟结果的可靠性, 抽样次数应至少使误差的数量级小于平均值。当然, 对于临界指数的模拟需要的抽样次数更多。如果由于某种限制使得误差较大, 如系统尺寸等, 在作图时应该将相应的误差标出。

4.2.2 分布特性的统计

渗流模型中分支大小的分布特性也是重要的性质。即使系统很大, 一次模拟中产生的分支也很少, 这也不利于分布特性的统计。因而, 通常将多次模拟的分支累积在一起, 而后再进行分布特性的分析。记第 i 次模拟中大小为 s 的分支数

为 $m_{i,s}$, 则分支大小分布 p_s 为

$$p_s = \frac{\sum_i m_{i,s}}{\sum_i \sum_s m_{i,s}}. \tag{4.4}$$

图 4.5(a) 给出了按 (4.4) 式所绘出的分支分布曲线, 显然与前文用以确定 Fisher 指数所绘的分支分布图不同, 而是存在一个在复杂网络中称为胖尾 (heavy tail) 的现象。也正是由于胖尾的存在, Fisher 指数并不方便确认, 特征大小也无法直观对应。同时, 胖尾的存在也使得标度函数无法拟合。图 4.5(a) 中使用的网络较大, 若网络较小这种胖尾的影响更大。

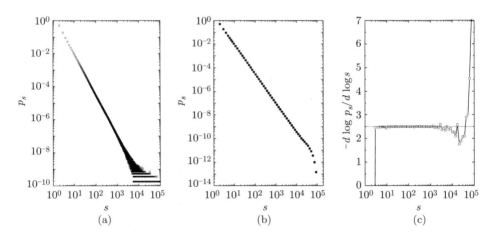

图 4.5　分支分布统计实例。模拟在 $N = 2^{22}, \langle k \rangle = 1$ 的 ER 随机网上进行, 抽样次数为 10^5; (a) 直接统计所得分支大小; (b) 利用 (4.5) 式与 (4.6) 式处理后的分支大小分布; (c) 对图 (b) 曲线斜率的计算, 图中散点由 (4.7) 式计算, 虚线值为 5/2

　　下面介绍绘制分支分布图的方法。以 (4.4) 式统计分支大小时, 统计的间隔为 $\Delta s = 1$, 即每种分支大小都单独统计。而模拟中由于随机性, 性质类似的分支其大小完全相同的可能性很小。大小为 s 的分支与大小为 $s + \Delta s$ 可能性质类似, 但是间隔 Δs 可能却很大, 且 s 越大这种现象越明显。这也是造成胖尾问题的主要原因——在较大的范围 Δs 之内, 分支大小分布 p_s 的取值都相同。因而可将一段范围 Δs 内所有分支统一统计后再平均, 例如在范围 $s \in [a, b]$ 内统计, 可将分

支分布表示为

$$p_{\tilde{s}} = \frac{\sum\limits_{i}\sum\limits_{s=a}^{b} m_{i,s}}{\sum\limits_{i}\sum\limits_{s} m_{i,s}}, \tag{4.5}$$

$$\tilde{s} = \sqrt{ab}. \tag{4.6}$$

由于 s 越大, 范围 $[a,b]$ 可以取得越大, 所以一般可以从 $s=1$ 开始, 以指数形式划分间隔。如果用可调参数 $x(\geqslant 1)$ 控制统计间隔, 则分支大小统计范围可划分为 $[1,\lfloor x \rfloor], [\lceil x \rceil, \lfloor x^2 \rfloor], \cdots, [\lceil x^{i-1} \rceil, \lfloor x^i \rfloor]$, 各个区间对应的分支大小由 (4.6) 式的约化大小表示。

图 4.5(b) 给出了 $x=1.2$ 时的处理结果, 这即是分支大小分布统计图。需要注意, x 值越大, 统计间隔越大, 所得数据点也就越稀疏, 但曲线都应与图 4.5(b) 走势相同。另外, 得到图 4.5(b) 中的分支分布数据后, 还可以直接计算出曲线斜率, 即 Fisher 指数 τ。具体地, 对于两个连续的数据点 (s_i, p_{s_i}) 与 $(s_{i+1}, p_{s_{i+1}})$, 斜率可表示为

$$\frac{\mathrm{d}\log p_s}{\mathrm{d}\log s} = \frac{\log p_{s_{i+1}} - \log p_{s_i}}{\log s_{i+1} - \log s_i}. \tag{4.7}$$

图 4.5(c) 给出了利用 (4.7) 式计算出的斜率。抛开系统尺度引起的截断, 这一结果很好地吻合了 Fisher 指数的平均场解 $\tau = 5/2$。这说明以上分析方法是正确可行的, 而如图 4.5(a) 所示的直接统计结果是无法直接计算 Fisher 指数的。

4.2.3 本节小结

本节介绍了前文所用图与数据的分析方法, 利用这些方法, 基本可以完成渗流问题的数据分析与处理。但是模拟计算中数据的分析处理方法远不止于此, 例如从更为物理的角度看, 对于平均、遍历、涨落等概念, 应从系综的角度阐述才更为系统与严谨。这里只介绍与渗流模型直接相关的几种基本方法, 更多数据分析处理方式请参考相关专业书籍, 例如文献 [13, 14]。

4.3 随机性

渗流模型的模拟中伴随着大量的随着因素,这正是渗流模型模拟的重要特性,也是蒙特卡罗模拟的重要特性。正是因为随机性,才会需要讨论遍历、平均、抽样误差等问题。随机因素怎样在程序中实现呢? 例如, 如何在网络中随机选择一个节点删除,又如, 以概率 p 占据节点, 如何判断一个节点是否占据, 这些随机性的实现都依赖于随机数。

为方便表述, 假设有一组随机整数序列 $\mathbb{R} = \{r_0, r_1, \cdots, r_n\}$, 最大值为 $r_{\max}$, 最小值为 0。那么, 在 N 个节点 (编号为 $0, 1, \cdots, N-1$) 中随机选择一个节点 (假设编号为 x) 可以由

$$x = r_i \bmod N \tag{4.8}$$

给出。其中, mod 为取余符号。显然, 依次使用 $\mathbb{R}$ 中的 r 值就可实现随机选取节点的目的。再者, 利用随机序列 $\mathbb{R}$, 可用随机数 r 产生位于 0 与 1 之间的小数

$$q = \frac{r}{r_{\max}}. \tag{4.9}$$

若 $q < p$, 表示占据相应的节点; 反之, 不占据。依次使用 $\mathbb{R}$ 中的随机数, 即可逐一判断每个节点是否被占据。以上即是渗流模型中实现随机性的方法。

进一步, 一旦随机数的使用次数超过序列 $\mathbb{R}$ 的大小, 一个简单处理方式即是循环使用序列 $\mathbb{R}$。但这显然会破坏随机性, 即随机数会有规律地出现并循环。例如, 随机数 r_1 之后必是 r_2, r_2 之后必是 r_3 等。而如果 $\mathbb{R}$ 不含有某个数, 则某个节点或某个概率永远无法达到, 这显然破坏了遍历性要求。所以, 序列 $\mathbb{R}$ 要尽可能大, 且随机性要尽可能高。

计算中通常是用特定的算法产生随机数序列。既然是用算法产生的序列, 必然有内在规律而不是真正的随机数, 所以常称为伪随机数 (pseudo-random number)。产生随机数序列的基本规则构架如下: 假设生成算法为 $f(x)$, 初始需要一

个随机数种子 r_0; 当调用随机数生成函数时, 系统产生随机数 $r_1 = f(r_0)$; 再次调用则产生随机数 $f(r_1)$, 依次类推。对于相同的种子, 将产生相同的随机数序列, 所以这种随机只是统计意义上的随机。下面具体介绍几种伪随机数生成的算法。

4.3.1　随机数

1. 平方取中法

平方取中法 (middle-square method) 可以说是最简单的随机数生成方式, 由 John von Neumann 在 1949 年提出 [17]。假若想要得到一个 4 位的随机数 r_i, 可以先将已有的随机数 r_{i-1} 平方, 然后得到一个 8 位数 (如果不足 8 位, 在高位补 0), 取这个 8 位数的中间 4 位为新的随机数 r_i。这种方式虽然简单, 但是实际中很少使用, 因为其劣势很明显: 首先, 该算法产生的随机数序列周期很短, 多次调用后很快随机数就会循环出现; 其次, 该方式产生的随机数序列也有明显越来越小的趋势。所以, 除非某些简单情况, 实际中很少使用该方式生成随机数。

2. 线性同余法

线性同余 (linear congruential) 法也是一种简单且常用的随机数生成方式, 很多编程语言中默认的随机数生成器都采用该种算法。算法先将已有随机数 r_{i-1} 线性放大, 而后对 m 取余, 从而得到新的随机数 r_i, 其数学形式为

$$r_i = (a r_{i-1} + c) \bmod m. \tag{4.10}$$

这里, a, c, m 都为常数且 $a, c < m$。由此法产生的随机数最大值为 $m - 1$, 最小值为 0。该方法产生随机数的周期理论值为 m, 但实现中都会小于 m, 与参量的选取有关。在实际应用中, c 可取为 0, a 可取为 0 到 $m - 1$ 之间的数。最初的算法中 m 常取为一个较大质数, 现在很多程序中都将 m 取为 2^n。注意, a, c, m 若都取为偶数, (4.10) 式产生的随机数只能为偶数, 显然会大大降低伪随机数质量。所以, a, c 都常取为奇数。另一方面, 由于 32 位计算机中编译器最大无符号整数一般为 $2^{32} - 1$, 所以为了周期最大化, m 一般取为 2^{32}。注意, $a r_{i-1} + c$ 运算产生的值可能会溢出, 可以忽略溢出部分而得出新的随机数。但是有些语言, 值溢出后会直接停止程序运行, 关于 a, c, m 的取值规则读者可参阅相关专业书籍 [13, 14, 18]。表 4.2 列出了几种常见编译器或编程语言中 a, c, m 的取值, 读者可在编程时参考

使用 [19]。

表 4.2　线性同余法中常数的常见取值

来源	m	a	c
《科学计算的艺术》[18]	2^{32}	1664525	1013904223
Borland C/C++	2^{32}	22695477	1
glibc (GCC)	$2^{31}-1$	1103515245	12345
ANSI C: Watcom, Digital Mars, CodeWarrior, IBM VisualAge C/C++; C99, C11: ISO/IEC 9899	2^{31}	1103515245	12345
Borland Delphi, Virtual Pascal	2^{32}	134775813	1
Turbo Pascal	2^{32}	134775813	1
Microsoft Visual/Quick C/C++	2^{32}	214013	2531011
Microsoft Visual Basic (6 以及更早版本)	2^{24}	1140671485	12820163
Apple CarbonLib, C++11: minstd_rand0	$2^{31}-1$	16807	0
C++11: minstd_rand	$2^{31}-1$	48271	0
Java: java.util.Random	2^{48}	25214903917	11

3. 滞后斐波那契法

滞后斐波那契 (lagged Fibonacci) 法也是利用取余的方式获得随机数。相比于线性同余法, 滞后斐波那契法需要已有两个随机数才能得到新的随机数[①], 这在一定程度上提高了随机数的质量, 但也需要提供空间以存储之前的随机数。具体地, 其数学形式为

$$r_i = (r_{i-a} \circ r_{r-b}) \bmod m. \tag{4.11}$$

这里 ∘ 可以是加、减、乘及异或操作, a,b 为整数表示滞后, m 亦为整数控制随机数范围。该方法对初始值很敏感, 在某些 a,b 值下随机数质量也较差。取值合适的情况下, 该方法产生的随机数质量很高, 周期也很长, 因而很多数值模拟中都使用该方法作为随机数生成器。假若 $m=2^n$, 周期最长可达 $(2^k-1)2^{n-1}$, 其中 k 为 a,b 中较大者。需要注意, k 越大, 需要存储的已有随机数也越多。常见的

[①] 斐波那契数列 $\{1,1,2,3,5,8,13,21,\cdots\}$ 的特点是, 其中一个整数由之前的两个整数相加所得, 这也是该产生器名字的由来。

(a, b) 取值有 $(24, 55)$, $(38, 89)$, $(37, 100)$, $(30, 127)$, $(83, 258)$, $(107, 378)$, $(273, 607)$, $(1029, 2281)$, $(576, 3217)$, $(4187, 9689)$, $(7083, 19937)$, $(9739, 23209)$ [20]。

4. 移位寄存法

移位寄存 (shift register) 法，即对于一个给定的二进制表示的随机数，通过移位操作得到一个新的随机数。显然，简单直接的移位操作无法保证产生随机数的质量，所以需要同时加入反馈函数进行位运算，即新随机数的某一位需由前一个随机数的某两位确定。从这一角度，移位寄存法是滞后斐波那契法的一种特殊情况。

移位寄存法的实施方案有多种，这里只给出一个可行的方案。假设已有随机数 r_{i-1}，可以通过如下两步产生一个新的随机数 r_i，

$$r_i' = r_{i-1} \oplus R^s(r_{i-1}), \tag{4.12}$$

$$r_i = r_i' \oplus L^t(r_i'). \tag{4.13}$$

其中，$R^s(x)$ 表示将 x 的二进制形式向右移 s 位，左端空出的位用 0 补位；$L^t(x)$ 表示将 x 的二进制形式向左移 t 位，右端空出的位用 0 补位。显然，对于 n 比特的数据类型，该算法能产生的最长周期是 2^n。当然，这也依赖于移位量 s 与 t 的取值，对于 32 bit 的数据类型，常用的取值为 $s = 15$ 与 $t = 17$；31 bit 的数据常用取值有 $s = 18, t = 13$ 与 $s = 28, t = 3$。

5. 梅森旋转法

梅森旋转 (Mersenne twister) 法是目前广泛使用的高质量伪随机数生成算法，其周期为梅森质数，32 位计算机上一个常见的周期取值为 $2^{19937} - 1$。如此大的周期也决定了该算法产生的伪随机数质量很高，占用内存较少且运行速度较快，随机序列的关联也比较小。所以，现今很多程序语言都提供该算法产生的伪随机数。

梅森旋转法主要基于有限二进制字段上的矩阵线性再生产生随机数 (与移位寄存法原理类似)，相关问题涉及很多计算机概念，作为一般读者和研究人员，可以参考程序语言的说明直接使用该算法产生随机数，例如 C++ 中的 std::mt19937。注意，虽然很多程序语言提供梅森旋转法随机数生成器，但其默认随机数生成器仍为线性同余法或其变形算法。

6. 随机性与模拟

至此已经介绍了多种常用的随机数生成算法。随机数周期可用以评价伪随机数的质量，虽然周期较小的随机数质量较差，但周期大的随机数也不一定随机性更好，例如前文提到的线性同余法，如果 3 个参量都为偶数，则算法只能产生偶数，这显然不够随机。因此，如果模拟中随机数使用量较大，检查随机数的质量是一个必需的步骤。

除周期外，还需要关注随机序列的统计特性、关联性等。对于最优情况，生成器应可以均匀地取到范围内所有数。基于这一点，可以统计随机序列的分布情况以检验其随机性。如果发现分布有明显偏向，即不均匀，则随机数质量较差。即使分布均匀也并不能说明随机数质量高。例如，一组自然数从 1 至 100，该序列虽然完全均匀分布，但是后一个数总比前一个大 1，因而随机性非常差。所以，判断随机序列中的关联性也是一个重要的随机性检验标准。但是，关联性多种多样，性质各异，因而没有统一的检验标准。究其本质，关联性是必然存在的，即是算法本身，这也是这种由算法生成的随机数被称为伪随机数的原因。作为非相关研究人员，建议读者应选取已经被众多实验和理论验证、质量较好的随机数生成方法进行模拟计算。如果需要进一步提高随机数的质量，还可以将多个随机数生成器相互结合。相关问题的探讨，感兴趣读者可以参考文献。

其实，模拟中采用真正的随机数也不一定是一件好事。伪随机数的模拟具有可重复性，即给出相同参数与随机数种子，可以完全重现一个随机过程。通过以上讨论，我们也知道伪随机数的质量由其算法本身决定，至于随机数种子是确定的还是随机的并无关系。所以，在模拟中建议使用一个确定的数作为随机数生成器的种子，而不是使用一些未知的数，例如时间。这样，一旦程序调试中发现了需要重复探究的问题，那么使用同样的种子，即可复现模拟的所有细节。注意，对于多次模拟求平均的情况，应保证每次模拟都有不同的随机数种子。

从另一个角度，这些含有随机性的理论模型也同样可以作为随机序列质量的检验方法。例如，当模型有精确理论解时，可以用模拟结果与理论结果对比，以判断伪随机数质量，一个经典的统计物理模型——Ising 模型，已经有了该方面的应用。

4.3.2 概率的实现

随机数生成器产生的随机数都是均匀的, 即在一定范围内的数都以相同的概率出现。假设随机数生成器 $rand$ 可以产生 $[0, n]$ 的随机数, 那么可通过如下方式产生位于 $[a, b)$ 之间的均匀随机数 r,

$$r = [rand \bmod (b - a)] + a. \tag{4.14}$$

这里 b 应远小于 n, 否则会在一定程度上破坏随机性。

模拟中的概率 $p \in [0, 1)$, 可以直接表示为

$$p = \frac{rand}{n}. \tag{4.15}$$

(4.14) 式和 (4.15) 式产生的随机数或概率都是均匀的, 但模拟中并不总是需要这种均匀的概率, 例如, 在网络的配置模型中, 需要按照某个给定的度分布 p_k 给所有节点随机产生一个度值。显然, 这种随机数并不能由 (4.14) 式或 (4.15) 式直接给出, 因为各个度出现的概率并不相同, 而是满足分布 p_k。但是, 我们并不需要为这个特殊的分布 p_k 重新写随机数生成器, 而可通过如下步骤将均匀随机数转化为所需的非均匀随机数:

(1) 计算累积分布 $P_k = \sum_{k=0}^{k} p_k$;

(2) 利用 (4.15) 式, 产生均匀随机数 $p \in [0, 1)$;

(3) 找到满足 $P_{k-1} < p \leqslant P_k$ 的 k 值, 即是按概率分布 p_k 产生的随机数 k。

该算法的原理很容易理解: 在从 0 至 1 的线段上, 按各个 k 值对应的概率 p_k 大小划分区域。然后, 产生一个均匀随机数 p, 查看其落在哪个 p_k 的范围内, 即产生一个相应的 k 值。例如, 假设 $p_1 = 0.1, p_2 = 0.3, p_3 = 0.6$, 则各线段长度为 $0.1, 0.3, 0.6$。如果 $p = 0.5$, 则落在第三段, 那么产生随机数 3。该算法中, 只需先计算出累积概率分布, 然后每产生一个均匀概率 p 就可产生一个对应的随机数 k。因此, 该类型的算法常称为无拒绝方法 (rejection-free method), 在动态蒙特卡罗模拟 (kinetic Monte Carlo simulation) 中扮演着重要的位置, 可大大加快系统演化速度, 尤其是在系统接近稳定态时。但该方法的劣势也很明显, 需要花费时间计算累积分布。在以上的例子中, 由于分布固定不变, 只需计算一次累积分布

即可。但若分布变化,则需不断更新累积分布,将消耗大量时间。例如,在 BA 网络模型中,当一个新节点加入网络后,需要选择若干节点连接,这时也可用以上的方法来选择节点,各个节点的连接概率为 $k_i / \sum_i k_i$。这些概率会随着节点的不断加入而改变,所以每次都需要重新计算累积分布,降低了算法效率。因此,对于此种情况常采用另一类常见的算法,称为有拒绝方法 (rejection method) 或拒绝–接受方法 (acceptance-rejection method)。以 BA 网络生成算法的仅连接步骤为例,有拒绝方法可表示如下:

(1) 对于待连节点 i,计算出连接概率 $\Pi_i = k_i / \sum_i k_i = k_i / 2M$;

(2) 利用 (4.15) 式,产生均匀随机数 $p \in [0, 1]$;

(3) 如果 $p < \Pi_i$,则连接,否则不连接。

利用此方法遍历所有节点直到达到连边数量,即可完成一个新节点的加入。与无拒绝方法的不同之处是,有拒绝方法中待连接节点 i 可能被拒绝,即产生一个随机数后,系统中并不一定有连边操作。因此,有拒绝方法的系统演化较慢。

其实,对于 BA 网络的生成,通过优化计算,无拒绝方法与有拒绝方法的效率相差无几。但在有些情况下,两种方法的优劣非常明显,网络动力学中可能出现的类似情形很多,使用中应根据具体情况而定。

4.4   小结

由于真实网络是异质、大尺度 (而又非无限大) 以及随机性与规则性的混合体,所以网络渗流问题中能精确求解的模型极少。失去了简洁的数学形式,理论研究工作面临巨大的困难,所以模拟在很多时候几乎是唯一可行的研究方式。因而,掌握高效的模拟方法是学习与研究渗流必需的一项技能。也正因如此,在进行网络渗流具体问题讨论之前,介绍了本章有关数值模拟的内容,以便读者在后续内容的讨论学习中直接能进行相关模拟实践。

本章内容分为算法、数据分析与随机性讨论三部分。算法部分, 分别对经典与网络渗流的常用算法进行了介绍。经典的网络搜索方式有深度优先搜索与广度优先搜索, 二者具有普适性, 但是在认清具体问题的本质后, 往往还可以设计出更为高效的算法。另外, 网络问题往往可以映射为图论问题, 所以很多网络问题不妨从图算法中寻找灵感。

数据分析部分, 由于渗流问题涉及的物理量很少, 所以只介绍了抽样平均、误差以及分布统计的几个具体问题。具体到网络渗流延伸的动力学模型, 需要关注与呈现的物理量可能更多, 也会涉及更多技巧。通过严谨的角度提出问题, 对模拟平均提供理论支持, 从而开展更为复杂的模拟。

最后, 从实际操作的角度看, 应先认清随机性问题, 才能实施算法与数据分析。所以, 随机性的讨论虽放在最后, 但是其重要性是不言而喻的, 随机数问题在复杂网络的模拟中值得重视。

更多关于数值模拟算法的讨论可参见相关专业书籍, 如文献 [1, 2, 13, 14, 17–21]。

参考文献

[1] Cormen T H, Leiserson C E, Rivest R L, et al. Introduction to Algorithms [M]. Cambridge: MIT Press, 2009.

[2] Sedgewick R. Algorithms in C++ Part 5: Graph Algorithms [M]. Upper Saddle River: Addison-Wesley Professional, 2001.

[3] Hoshen J, Kopelman R. Percolation and cluster distribution. I. Cluster multiple labeling technique and critical concentration algorithm [J]. Phys. Rev. B, 1976, 14: 3438–3445.

[4] Leath P L. Cluster size and boundary distribution near percolation threshold [J]. Phys. Rev. B, 1976, 14: 5046–5055.

[5] Porto M, Bunde A, Havlin S, et al. Structural and dynamical properties of the percolation backbone in two and three dimensions [J]. Phys. Rev. E, 1997, 56: 1667–1675.

[6] Ziff R M, Cummings P T, Stells G. Generation of percolation cluster perimeters by a random walk [J]. Journal of Physics A, 1984, 17(15): 3009.

[7] Swendsen R H, Wang J S. Nonuniversal critical dynamics in Monte Carlo simulations

[J]. Phys. Rev. Lett., 1987, 58: 86–88.

[8] Wang J S, Swendsen R H. Cluster Monte Carlo algorithms [J]. Physica A, 1990, 167(3): 565 579.

[9] Vollmayr H. Cluster hull algorithms for large systems with small memory requirement [J]. Journal of Statistical Physics, 1994, 74(3): 919–927.

[10] Paul G, Ziff R M, Stanley H E. Percolation threshold, Fisher exponent, and shortest path exponent for four and five dimensions [J]. Phys. Rev. E, 2001, 64: 026115.

[11] Aharony A, Stauffer D. Introduction to Percolation Theory [M]. London: Taylor & Francis, 2010.

[12] Christensen K, Moloney N R. Complexity and Criticality [M]. London: Imperial College Press, 2005.

[13] Newman M E J, Barkema G T. Monte Carlo Methods in Statistical Physics [M]. New York: Oxford University Press, 1999.

[14] Landau D P, Binder K. A Guide to Monte Carlo Simulations in Statistical Physics [M]. Cambridge: Cambridge University Press, 2005.

[15] Newman M E J, Ziff R M J. Efficient Monte Carlo algorithm and high-precision results for percolation[J]. Phys. Rev. Lett., 2000, 85: 4104–4107.

[16] Newman M E J, Ziff R M. Fast Monte Carlo algorithm for site or bond percolation [J]. Phys. Rev. E, 2001, 64: 016706.

[17] Van Neuman J. Various Techniques Used in Connection with Random Digits, Collected Works [M]. New York: Pergamon Press, 1963.

[18] Press W H. Numerical Recipes: The Art of Scientific Computing [M]. Third Edition. Cambridge: Cambridge University Press, 2007.

[19] Knuth D E. The Art of Computer Programming–Volume 2: Seminumerical Algorithms[M]. Third Edition. Reading, Massachusetts: Addison-Wesley, 1997.

[20] Gentle J E. Random Number Generation and Monte Carlo Methods [M]. New York: Springer Science & Business Media, 2003.

[21] Hashimoto K I, Namikawa Y. Automorphic Forms and Geometry of Arithmetic Varieties [M]. Boston: Academic Press, 1989.

第5章 经典渗流与网络传播

14 世纪四五十年代，黑死病肆虐意大利。在黑死病带来的恐慌中，人们发现：任何人一旦染病，几乎没有康复的可能；疾病传播速度极其迅猛，似乎一个人就足以传染全世界。黑死病不仅肆虐了意大利，随后还蔓延到了法国以至整个欧洲、北非和中东地区，导致这些地区损失了三分之一至一半的人口。在人类历史上，除了黑死病，天花、西班牙流感、艾滋病以及 SARS 等都给人类社会带来了不同程度的影响。

人们早就知道，流行病在人群中的传播往往是通过已感染者和易感染者之间的直接接触或者间接接触进行的，流行病的传播可以通过网络来描述 [1–3]，同时通过隔离感染者和易感染者之间的接触可以有效控制流行病的蔓延。然而，隔离措施有时候仍然不能有效遏制流行病的暴发。事实上，流行病能否暴发与疾病传播网络的连通性有关，如果隔离措施不能够将疾病传播网络有效地分割成碎片，网络中任何一个人出现感染都有可能导致流行病的暴发。正是由于惨痛的历史教训，当疫情严重的时候, 政府往往会号召人们减少出行和社会活动, 以控制疾病传播的范围。一旦某个个体发生了感染, 传播仅发生在一个局域范围内, 降低了疾病暴发的风险。

通过以上论述, 可以发现复杂网络上的疾病传播与网络渗流存在较强的对应关系。实际上, 传播问题是渗流理论的起源之一, 疾病传播研究的基本问题是在既定条件下流行病的暴发, 显然与渗流模型中巨分支的涌现相对应。人们提出了多种疾病传播模型来刻画疾病在人群中的传播 [4-6], 这些模型其本质上与渗流发生的条件相联系 [7, 8]。本章将讨论网络的异质性对于疾病传播速率的影响, 以及网络的连通性和疾病暴发阈值之间的关系。

此外, 复杂网络上的免疫也与渗流模型有着较强的联系 [9]。通过对易感者免疫, 也可以将未获得免疫的易感者与感染者隔离起来, 使易感者不能够形成较大的连通片, 从而阻止疾病的暴发。本章还将介绍几种疾病免疫策略, 并通过这些模型来介绍渗流理论在其中的应用。

5.1 传播模型

当病菌或病毒在生物体内复制时, 免疫系统试图抵御和消灭它们。最终的结果只能有 3 种: 痊愈、死亡和永久性感染的慢性病状态。疾病在人群中的传播和演化过程可以通过一系列的数学模型来刻画, 试图通过对群体内的疾病传播动力学进行简化来理解疾病暴发的机理, 并为疾病传播的控制和群体免疫提供有用的见解。目前常用的疾病传播模型有 SI、SIR、SIS 和 SIRS, 其中 S, I, R 分别表示系统中个体的 3 种状态: S 表示没有被感染 (不携带病菌); I 表示已经被感染; R 表示已经被移除, 造成移除的原因可能是对疾病的免疫或者感染后死亡。在传播过程中, 个体的状态可以在三者之间转换, 具体转换规则视模型而定。

当群体中个体感染比例较小时, 将该状态称为局域病状态 (非渗流相); 而当大部分或者全部的个体感染时, 称为全局病状态 (渗流相)。除了网络的结构和连通性之外, 影响疾病传播范围的因素有很多。给定一个用来描述个体之间接触和联系的网络, 初始感染个体的比例、感染节点的活动性 (对易感者的感染概率) 以及感染节点的恢复时间等因素都会对疾病的传播范围有重要影响。除此之外, 疾病在网络中传播的动力学机制也会对疾病传播范围和是否出现全局病状态产生影响。最后, 免疫策略和免疫节点的数量也会通过对易感者和感染者的隔离影响疾病传播的最终结果。

显而易见, 网络的拓扑性质也会对流行病的传播动力学造成影响, 例如第 1 章所提到的无标度、小世界等网络性质以及簇系数、平均距离大小等。在疾病传播情形下, 网络的结构还具备时变的特性, 例如一些流行病传播网络的结构是随时间变化的, 当节点染病后, 它的邻居可能会中断与它的连接, 而选择与其他节点建立新连接; 在感染节点恢复之后, 重新建立连接。现实中的节点还具备一定的空间分布属性, 例如节点之间的连接或传播效率由地理距离决定, 并可能会随其演化。本章的讨论暂假设网络是静态的, 即不随时间与疾病传播的情况而变化, 也不考虑节点的空间位置分布。

5.1.1 SI 模型

对于感染后不可治愈且不会死亡的一类疾病传播可以用 SI 模型来刻画。在该模型中, 所有个体只有两种状态, 即易感者 S 和被感染者 I。处于易感状态的个体在接触感染者后可能被感染, 这个可能性由感染概率 r 决定, 表示在单位时间内易感者被感染的概率。

1. 全连通网络

定义 $s(t)$ 为在时刻 t 系统中易感者的比例, $i(t)$ 为感染者的比例。在不考虑个体之间网络结构的情况下, 个体充分混合, 因此单位时间内遇到一个感染者的概率为 $i(t)$, 而被其感染的概率为 r。系统中易感者人数为 $Ns(t)$ (N 为系统总人数), 故单位时间新增感染者为 $Nrs(t)i(t)$, 这就是感染者人数 $Ni(t)$ 的变化率, 写成微分方程

$$\frac{\mathrm{d}i(t)}{\mathrm{d}t} = ri(t)s(t). \tag{5.1}$$

125

同样, 易感者人数的变化率方程为

$$\frac{\mathrm{d}s(t)}{\mathrm{d}t} = -ri(t)s(t). \tag{5.2}$$

考虑条件 $s(t) = 1 - i(t)$, 方程 (5.1) 可以写成

$$\frac{\mathrm{d}i(t)}{\mathrm{d}t} = r[1 - i(t)]i(t) \tag{5.3}$$

此方程就是生物学和物理学等学科中常见的 Logistic 增长方程。假定初始感染者的比例 $i(t = 0)$ 为常数 i_0, 方程 (5.3) 的解为

$$i(t) = \frac{i_0 \mathrm{e}^{rt}}{1 - i_0 + i_0 \mathrm{e}^{rt}}. \tag{5.4}$$

显然, 感染者人数随时间单调递增至所有个体被感染。随着时间推进, 感染者不断增加, 感染速率也不断增加, 但到了后期易感者的减少会导致感染者增速下降至 0, 并最终达到感染者的饱和状态。其中, $1/r \equiv \tau$ 可视为系统的弛豫时间, 即疾病的感染概率越大, 传播得越快, 系统越快达到稳定。

2. 考虑网络结构的影响

当个体很多时, 个体之间相互作用的结构往往是一个网络的形式, 一个节点只能将疾病传播给少数有直接接触的邻居, 而网络结构对疾病的传播速度有影响。为了刻画网络中个体连接度的异质性, 将度值为 k 的感染节点的比例定义为 $i_k(t)$。类似于方程 (5.3), $i_k(t)$ 显然满足演化方程

$$\frac{\mathrm{d}i_k(t)}{\mathrm{d}t} = r[1 - i_k(t)]k\Theta_k(t), \tag{5.5}$$

其中, $\Theta_k(t)$ 是当一条边的一端是易感者时, 另一端是感染者的概率。在没有度相关的情况下, 随机挑选的一条边到达一个度值为 k' 的节点的概率为 $k'p_{k'}/\langle k \rangle$, $p_{k'}$ 为度值为 k' 的节点出现的概率。一个节点能够被感染的前提是至少有一条边能够连接到一个感染节点。因此 $\Theta_k(t)$ 满足

$$\Theta_k(t) = \Theta(t) = \frac{\sum\limits_{k'}(k' - 1)p_{k'}i_{k'}(t)}{\langle k \rangle}. \tag{5.6}$$

由于没有度度相关性, $\Theta_k(t)$ 与节点的度值无关。

由式 (5.5) 和式 (5.6), 只考虑传播的初始阶段 (即 $i_k(t) \to 0$), 可得

$$\frac{\mathrm{d}i_k(t)}{\mathrm{d}t} = rk\Theta(t), \tag{5.7}$$

$$\frac{\mathrm{d}\Theta(t)}{\mathrm{d}t} = r(\kappa - 1)\Theta(t), \tag{5.8}$$

其中, $\kappa = \dfrac{\langle k^2 \rangle}{\langle k \rangle}$ 只与网络结构有关。令 $i_k(t=0) = i_0$, 可解得

$$i_k(t) = i_0[1 + \frac{k(\langle k \rangle - 1)}{\langle k^2 \rangle - \langle k \rangle}(\mathrm{e}^{t/\tau} - 1)], \tag{5.9}$$

其中,

$$\tau = \frac{1}{r(\kappa - 1)}. \tag{5.10}$$

这个结果表明疾病传播的规模以指数形式增长, 度值越大的节点感染的速度越快。系统中平均被感染规模为 $i(t) = \sum\limits_k p_k i_k(t)$, 可以进一步得到

$$i(t) = i_0[1 + \frac{\langle k \rangle^2 - \langle k \rangle}{\langle k^2 \rangle - \langle k \rangle}(\mathrm{e}^{t/\tau} - 1)], \tag{5.11}$$

这意味着流行病暴发的增长时间尺度与网络的异质性 κ 有关。由于 κ 只与网络结构有关, 对于给定网络 κ 为常数, 则由 (5.10) 式可知 $\tau \sim r^{-1}$, 该结果与均匀混合假设的情况类似。此外, 在 r 确定的情况下, 不难知道网络度分布的异质性越大, κ 就越大, 那么疾病弛豫时间 τ 越短, 即疾病暴发的速度就越快。因此, 在无标度网络中疫情发展速度迅猛。物理上的原因是, 一旦疾病到达中心节点就会迅速感染很多小度节点, 导致疾病在网络中迅速传播 [10]。

5.1.2 SIS 模型

对于感染者可恢复为易感者的情况, 常用 SIS 模型模拟。该模型中同样只有两类个体, 即易感者 S 和感染者 I。设感染概率为 r, 恢复概率为 q, 表示单位时间内感染者恢复为易感者的概率。该模型中同时存在感染与恢复两个过程, 因此系统的动态演化特性也需要考虑 [11]。此外, SIS 模型还有第二种定义, 即感染个体在被感染 τ 时间步后恢复为易感个体。这两种定义的主要区别在于, 前一种定义中感染个体恢复为易感个体所需的时间不确定, 而后一种定义中这个时间是确定的。本章将会考虑 SIS 模型的两种不同表述形式。

1. 个体之间完全接触的模型第一种定义

在这种情况下, 只需在方程 (5.2) 右端加上单位时间内恢复为易感个体的感染者, 因此可得

$$\frac{\mathrm{d}s(t)}{\mathrm{d}t} = qi(t) - ri(t)s(t). \tag{5.12}$$

类似地, 感染者的变化速率为

$$\frac{\mathrm{d}i(t)}{\mathrm{d}t} = ri(t)s(t) - qi(t), \tag{5.13}$$

根据条件 $i(t) + s(t) = 1$, 可以求出上述两个微分方程的解

$$i(t) = \frac{i_0(r-q)\mathrm{e}^{(r-q)t}}{r - q + ri_0\mathrm{e}^{(r-q)t}}, \tag{5.14}$$

其中, i_0 表示初始感染节点的比例。可以发现, 当节点的恢复概率 q 大于感染概率 r 的时候, 疾病的暴发规模将随着时间指数衰减至 0, 没有稳定的流行病状态。即如果 $q > r$, 当 $t \to \infty$ 时, 这一组方程的解趋近于不动点 $(s(\infty) = 1, i(\infty) = 0)$, 所有节点处于易感状态; 反之, 如果 $q < r$, 当 $t \to \infty$ 时, 方程的解趋近于不动点 $(s(\infty) = q/r, i(\infty) = 1 - q/r)$。因此可知 $r = q$ 是 SIS 模型的传播临界值。

2. 考虑网络结构影响的第一种定义

对于 SIS 模型, 网络结构将对最终的传播情况产生重要影响 [8]。假设一个节点被感染的概率与周围环境无关, 仅与其自身度有关。在某一时刻, 度值为 k 的节点中有比例为 $i_k(t)$ 的节点处于被感染的状态, 定义约化感染概率 $\varphi \equiv r/q$, 对应恢复概率 1, 可得

$$\frac{\mathrm{d}i_k(t)}{\mathrm{d}t} = -i_k(t) + \varphi k[1 - i_k(t)]\Theta(\varphi), \tag{5.15}$$

其中, $\Theta(\varphi)$ 表示随机一条边连接到被感染节点的概率, 在无度相关性的情况下, 它与这条边所连接的节点度值无关。式 (5.15) 右侧第一项表示被感染节点的恢复速率, 第二项与 SI 模型方程 (5.5) 相似, 表示易感节点连接到感染节点而被感染的概率。在稳态时, 令 $\mathrm{d}i_k(t)/\mathrm{d}t = 0$, 此时方程的稳态解为

$$i_k(t) = \frac{k\varphi\Theta(\varphi)}{1 + k\varphi\Theta(\varphi)}. \tag{5.16}$$

依据每一个度值可能出现的概率, 对所有可能的度值进行平均, 得

$$i(t) = \sum_k p_k i_k(t) = \frac{\langle k \rangle \varphi \Theta(\varphi)}{1 + \langle k \rangle \varphi \Theta(\varphi)}. \tag{5.17}$$

为了获取稳态感染比例 $i(t)$ 的解, 需要先获得 $\Theta(\varphi)$ 的解。由于 SIS 模型中个体状态在不断演化之中, 沿着一条随机边遇到一个度为 k 的节点的概率为 $p_k k / \langle k \rangle$, 因此可以得到

$$\Theta(\varphi) = \frac{1}{\langle k \rangle} \sum_k p_k k i_k(t), \tag{5.18}$$

在 SIS 模型中感染节点的邻居中不需要有其他感染节点, 因此形式上与公式 (5.6) 不同。将公式 (5.18) 代入公式 (5.16), 可得 $\Theta(\varphi)$ 满足自洽方程

$$\Theta(\varphi) = \frac{1}{\langle k \rangle} \sum_k p_k k \frac{k \varphi \Theta(\varphi)}{1 + k \varphi \Theta(\varphi)}, \tag{5.19}$$

代入网络度分布 p_k, 即可获得 $\Theta(\varphi)$ 的解, 然后代入方程 (5.16) 和方程 (5.17), 最终得到稳态被感染节点比例 $i(t)$。

很显然, 方程 (5.19) 有一个平庸解, 即 $\Theta(\varphi) = 0$。当 φ 较大时, 可得 $\Theta(\varphi)$ 的非平庸解。类似于第 3 章对渗流方程的讨论, 亦可由方程 (5.19) 确定疾病暴发的临界点,

$$\frac{\partial}{\partial \Theta} \left[\frac{1}{\langle k \rangle} \sum_k k P(k) \frac{k \varphi \Theta(\varphi)}{1 + k \varphi \Theta(\varphi)} \right] \Bigg|_{\Theta = \Theta_c = 0, \varphi = \varphi_c > 0} = 1. \tag{5.20}$$

易得

$$\frac{1}{\langle k \rangle} \sum_k k P(k) k \varphi = 1. \tag{5.21}$$

由此, 可得传播临界点

$$\varphi_c = \frac{\langle k \rangle}{\langle k^2 \rangle}. \tag{5.22}$$

根据公式 (5.22) 可知, 对于随机网络, 疾病传播的临界值为 $\varphi_c = \dfrac{1}{\langle k \rangle + 1}$; 对于无标度网络, 当幂指数 $\gamma < 3$ 时, $\langle k^2 \rangle \to \infty$, 从而使 $\varphi_c \to 0$, 即传播临界值趋于 0。即使感染概率 r 较小, 网络中的感染比例也可能达到一个稳定的状态。此外, 该模型也可以通过多相平均场理论和有效度方法进行较为精确的求解 [12]。

3. 考虑网络结构影响下的第二种定义

对于该类模型, 相邻节点存在交互感染的可能性。例如, 感染节点 i 在感染节点 j_1 后恢复为易感节点, 然后节点 j_1 又重新感染节点 i, 如图 5.1 所示。

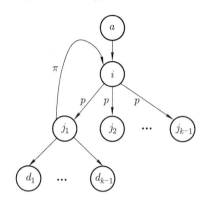

图 5.1　在分支过程中, 感染节点和易感节点之间互相感染示意图。该图取自文献 [13]

当个体恢复时间较长或疾病传播速度较快时, 交互感染的情况可以忽略, 此时模型的求解可以参照键渗流模型获得。根据规则, 该模型等效于边的占据概率为 p 的键渗流模型, 而且 p 可近似为

$$p = 1 - (1-r)^{\tau}. \tag{5.23}$$

这个概率也是在一个节点被感染的 τ 个时间步内, 它能够感染某个邻居的概率。由此, 先求得相应渗流问题的临界点, 而后即可导出疾病传播模型的临界感染概率 r_c。具体的求解方法可参考第 3 章的相关内容。传播问题中, 常利用分支过程中相邻两层感染节点的比例定义分支因子

$$\langle n_i \rangle = pG_1'(1) = p \sum_k \frac{kp_k}{\langle k \rangle}(k-1). \tag{5.24}$$

令 $\langle n_i \rangle = 1$, 结合公式 (5.23), 即可得到临界传播概率

$$r_c = 1 - \left(\frac{\kappa-2}{\kappa-1}\right)^{1/\tau}, \tag{5.25}$$

其中, $\kappa = \langle k^2 \rangle / \langle k \rangle$。

如果进一步考虑交互感染的情况, 分支过程中除了应该考虑剩余度之外, 还需考虑一个节点在恢复为易感节点后又被下一级邻居重新感染的概率 π, 如图 5.1

所示。因此分支因子 $\langle n_i \rangle$ 将以一定概率增加 1，不妨写为

$$\langle n_i \rangle = p \sum_k \frac{k p_k}{\langle k \rangle}(k-1) + \pi. \tag{5.26}$$

为了计算 π，做简化假设：受感染节点的下一级邻居都是易感节点。这一假设在疾病传播模型中使用较广泛（如 [3, 14]）。对于无重复感染机制的传播模型，如 SIR 模型，传播都是单向的，该假设显然适用。对于允许反复发生感染的 SIS 模型，一个刚被感染的节点其邻居可能已经被感染，该假设一般不适用。然而，在疾病暴发阈值附近或阈值以下，由于感染率较低，这种一个易感节点被多个邻居同时感染的情况出现的概率较小，可以忽略，因而该假设得以适用。

假定节点 i 在感染其下级节点 j_1 前已经保持感染状态的时间为 $s = 1, 2, \cdots, \tau$。由于节点 i 能够保持感染状态的总时间为 τ，所以节点 j_1 被感染后，节点 i 还能够保持感染状态的时间为 $\tau - s$。当节点 i 恢复为易感者后，节点 j_1 还能够保持感染状态的时间为 $\tau - (\tau - s) = s$。在这 s 个时间步内，节点 j_1 随时可能使节点 i 再次感染。对所有可能的 s 求和，可得节点 j_1 重新感染节点 i 的概率为

$$\pi_0 = \sum_{s=1}^{\tau} \frac{(1-r)^{s-1} r}{1-(1-r)^{\tau}}[1-(1-r)^s] = \frac{1-(1-r)^{\tau+1}}{2-r}, \tag{5.27}$$

其中，$\frac{(1-r)^{s-1} r}{1-(1-r)^{\tau}}$ 表示在 j_1 被上级节点 i 感染的前提下，感染发生在第 s 时间步的概率。此外，$[1-(1-r)^s]$ 表示 j_1 在 s 个时间步内感染其上级节点 i 的概率。平均而言，节点 i 应有 κ 个邻居节点[①]，其中任意节点都可能与 i 发生交互感染。因此，方程 (5.26) 中的 π 不能直接使用 π_0，而是应该写成如下形式

$$\pi = \sum_{k'=0}^{\kappa-1} \binom{\kappa-1}{k'} (p\pi_0)^{k'} (1-p\pi_0)^{\kappa-1-k'} \frac{\pi_0}{k'+1}. \tag{5.28}$$

求和项中表达式意义可如下理解：p 表示节点 i 感染一个节点的概率，π_0 表示一个节点重新感染节点 i 的概率，易知 $p\pi_0$ 是一个节点被节点 i 感染后，又重新感染已恢复的节点 i 的概率。因此，$\binom{\kappa-1}{k'} (p\pi_0)^{k'} (1-p\pi_0)^{\kappa-1-k'}$ 表示除了 j_1 之外的 k' 个节点能够重新感染节点 i 的概率。然后再乘以 π_0，就是 j_1 和它的 k' 个

---

① 在分支过程中，沿着一条边到达一个度为 k 的节点的概率为 $p_k k/\langle k \rangle$，求平均即得该节点的平均邻居数为 $\langle k^2 \rangle / \langle k \rangle$。

同级节点都能够重新感染节点 i 的概率。此时, 共有 $k'+1$ 个下级节点可以重新感染节点 i, 为避免重复计算, 需要将此概率平均到每个节点, 这是因为这 $k'+1$ 个节点只要有一个重新感染了节点 i, 其余的节点将不能对节点 i 再次感染。最后, 对所有可能的 k' 求和, 即可求得 π。

在临界传播概率 r_c 处, 分支因子 $\langle n_i \rangle = 1$, 因此 r_c 应该满足条件

$$p(r_c)(\kappa - 1) + \pi(r_c) = 1. \tag{5.29}$$

将以上求得的 π 和 p 等方程代入, 即可求得临界点。图 5.2 展示了临界传播概率与感染节点维持时间 τ 之间的关系。

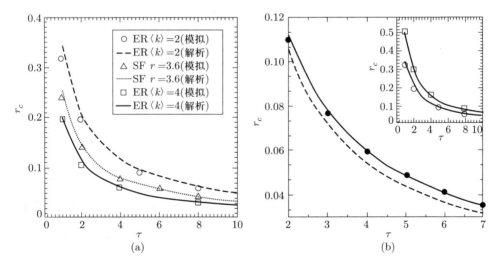

(a) (b)

图 5.2　临界传播概率与感染节点维持时间 τ 之间的关系。图 (a) 展示了感染阈值 r_c 和感染节点恢复时间 τ 的关系, 符号后的曲线表示通过方程 (5.29) 获得的 r_c 的解析解; 图 (b) 展示了方程 (5.29) 的 r_c 的解析解和 $\pi = p$ 情况下获得的 r_c 相比较, 图中的结果来自平均度为 4 的 ER 随机网络

5.1.3　SIR 模型

SIR 模型表现了个体在疾病传播过程中的 3 种状态: S 代表易感状态, 即个体是健康的; I 代表已经被感染状态; R 表示移除状态, 即个体已康复且对这种疾病免疫, 或者个体已死亡。

1. 个体之间完全接触

在均匀混合的情况下, 每个感染的个体都以 r 的概率随机地感染其他易感个体, 然后每个被感染的个体都以 q 的概率变为移除状态 [14]。类似于 SIS 模型, SIR 模型也存在第二种表述形式, 即每个感染个体在感染后的 τ 时间步后自动变为移除状态 [4]。

考虑所有个体均匀混合的情况。类似地, 将 $s(t)$, $i(t)$ 和 $r(t)$ 分别记为 t 时刻易感人群、感染人群和移除人群占整个人群的比例, 则有 $s(t) + i(t) + r(t) = 1$。类似于 SIS 模型, SIR 模型的微分方程描述如下:

$$\frac{\mathrm{d}s(t)}{\mathrm{d}t} = -rs(t)i(t), \tag{5.30}$$

$$\frac{\mathrm{d}i(t)}{\mathrm{d}t} = rs(t)i(t) - qi(t), \tag{5.31}$$

$$\frac{\mathrm{d}r(t)}{\mathrm{d}t} = qi(t). \tag{5.32}$$

由公式 (5.30) 和公式 (5.32), 可得

$$\frac{1}{s(t)}\frac{\mathrm{d}s(t)}{\mathrm{d}t} = -\frac{r}{q}\frac{\mathrm{d}r(t)}{\mathrm{d}t}. \tag{5.33}$$

两边同时积分, 可得

$$s(t) = s_0 \mathrm{e}^{-r(t)r/q}, \tag{5.34}$$

其中, s_0 表示初始易感者的比例。将 $i(t) = 1 - s(t) - r(t)$ 代入式 (5.32), 可得

$$\frac{\mathrm{d}r(t)}{\mathrm{d}t} = q(1 - r(t) - s_0 \mathrm{e}^{-r(t)r/q}). \tag{5.35}$$

当系统达到稳态时, $\mathrm{d}r(t)/\mathrm{d}t = 0$。因此, 可解得

$$r(t) = 1 - s_0 \mathrm{e}^{-r(t)r/q}. \tag{5.36}$$

假设初始时有少数几个感染节点并且没有移除人群, 即初始被感染的节点比例近似为 0, 在这种情况下, $s_0 \approx 1$, $r_0 \approx 0$, $i_0 \approx 0$。引入 $\varphi \equiv r/q$, 可得

$$r(t) = 1 - \mathrm{e}^{-\varphi r(t)}. \tag{5.37}$$

公式 (5.37) 与 ER 随机网络巨分支的规模和网络平均度的关系在形式上完全一致。类比可知, $\varphi = 1$ 是 SIR 模型的传播临界值: 当 $\varphi < 1$, $r(t) = 0$, 意味着疾病将无法传播; 当 $\varphi > 1$, 移除人群的比例 $r(t)$ 将会随着 φ 值的增大而增大。

2. 考虑网络结构的影响

对于网络上的 SIR 模型, 仍然可以通过平均场的方法求解。类似于 SI 和 SIS 模型, 定义一个度为 k 的节点是感染者的概率为 $i_k(t)$, 是易感者的概率为 $s_k(t)$, 以及是移除者的概率为 $r_k(t)$。方程 (5.30) $\sim$ 方程 (5.32) 可以转变为

$$\frac{\mathrm{d}i_k(t)}{\mathrm{d}t} = -qi_k(t) + rks_k(t)\Theta_k(t), \tag{5.38}$$

$$\frac{\mathrm{d}s_k(t)}{\mathrm{d}t} = -rks_k(t)\Theta_k(t), \tag{5.39}$$

$$\frac{\mathrm{d}r_k(t)}{\mathrm{d}t} = qi_k(t). \tag{5.40}$$

其中, $\Theta_k(t)$ 表示度值为 k 的易感者连接一个感染节点的概率, 其表达式与 SI 模型的相应表达式相同, 即 (5.6) 式。考虑初始感染节点非常少的情况, $s_k(0) \approx 1$, $i_k(0) \approx 0$, $r_k(0) \approx 0$。方程 (5.39) 和方程 (5.40) 可以直接通过积分求出, 即

$$s_k(t) = \mathrm{e}^{-rk\phi(t)}, \tag{5.41}$$

$$r_k(t) = q\int_0^t i_k(\tau)\mathrm{d}\tau, \tag{5.42}$$

其中, $\phi(t)$ 为 t 时间内累积感染概率

$$\phi(t) = \int_0^t \Theta_k(\tau)\mathrm{d}\tau = \frac{1}{q\langle k\rangle}\sum_k (k-1)p_k r_k(t). \tag{5.43}$$

当 $t \to \infty$ 时, 所有的感染者都会变为移除者, 即 $i_k(\infty) = 0$, 并且 $r_k(\infty) = 1 - s_k(\infty)$。因此可以得到

$$r(\infty) = \sum_k p_k(1 - \mathrm{e}^{-rk\phi_\infty}), \tag{5.44}$$

其中 ϕ_∞ 表示 $\phi(t \to \infty)$ 的值。

为了求解最终的感染密度, 需要将 $\phi(t)$ 对时间进行求导, 来获得 ϕ_∞ 在长时间演化下达到稳态的性质:

$$\begin{aligned}
\frac{\mathrm{d}\phi(t)}{\mathrm{d}t} &= \frac{1}{\langle k\rangle}\sum_k (k-1)p_k i_k(t) \\
&= \frac{1}{\langle k\rangle}\sum_k (k-1)p_k[1 - r_k(t) - s_k(t)] \\
&= 1 - \frac{1}{\langle k\rangle} - q\phi(t) - \frac{1}{\langle k\rangle}\sum_k (k-1)p_k\mathrm{e}^{-rk\phi(t)}.
\end{aligned} \tag{5.45}$$

当系统达到稳态的时候, $\lim\limits_{t\to\infty}\dfrac{\mathrm{d}\phi(t)}{\mathrm{d}t}=0$, 可以由方程 (5.45) 获得如下自洽方程

$$q\phi_\infty = 1 - \frac{1}{\langle k\rangle} - \frac{1}{\langle k\rangle}\sum_k (k-1)p_k \mathrm{e}^{-rk\phi_\infty}. \tag{5.46}$$

ϕ_∞ 的非零解出现在

$$\frac{\mathrm{d}}{\mathrm{d}\phi_\infty}\left[1 - \frac{1}{\langle k\rangle} - \frac{1}{\langle k\rangle}\sum_k (k-1)p_k \mathrm{e}^{-rk\phi_\infty}\right]\Bigg|_{\phi_\infty=0} \geqslant q. \tag{5.47}$$

将此条件进行化简, 得到

$$\frac{r}{\langle k\rangle}\sum_k k(k-1)p_k \geqslant q, \tag{5.48}$$

最终得到 SIR 模型疾病暴发的临界条件

$$\varphi_c = \frac{\langle k\rangle}{\langle k^2\rangle - \langle k\rangle}. \tag{5.49}$$

公式 (5.49) 和第 3 章渗流阈值相同, 这说明网络上的 SIR 模型虽然是一个动态过程, 但它可以映射到完全静态的模型上, 感染概率和移除概率之比 r/q 可对应渗流模型中节点被占据的概率。同样, 对于 $\gamma < 3$ 的无标度网络, $\langle k^2\rangle$ 发散, 公式 (5.49) 表明除非传染概率 $r = 0$, 否则疾病都能够在网络中暴发。

对于 SIR 模型的第二种表述, 疾病的暴发阈值可以通过键渗流模型进行分析 [15]。考虑到网络中每个已感染节点都会以概率 r 感染它的最近邻节点, 并且在 τ 时间步后恢复并被移除, 该过程可以认为是一个平均值为 $r\tau$ 的泊松过程, 每个节点不被感染的概率为 $\mathrm{e}^{-r\tau}$, 即每条边被保留的概率为 $p_b = 1 - \mathrm{e}^{-r\tau}$。也就是说, 对于 SIR 模型的第二种表述仍然可以和键渗流模型对应起来。因此可以通过分支过程来获得该模型的解。采用类似于前文所述的方法, 将一个树状网络看作一个层级结构, 如果节点能够通过层间的感染过程扩展到无穷远, 那么疾病就能够暴发, 否则就不会暴发。在临界点, 已感染的个体只能平均感染一个下层个体, 即式 (5.24) 分支因子为 1。由此, 可以得到传播阈值

$$p_{bc} = \left(\frac{\langle k^2\rangle}{\langle k\rangle} - 1\right)^{-1}. \tag{5.50}$$

代入 $p_b = 1 - \mathrm{e}^{-r\tau}$, 即可求得传播阈值。有关网络异质性对于传播阈值影响的讨论与前文相同, 这里不再重复。

5.2 网络上的免疫

5.2.1 随机免疫

在疾病传播过程中, 免疫的目的是将感染个体数最小化、推迟疾病暴发时间或提高传播阈值。免疫同样可以被视为一种渗流过程, 免疫个体不再参加传播过程, 因此相当于被移除。如果免疫使得疾病的暴发阈值低于渗流阈值, 则认为免疫有效的。最简单的免疫策略是通过随机的方式选择个体进行免疫, 这种免疫方式称为随机免疫。

给定度分布的网络, 可以通过渗流理论来分析随机免疫的有效性。对于随机免疫, 假定随机选择网络中比例为 g 的节点进行免疫, 那么感染者向易感者传播疾病的概率变为 $r(1-g)$, 也就是随机免疫个体的引入会导致疾病的传播效率的重新标度, 即线性下降。因此随机免疫的阈值 g_c 可以通过将重新标度过的传播速率设置为网络的疾病暴发阈值来获得, 即

$$\frac{\langle k^2 \rangle}{\langle k \rangle} - 1 = \frac{1}{g_c p_b}. \tag{5.51}$$

社交网络具有较宽的度分布, 计算机网络的物理层和逻辑层、邮件和信任网络也都具备较宽的度分布特征。如渗流理论所示, 对于度分布较宽的网络, 需要移除很大一大部分节点才能破坏网络的连通性。因此, 需要免疫很大一部分节点才能达到免疫的目的。对于无标度网络 $p_k \sim k^{-\gamma}$, 当 $2 < \gamma < 3$ 时, 免疫阈值 $g_c \to 1$, 也就是说即使免疫网络中大部分节点, 疾病仍可以传播。换言之, 如果使用随机免疫策略抑制流行病传播, 几乎所有节点都需要免疫。采用这种免疫方法, 很多疾病需要免疫 $80\% \sim 100\%$ 的个体才能有效控制流行病的传播。对于一些传播概率高的疾病, 如麻疹, 则需要 95% 的人口免疫才能抑制传播。对于互联网, 由于度分布的强异质性, 若想控制病毒的暴发, 则几乎需要 100% 的计算机免

疫 [5]。

5.2.2 定向免疫

定向免疫的目标是通过有针对性地对少数节点进行免疫以获得尽可能好的免疫效果 [16, 17]。通常来说，需要获得网络的全局信息才能够实施这一策略，因此很多情况下定向免疫策略是不切实际的。对于无标度网络，高连接度的中心节点往往会被考虑为第一免疫目标，一旦中心节点获得免疫，会使得疾病传播的途径大大减少。采用定向免疫时，节点是否被选择为免疫对象的概率取决于节点的度值 k：

$$\theta_g(k) = \begin{cases} 1, & k < k^*, \\ c, & k = k^*, \\ 0, & k > k^*. \end{cases} \tag{5.52}$$

其中，k^* 表示免疫节点的度值下限，g 表示免疫节点的比例。k^* 和 c 如下确定：

$$\sum_k p_k \theta_g(k) = 1 - g. \tag{5.53}$$

网络中度值较大的节点被免疫后，疾病仍然暴发的条件是 $\langle k \rangle_g / \langle k^2 \rangle_g \geqslant r/q$，其中 $\langle k \rangle_g$ 和 $\langle k^2 \rangle_g$ 分别表示未免疫节点度分布的一阶矩和二阶矩。因此，定向免疫时，疾病暴发阈值条件为

$$\frac{\langle k \rangle_{g_c}}{\langle k^2 \rangle_{g_c}} = \frac{r}{q}. \tag{5.54}$$

对于一个幂指数 $\gamma = 3$ 的无标度网络，在没有度度相关性的情况下，经过计算可得定向免疫的临界比例为

$$g_c \sim \exp(-2q/mr), \tag{5.55}$$

其中 m 是网络的最小度 [16]。这一结果表明，定向免疫可以有效降低免疫节点的临界比例。在一个较为广泛的传播速率范围内，临界免疫阈值呈现指数衰减的形式。

类似地，文献 [17] 提出，节点的安全保护水平与节点的重要性成正比，即感染节点被治愈的概率正比于其度值 k 的 α 次方。理论研究结果发现，当 $\alpha > 0$ 时这种免疫策略会使无标度网络的疾病暴发阈值转变为一个非零值。

5.2.3　熟人免疫

在熟人免疫方法中 [9], 首先随机挑选占比为 p 的一部分人群, 然后找到与他们相连的熟人, 最后每个个体都从自己的熟人中随机选择一人作为免疫个体。注意, 最初选择的节点并没有被免疫。在这一免疫策略中, 最终被免疫的节点比例 g 可能会小于 p, 因为一个节点有可能作为多个个体的熟人而被重复选中 [18]。由于在无标度网络中, 度大的节点有许多节点与之相连; 若随机挑选熟人, 度为 k 的节点被选中的概率为 $kp_k/\langle k \rangle$, 即度大节点被选中的概率要比度小节点被选中的概率大。

这种策略只需要知道与挑选出来的节点直接相连的邻居节点, 从而回避了全局信息的问题。而选择免疫节点的规则也符合传播问题的特性, 进而易于挑选出高传播能力的节点, 从而达到高效免疫的目的。文献 [19] 对这一策略提出了修改: 在一个节点的 l 范围内选择度值最大的节点进行免疫, 而不只是在邻居中随机选择; 随着 l 的增加, 需要知道的网络连接信息就会从局部 ($l = 1$) 变为全局 (l 达到网络的直径)。文献 [20] 研究了免疫策略的链式方案, 即选择相互连接的节点为免疫节点集, 除了高聚集系数的网络之外, 这样的免疫策略是非常有效的。类似地, 文献 [21] 研究了异质网络上疫苗扩散的策略, 免疫节点将疫苗以一定的概率发送给其邻居, 发送概率与邻居的度值正相关。

熟人免疫模型的临界免疫概率 g_c 也可以借助渗流分析中的分支过程求得。对于一个树形网络, 可以将其看作一个层级结构, 如果易感节点能够通过层级之间的连接扩展到无穷远处, 疾病的传播就能够暴发; 如果通过引入免疫节点, 能够阻止易感节点之间的连接和层级之间的扩展, 免疫节点就能够阻止疾病的暴发。

假定从随机一条边出发, 到达第 l 层的一个节点, 将 $n_l(k)$ 记为第 l 层度为 k 的节点数, 则第 $l+1$ 层度为 k' 的易感节点数为

$$n_{l+1}(k') = \sum_k n_l(k)(k-1)p(k'|k,s_k)p(s_{k'}|k,k',s_k), \tag{5.56}$$

其中, $(k-1)$ 表示第 l 层度为 k 的节点在第 $l+1$ 层中邻居的数量; $p(k'|k,s_k)$ 表示已知某个节点的度为 k 且为易感节点 (概率为 s_k) 的情况下, 能够连接到度为 k' 的一个节点的条件概率; $p(s_{k'}|k,k',s_k)$ 表示一个度为 k' 的节点, 它的一个邻居

的度为 k 且是易感者 (概率为 s_k) 的情况下的易感概率。

通过贝叶斯公式, 可知

$$p(k'|k,s_k) = \frac{p(s_k|k,k')p(k'|k)}{p(s_k|k)}. \tag{5.57}$$

在没有度相关的情况下, 通过任意一条边连接到度为 k' 的节点的概率为 $\phi(k') \equiv p(k'|k) = k'p_{k'}/\langle k \rangle$, 与出发节点的度 k 无关。

在一次熟人免疫过程中, 任意一个节点被选中的概率为 $1/N$, 假定该节点的度为 k, 再由这个被选中的节点出发, 沿着它的任意一条边到达一个指定节点的概率为 $1/k$。因此一个指定节点被免疫的概率为 $1/(Nk)$, 不被免疫的概率为 $1-1/(Nk)$, 对于 Np 次免疫, 一个节点不能被它度为 k 的节点选中而免疫的概率为

$$v_p(k) \equiv \left(1 - \frac{1}{Nk}\right)^{Np} \approx \mathrm{e}^{-p/k}. \tag{5.58}$$

假定不知道被选中节点的度, 则可以通过计算 v_p 的平均值来获得一个节点被它的邻居选中而免疫的概率。对于一个度为 k' 的节点, 如果没有其邻居的度信息, 它不被免疫 (易感) 的概率为 $p(s_{k'}|k') = \langle \mathrm{e}^{-p/k}\rangle^{k'}$。对于一个度为 k 的节点, 如果某个邻居的度是 k', 它是易感节点的条件概率为 $p(s_k|k,k') = \mathrm{e}^{-p/k'} \times \langle \mathrm{e}^{-p/k}\rangle^{k-1}$。由贝叶斯公式可知

$$p(k'|k,s_k) = \frac{\phi(k')\mathrm{e}^{-p/k'}}{\langle \mathrm{e}^{-p/k}\rangle}. \tag{5.59}$$

将其代入公式 (5.56), 可知

$$n_{l+1}(k') = n_l(k') \sum_k \phi(k)(k-1)v_p^{k-2}\mathrm{e}^{-2p/k}. \tag{5.60}$$

如果求和项大于 1, 分支过程将会扩展到无穷远处, 意味着渗流相是存在的; 如果求和项小于 1, 在分支过程中遇到的易感节点会逐渐衰减到 0, 即渗流相不存在。因此在临界点 p_c 有

$$\sum_k \frac{kp_k}{\langle k \rangle}(k-1)v_{p_c}^{k-2}\mathrm{e}^{-2p_c/k} = 1. \tag{5.61}$$

根据此方程可以获得熟人免疫的临界点 p_c。进一步根据 p_c, 可以计算获得临界免疫阈值, 即

$$g_c = 1 - \sum_k p_k p(s_k|k) = 1 - \sum_k p_k v_{p_c}^k. \tag{5.62}$$

　　图 5.3 的结果表明, 相对于随机免疫, 熟人免疫是非常有效的, 它不需要知道节点的度值以及其他全局信息, 对于任何具有较宽度分布的网络都是有效的, 并且免疫阈值较低。另外, 熟人免疫也适用于网络重要节点的识别, 如食物链、代谢、蛋白质相互作用和恐怖主义等网络。

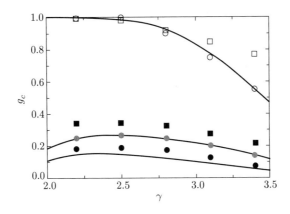

图 5.3　无标度网络中临界免疫阈值 g_c 随着 γ 的变化, 对应随机免疫 (最上面的曲线和空心圆圈)、熟人免疫 (中间曲线和实心圆圈) 及双熟人免疫 (最下面的曲线和最下面的实心圆圈)。曲线代表解析的结果, 数据点代表数值模拟的结果, 网络规模为 $N = 10^6$; 方块代表随机免疫 (空心) 和熟人免疫 (实心) 在同配网络上的结果, 度为 k_1 和 k_2 的边以 $0.7(1 - k_1/k_2)$ 的概率不相连接

　　在互联网上, 病毒的传播速度非常快。文献 [22] 提出了一种在网络中设置一些病毒陷阱的方式来缓解病毒传播的速度优势。具体方法如下: 首先将这些病毒陷阱在网络中连接成为一个全连通网络, 任何通过网络传播的病毒都会迅速到达其中一个陷阱并触发防御机制; 然后这些陷阱就会合作开发出一种杀毒程序, 并立即传播到所有其他陷阱, 每个陷阱都充当杀毒程序传播的种子节点。这种通过陷阱小集团形成的 “超级中心” 的多重传播将无标度网络的脆弱性转化为一种优势, 它利用了无标度网络的特性来同时实现病毒的快速检测和杀毒程序的快速传播。此外, 这种机制还可以通过选择特定的节点作为陷阱位置来进一步改进, 例如通过熟人免疫策略来获得度值较大的节点并在这些节点上布防 [22]。

5.3 小结

本章主要介绍了 SI 模型、SIS 模型和 SIR 模型以及这些模型在复杂网络上传播速度与传播阈值的计算方法, 最后介绍了复杂网络上的免疫策略。在求解 3 种模型的疾病传播阈值时, 主要采用了异质平均场的方法。在网络中, 假定节点处于不同状态的概率仅与它们的度值相关, 理论分析发现 3 种模型的性质与网络的异质性 κ 有着较大的关系。对于 SI 模型, 疾病暴发增长的时间尺度与 κ 成反比, 即网络的异质性越强, 疾病暴发就越迅猛; 对于 SIS 模型, 疾病能够在网络中存在需满足的临界条件为 $\varphi_c = 1/\kappa$, 即网络的异质性越强, 网络的传播阈值越低; 对于 SIR 模型, 疾病能够在网络中传播需满足的条件为 $\varphi_c = 1/(\kappa - 1)$, 同样, 网络的度分布异质性越强, 疾病能够暴发的临界值越小。对于 κ 发散的无标度网络 ($\gamma < 3$), 无论是 SIS 模型还是 SIR 模型, 即便节点之间感染的概率很低, 疾病仍然能够在网络中存在。

另外, SIR 模型与网络上的渗流存在较强的对应关系。在计算方法上, 可以直接借用渗流中的分支过程对 SIR 模型进行求解。主要思路如下: 将疾病传播网络视为一个层次结构, 疾病可以通过层间的连接自上而下传播, 通过分支过程来计算相邻阶层节点之间的感染概率, 结合感染节点的恢复概率来获得每层的平均感染数, 当平均感染数超过 1 时, 疾病就能够暴发; 当平均感染数小于 1 时, 疾病就不能够在网络中维持。

对于复杂网络上免疫, 本章介绍了 3 种免疫策略, 即随机免疫、定向免疫和熟人免疫。无论哪种免疫, 其本质上都与渗流过程存在联系, 即免疫的本质就是阻隔易感节点的连接, 将疾病的传播尽可能控制在一个局域范围内, 从而阻止疾病的暴发。在这些免疫策略中, 同样可以根据分支过程来求解疾病传播模型的临界免疫概率。

总体上, 无论是疾病传播还是免疫, 本质上都是判断易感节点所形成的渗流

网络渗流

巨分支能否涌现, 如果渗流巨分支能够涌现, 疾病就能够暴发, 或者免疫措施就无效; 如果易感节点之间的连接所形成的渗流巨分支不能涌现, 疾病就不能够暴发, 或者免疫措施就是有效的。本章对于疾病传播动力学的介绍仅限于渗流模型相关的部分内容, 如果读者对更深入的疾病传播研究感兴趣, 可以查阅相关的文献和著作 [23, 24]。

参考文献

[1] Moore C, Newman M E J. Epidemics and percolation in small-world networks [J]. Phys. Rev. E, 2000, 61: 5678–5682.

[2] Kuperman M, Abramson G. Small world effect in an epidemiological model [J]. Phys. Rev. Lett., 2001, 86: 2909–2912.

[3] Pastor-Satorras R, Vespignani A. Epidemic spreading in scale-free networks [J]. Phys. Rev. Lett., 2001, 86: 3200–3203.

[4] TJ Bailey N. The mathematical theory of infectious diseases and its applications [J]. SERBIULA (sistema Librum 2.0), 1975, 34.

[5] E Tillett H. Infectious diseases of humans: Dynamics and control[J]. Epidemiology and Infection, 1992, 108.

[6] Hethcote H W. The mathematics of infectious diseases [J]. SIAM Review, 2000, 42(4): 599–653.

[7] Newman M E J. Spread of epidemic disease on networks [J]. Phys. Rev. E, 2002, 66: 016128.

[8] Piccardi C, Casagrandi R. Inefficient epidemic spreading in scale-free networks [J]. Phys. Rev. E, 2008, 77: 026113.

[9] Cohen R, Havlin S, Avraham D. Efficient immunization strategies for computer networks and populations [J]. Phys. Rev. Lett., 2003, 91: 247901.

[10] Barthélemy M, Barrat A, Pastor-Satorras R, et al. Velocity and hierarchical spread of epidemic outbreaks in scale-free networks [J]. Phys. Rev. Lett., 2004, 92: 178701.

[11] Lee M J, Lee D S. Understanding the temporal pattern of spreading in heterogeneous networks: Theory of the mean infection time [J]. Phys. Rev. E, 2019, 99: 032309.

[12] Cai C R, Wu Z X, Chen M Z Q, et al. Solving the dynamic correlation problem of the susceptible-infected-susceptible model on networks [J]. Phys. Rev. Lett., 2016, 116:

258301.

[13] Parshani R, Carmi S, Havlin S. Epidemic threshold for the susceptible-infectious-susceptible model on random networks [J]. Phys. Rev. Lett., 2010, 104: 258701.

[14] Kermack W O, McKendrick A G. A contribution to the mathematical theory of epidemics [J]. Proceedings of the Royal Society of London Series A, 1927, 115: 700–721.

[15] Kenah E, Robins J M. Second look at the spread of epidemics on networks [J]. Phys. Rev. E, 2007, 76: 036113.

[16] Pastor-Satorras R, Vespignani A. Immunization of complex networks [J]. Phys. Rev. E, 2002, 65: 036104.

[17] Zoltán D, Barabási A L. Halting viruses in scale-free networks [J]. Phys. Rev. E, 2002, 65: 055103.

[18] Madar N, Kalisky T, Cohen R, et al. Immunization and epidemic dynamics in complex networks [J]. The European Physical Journal B, 2004, 38(2): 269–276.

[19] Gómez-Gardeñes J, Echenique P, Moreno Y. Immunization of real complex communication networks [J]. The European Physical Journal B - Condensed Matter and Complex Systems, 2006, 49(2): 259–264.

[20] Holme P. Efficient local strategies for vaccination and network attack [J]. Europhysics Letters (EPL), 2004, 68(6): 908–914.

[21] Stauffer A O, Barbosa V C. Dissemination strategy for immunizing scale-free networks [J]. Phys. Rev. E, 2006, 74: 056105.

[22] Goldenberg J, Shavitt Y, Shir E, et al. Distributive immunization of networks against viruses using the 'honey-pot' architecture [J]. Nat. Phys., 2005, 1: 184–188.

[23] 傅新楚, Michael S, 陈关荣. 复杂网络传播动力学——模型、方法与稳定性分析[M]. 北京: 高等教育出版社, 2014.

[24] Pastor-Satorras R, Castellano C, Van Mieghem P, et al. Epidemic processes in complex networks [J]. Rev. Mod. Phys., 2015, 87: 925–979.

第6章 经典渗流与网络鲁棒性

自从真实复杂网络无标度和小世界的特性被发现以后 [1-4], 有关复杂网络的渗流研究就引起了较为广泛的关注 [5-7]。虽然渗流问题起源于统计物理学 [8, 9], 但是随着复杂网络的引入, 它不但进一步引起了统计物理学者的关注而且也吸引了其他多学科研究者的兴趣, 这是因为复杂网络上的渗流与网络上的疾病传播、网络鲁棒性和级联失效等问题具有较为广泛的联系 [10], 能够刻画复杂网络上的传播和级联失效等动力学的演化性质, 目前复杂网络上的渗流取得了非常多的研究成果。

从鲁棒性的角度出发, 复杂网络上的经典渗流问题就是研究网络在删除部分节点后的连通性。初始的保留节点可以视为渗流模型中的占据节点, 删除节点视为未占据节点; 在删除部分节点后, 网络保留节点所形成的巨分支对应于占据节点的巨分支。最初的渗流研究没有考虑网络节点之间的关联, 一个节点的失效仅仅导致与之相连的边完全删除, 而不会对与之相连的节点产生其他影响。实际上, 节点或边的移除有可能会导致通过它们连接到网络巨分支的节点脱网失效。通过调节保留节点的概率, 网络从连通态 (有序) 到破碎态 (无序) 存在渗流相变。网络的鲁棒性体现在渗流临界点的大小和网络巨分支 (极大簇) 的规模。根据第 2 章的描述, 对于规则网格上的经典渗流模型, 存在一个随机的临界占据概率 p_c, 当随机占据概率大于 p_c 的时候, 网格就会发生渗流, 小于 p_c 时渗流不会发生。p_c 的大小取决于网格的类型和网格的维度。对于复杂网络上的渗流, 同样存在这样的一个临界点 p_c。

有关渗流研究的另一个重要问题是普适类。普适类描述了渗流现象的一些物理量例如序参量、网络分支的分布和平均规模等在趋于临界点时的临界渐近特性。对于经典渗流模型, 普适类取决于网格的维度, 而与网格的结构细节无关 [11]。对于复杂网络上的渗流, 不同的模型所属的普适类同样是一个需要关注的问题。

对于复杂网络上的渗流, 目前所取得的基本认知如下:

- ER 随机网络, 渗流相变点等于网络平均度的倒数 [12]。

- 无标度网络, 鲁棒性与脆弱性并存, 对于随机攻击, 网络的鲁棒性极强 [13], 几乎需要删除网络中的全部节点才能将网络彻底摧毁; 而对于蓄意攻击又极为脆弱, 即只需删除网络中少数中心节点就可将网络摧毁 [14]。

- 由规则网格添加随机连接生成的小世界网络上的渗流, 相变点小于与之对应的规则网格, 说明小世界网络上的捷径 (shortcuts) 使它变得更加健壮 [15]。

- 随机网络与贝特晶格中成环的可能性同样为零, 其临界指数同属于平均场的情况。

- 小世界网络, 虽然随机边的引入导致封闭环的出现, 但其临界指数也属于平均场的情况。

- 无标度网络连接的随机性与随机网络完全相似, 但是无标度网络度分布的异质性会影响临界指数 [14], 即无标度网络的临界指数与网络度分布的幂指数 γ 有关 [16]。

6.1 鲁棒性的概念和度量

在讨论网络鲁棒性的概念之前, 需要关注网络所处的状态。网络可能处于全部功能维持的状态, 也可能处于部分功能维持的状态, 或者处于功能彻底消失的状态。在复杂网络渗流理论的研究中, 网络的最大连通分支可以视为网络的功能结构, 因此属于最大连通分支的节点即为功能节点, 而不属于最大连通分支或者被删除的节点被视为失效节点。对于一个无限大的网络, 其最大连通分支也可能是无限大的, 这种无限的分支称为巨分支。即如果一个网络的最大连通分支达到了无限大, 则称网络的巨分支是存在的, 即网络的功能结构是存在的。如果最大连通分支有限, 称巨分支不存在, 即网络的功能结构没有出现。

虽然现实中的网络通常是有限的, 但这一定义仍然有意义。例如因特网, 节点数量非常庞大, 如果该网络遭受了破坏, 在最大连通分支与原网络规模比起来近似为零的情况下, 该网络肯定是支离破碎的, 其原有的功能是无法维持的。因此在网络的渗流理论中, 我们用网络的巨分支是否存在来判断网络是否遭受了彻底的破坏。那么, 在网络没有遭受彻底破坏的时候, 网络的完整程度通常用网络巨分支的相对规模来表示。即巨分支的相对规模越大, 网络残存功能结构的规模就越大。

网络的鲁棒性在一些文献中也被称为网络弹性, 表示网络处于功能结构消失临界点的时候所能承受的最大攻击。因此, 可以用网络发生渗流相变的临界点来度量网络的鲁棒性或网络弹性。网络发生渗流相变的临界点 p_c 越大, 说明在维持网络临界功能的时候, 需要初始维持功能的节点比例就越大, 其鲁棒性也就越差; 反之网络发生渗流相变的临界点 p_c 越小, 说明需要很少的保留节点就能够保证网络的功能结构存在, 即网络的鲁棒性就越好。

为了度量网络的鲁棒性, 常常需要对网络进行一定程度的攻击检验其承受能力, 如移除一部分节点 (座渗流) 或者连接 (键渗流), 然后来检验残存网络的巨分

网
络
渗
流

支是否存在。对于座渗流, 假定我们用参数 p 来表示网络初始保留节点的比例, $q = 1 - p$ 来表示初始删除节点的比例。类似地, 对于键渗流, 假定我们用参数 p 来表示网络初始保留连接的比例, $1 - p$ 来表示初始删除连接的比例。通常来说, 删除的节点或者连接越多, 网络的最大连通分支就越小, 巨分支出现的可能性就越小, 网络破碎示意图如图 6.1 所示。

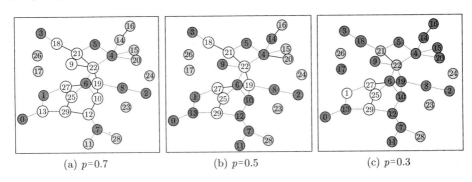

| (a) p=0.7 | (b) p=0.5 | (c) p=0.3 |

图 6.1 网络破碎示意图。在随机移除一定数量节点 (深灰色节点) 的情况下, 网络的一部分节点会脱离最大连通分支 (浅灰色节点), 最大连通分支中的节点 (白色节点) 即是具备功能的节点。从 (a) 到 (c) 分别代表不同初始节点的移除数量, 移除节点越多, 网络的破碎程度往往越大

网络的破碎方式也是一种度量网络鲁棒性的重要指标。在单个网络上的经典渗流相变都属于二级连续相变, 但是在节点之间存在关联、耦合以及依赖的情况下, 渗流相变就会出现一级不连续相变。对于二级连续相变, 网络破碎过程是渐近式的, 网络的功能结构即巨分支的相对规模会随攻击强度的增加逐渐减少至零。而对于一级不连续相变, 网络的巨分支会在临界点处从一个有限值突然减少至零。二级相变对应的破碎形式往往是良性的, 网络巨分支在彻底消失之前是一种渐进式减少; 而一级相变对应的网络破碎形式是恶性的, 网络巨分支在突然减少或者消失之前缺乏征兆。

6.2 随机攻击

6.2.1 广义随机网络

随机攻击也称为随机故障, 发生的原因可以被认为是节点内部错误或外部扰动等随机因素。一个节点是否属于初始失效的节点与其属性无关。随机攻击可以和座渗流完全对应 [13, 17]。本节所研究的问题就是复杂网络在随机攻击下巨分支的规模与攻击强度的关系。

在随机攻击的情况下, 可以采用分支过程来计算网络巨分支出现的临界条件。给定一个度分布为 $P(k)$ 的广义随机网络, 随机删除 $q = 1 - p$ 比例的节点, 则剩余节点的比例为 p。网络的残存部分与原始网络相比, 网络的平均度和度分布都会改变。利用分支过程的基本思想, 随机挑选一个节点作为网络的最顶层, 其邻居作为第二层, 第二层节点的其余邻居作为第三层, 依次类推。随机挑选一条保留下的连接, 到达一个度值为 k 的节点, 则 k 的概率分布函数为 $\dfrac{kP(k)}{\langle k \rangle}$, 该节点的每个下一层邻居被保留下来的概率也为 p, 因此下一层的平均留存邻居数量为 $p(k - 1)$, 可以计算出平均每条留存连接能够引出的平均留存连接数量

$$\langle n_c \rangle = \frac{kP(k)}{\langle k \rangle} p(k - 1), \tag{6.1}$$

其中 $\langle n_c \rangle$ 也被称为分支因子。如果 $\langle n_c \rangle > 1$, 从一条随机留存的边出发就有可能走到无穷远处, 网络的巨分支就是存在的, 网络的渗流相变就能够发生; 如果 $\langle n_c \rangle < 1$, 网络的巨分支就不存在。因此 $\langle n_c \rangle = 1$ 是网络的巨分支能够存在的临界条件。由以上分析可知, 在随机攻击的情况下, 广义随机网络能够发生渗流的临界判据为

$$\frac{\langle k^2 \rangle - \langle k \rangle}{\langle k \rangle} p_c = 1. \tag{6.2}$$

换成另外一种形式,

$$p_c = \frac{1}{\kappa - 1},\qquad(6.3)$$

其中 $\kappa = \frac{\langle k^2 \rangle}{\langle k \rangle}$, 表示节点移除前网络度分布二阶矩和一阶矩之比, 包含了网络度分布异质性的信息。

网络巨分支的大小可以借助生成函数方法求出 [12, 18]。首先定义度分布的生成函数 $G_0(x)$:

$$G_0(x) = \sum_{k=0}^{\infty} P(k)x^k.\qquad(6.4)$$

然后定义余度分布的生成函数, 即一条随机边到达一个节点后能够延伸出的其他边的数量的概率生成函数 $G_1(x)$, 其形式为

$$G_1(x) = \sum_{k=1}^{\infty} \frac{kP(k)}{\langle k \rangle} x^{k-1}.\qquad(6.5)$$

其含义为, 从一条随机边出发到达一个度为 k 的节点的概率为 $\frac{kP(k)}{\langle k \rangle}$, 除了所选择的那条边之外, 还有 $k-1$ 条能够延伸出去的边。

定义一条随机边能够连接到网络巨分支的概率为 R, 那么它不能连接到巨分支的概率为 $1 - R$。假定沿着这条随机边的一个任意方向出发, 到达一个度为 k 的节点 i, 度值 k 的概率分布满足 $\frac{kP(k)}{\langle k \rangle}$。所选择的随机边能够通过节点 i 连接到巨分支的条件有两个: 第一, 节点 i 能够保留下来, 其概率为 p; 第二, 在排除所选择的随机边之外, 节点 i 剩余的边中至少有一条能够连接到巨分支, 其概率为 $1 - (1 - R)^{k-1}$。因此可以得到一个用生成函数表示的自洽方程:

$$R = p[1 - G_1(1 - R)].\qquad(6.6)$$

通过求解该方程, 可以获得一条随机边能够到达巨分支的概率 R, 然后代入如下方程可以计算出一个随机节点属于巨分支的概率, 也就是巨分支相对于网络规模的大小

$$S = p[1 - G_0(1 - R)].\qquad(6.7)$$

事实上, 通过公式 (6.6) 也可以得到网络渗流的临界条件。对于单个复杂网络, 经典渗流模型的渗流相变为连续相变。当 $p \to p_c$ 的时候, 网络任意一条随机

边连接到巨分支的概率 $R \to 0$, 同时网络的巨分支相对大小 $S \to 0$。此刻, 将公式 (6.6) 泰勒展开可得

$$1 = p_c \sum_{k=1}^{\infty} \frac{kP(k)}{\langle k \rangle} x^{k-1} + o(R). \tag{6.8}$$

进一步化简可得到临界渗流条件 (6.2)。该临界判据虽然简单, 但是适用于没有封闭环的任意度分布或度序列的广义随机网络 [19]。例如, 对于贝特晶格, 其临界渗流阈值为 $p_c = 1/(z-1)$; 对于规则随机网络, 其渗流阈值为 $p_c = 1/(k_0 - 1)$, 其中 k_0 为每个节点的度值; 对于 ER 随机网络, 其临界渗流阈值为 $p_c = 1/\langle k \rangle$, 如图 6.2 所示; 对于由配置模型产生的广义随机网络, 其渗流阈值 $p_c = \dfrac{\langle k \rangle}{\langle k^2 \rangle - \langle k \rangle}$, 如图 6.3 所示。

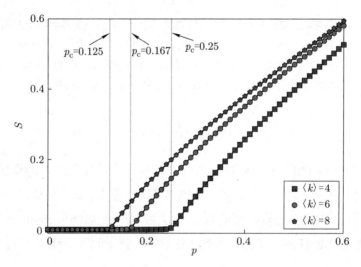

图 6.2　ER 随机网络渗流。在随机移除 $1-p$ 比例节点的情况下, 随机网络巨分支相对大小 S 随 p 的变化, 图中方块、圆圈和五边形的标记分别代表网络的平均度 $\langle k \rangle = 4$, $\langle k \rangle = 6$ 和 $\langle k \rangle = 8$ 的模拟结果, 符号后面的实线为生成函数方法给出的理论结果, 虚线标记了渗流相变点的理论值 $\dfrac{1}{\langle k \rangle}$

网络界渗流条件式 (6.2) 也可以通过网络中分支规模的分布得到。在没有初始攻击的情况 $p = 1$, 定义生成函数 $H_1(x)$, 表示一条随机边能够到达一个给定尺寸分支的概率生成函数

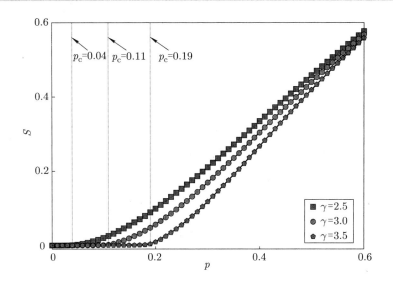

图 6.3　幂律度分布的广义随机网络渗流。在随机移除 $1-p$ 比例节点的情况下, 截断幂律度分布的广义随机网络巨分支相对大小 S 和 p 之间的关系图, 图中方块、圆圈和五边形的标记分别代表网络度分布的幂指数 $\gamma = 2.5$, $\gamma = 3.0$ 和 $\gamma = 3.5$ 的模拟结果, 符号后面的实线为生成函数方法给出的理论结果, 虚线标记了由临界渗流条件 (6.2) 式得到的理论值

$$H_1(x) = \sum_{n=0}^{\infty} P_n x^n, \tag{6.9}$$

其中 P_n 表示一条随机边所到达的一个节点所属分支的规模为 n 的概率。需要注意的是, 这里的 n 都是有限的, 不包含网络渗流巨分支。如果随机挑选一条边到达一个节点 i, 假定该节点的度值为 k, 除去最初所挑选的边, 节点 i 还有 $k-1$ 条边, 这些边中的任意一条都具备到达任意尺寸分支的可能性。因此, 这条随机边能到达的分支结构的规模可以写为 $1 + \sum_a^{k-1} n_a$, 其中 n_a 表示第 a 条边所到达的分支结构的尺寸, 它的概率分布可以由 $H_1(x)$ 获得。$H_1(x)$ 有一个比较重要的性质, $k-1$ 条边所能够到达的 $k-1$ 个分支的规模之和的概率生成函数可以写成 $(H_1(x))^{k-1}$, 一条随机边所到达的节点度为 k 的概率由生成函数 $G_1(x)$ 获得, 因此 $H_1(x)$ 满足自洽方程:

$$H_1(x) = xG_1(H_1(x)). \tag{6.10}$$

类似地, 一个随机节点所在的连通分支规模的概率生成函数为

$$H_0(x) = xG_0(H_1(x)). \tag{6.11}$$

在相变点之下, $H_0(1) = 1$, 因为一个随机节点属于一个任意尺寸分支结构的概率之和为 1; 在相变点之上, 由于不包含巨分支, 该概率不再是归一化的。在相变点之上, 巨分支的相对大小 $S = 1 - H_0(1)$。依据上述两个生成函数, 可得

$$S = 1 - G_0(H_1(1)). \tag{6.12}$$

由于 $H_1(1) = G_1(H_1(1))$, 同时假定 $H_1(1) = u$, 巨分支的相对大小可以由以下方程组求出:

$$\begin{cases} S = 1 - G_0(u), \\ u = G_1(u). \end{cases} \tag{6.13}$$

网络发生渗流相变的临界点也可以根据公式 (6.9) 求出, 即在发生渗流相变时, 一条随机边到达一个分支规模的期望 $\langle s \rangle$ 趋于发散,

$$\begin{aligned} \langle s \rangle = H_1'(1) &= [G_1(H_1(x)) + xG_1'(H_1(x))H_1'(x)]|_{x=1} \\ &= 1 + G_1'(1)H_1'(1). \end{aligned} \tag{6.14}$$

因此, 有

$$\langle s \rangle = 1/(1 - G_1'(1)). \tag{6.15}$$

即在发生渗流相变的时候, $G_1'(1) = 1$。给定一个度序列的随机网络, 它本身可能是由一些松散的分支结构组成 [19], 公式 (6.10) 和公式 (6.11) 能够给出网络分支规模的分布。对于 $p \neq 1$ 的情况, 求解方法是类似。对于有限规模的网络来说, 网络在排除巨分支之后的其他分支的平均规模在趋向于临界点的时候不会发散, 但是会达到最大值, 因此可以用该特性去寻找临界点的近似值。在研究中也可以用第二大分支的规模来寻找临界点的近似值。

6.2.2 小世界网络

考虑一个基于 d 维超立方晶格的小世界网络, 假定该晶格在每个维度上的边长为 L, 则该晶格有 L^d 个节点。对于晶格的每条边, 都以 ϕ 的概率随机添加一条捷径; 在这个网络趋向于无穷大时, 该网络不包含有限的封闭环, 所有有限环

只存在于原有的格点连接。这个事实允许人们将网络的树形假定应用到小世界网络中去。Newman 等人给出了通过生成函数方法求解二维小世界网络键渗流问题的方法 [15], 这一方法也适用于其他任意维度的小世界网络。本小节将讨论二维小世界网络的键渗流模型, 即研究小世界网络在遭到随机攻击的情况下网络的鲁棒性。

在初始时刻, 二维小世界网络的每条边 (包含随机产生的捷径) 以概率 p 保留下来, 以概率 $1-p$ 被删除。这里将构建小世界网络的二维晶格称为基底晶格。为了获得二维小世界网络渗流相变的临界点, 定义网络中分支规模分布的概率生成函数 $H(x)$,

$$H(x) = \sum_{n=0}^{\infty} P(n)x^n. \tag{6.16}$$

其中, n 表示随机挑选一个节点所属分支的大小, $P(n)$ 表示分支规模 n 出现的概率。

同时, 定义小世界网络基底晶格的分支规模分布的生成函数

$$H_0(x) = \sum_{n=0}^{\infty} P_0(n)x^n, \tag{6.17}$$

其中, $P_0(n)$ 为在没有随机边 (捷径) 的情况下, 基底晶格中一个随机节点所属分支规模为 n 的概率分布函数。整个小世界网络的所有分支都是由基底晶格的分支和随机边连接起来的。这里用 $P(m|n)$ 表示从基底晶格的一个规模为 n 的连通分支中伸出 m 条随机边的概率, 因此整个小世界网络分支规模分布的概率生成函数满足如下自洽方程:

$$H(x) = \sum_{n=0}^{\infty} P_0(n)x^n \sum_m P(m|n)[H(x)]^m. \tag{6.18}$$

该方程的解释如下。假如基底晶格的一个规模为 n 的分支共伸出 m 条随机边, 每条随机边所连接分支规模的概率分布由生成函数 $H(x)$ 给出, 因此这 m 条随机边所到达的 m 个分支规模之和的概率生成函数为 $[H(x)]^m$, 再加上原有的一个规模为 n 的分支, 即可得到 (6.18) 式生成函数形式。该方程的推导中假设网络所有分支的规模都是有限的, 如果包含无限分支, 无限分支的随机边如果没有形成封闭环, 在网络规模趋向于无限大的情况下, 该方程严格成立。

由随机连边的产生概率 ϕ 可以计算得到随机边的数量为 $2dL^dk\phi p$, 其中 k 表示在基底晶格中每个节点的连接范围: $k = 1$ 表示每个节点仅和它的最近邻节点存在原始连接; $k > 1$ 表示每个节点不仅和最近邻节点有原始连接, 而且和次近邻或者更大范围内的节点存在联系。由于所有的随机连接均匀分布, 因此一条随机边到达一个规模为 n 的分支的概率为 $\left[\frac{n}{L^d}\right]$, 这个分支具有随机连接的数量满足二项分布

$$P(m|n) = \begin{pmatrix} 2dL^dk\phi p \\ m \end{pmatrix} \left[\frac{n}{L^d}\right]^m \left[1 - \frac{n}{L^d}\right]^{2dL^dk\phi p - m}. \tag{6.19}$$

把该方程代入方程 (6.18), 并对式中求和项进行简化, 可得

$$\begin{aligned} H(x) &= \sum_{n=0}^{\infty} P_0(n)x^n \left[1 + (H(x) - 1)\frac{n}{L^d}\right]^{2dL^dk\phi p} \\ &= \sum_{n=0}^{\infty} P_0(n)\left[xe^{2dk\phi p(H(x)-1)}\right]^n, \end{aligned} \tag{6.20}$$

其中最后一步的简化适用于规模非常大的网络, 即 $L \to \infty$。通过比较公式 (6.17) 和公式 (6.20), 可以发现

$$H(x) = H_0\left(xe^{2dk\phi p(H(x)-1)}\right). \tag{6.21}$$

事实上, 几乎不可能获得方程 (6.21) 的解析解。但是通过该公式, 可以获得有关渗流研究的物理量, 例如平均分支的大小为

$$\langle n \rangle = \sum_n nP(n) = H'(1) = H_0'(1)\left[1 + 2dk\phi pH'(1)\right]. \tag{6.22}$$

也可以写成如下形式:

$$\langle n \rangle = \frac{H_0'(1)}{1 - 2dk\phi pH_0'(1)}. \tag{6.23}$$

可以发现在 $2dk\phi pH_0'(1) = 1$ 的时候, 网络所有分支的平均规模存在发散, 也就是说此时小世界网络会发生渗流相变。另外, 由于 $H_0'(1) = \langle n_0 \rangle$, 可以得到小世界网络发生渗流相变的临界条件为

$$2dk\phi p = \frac{1}{\langle n_0 \rangle}. \tag{6.24}$$

公式 (6.24) 意味着基底晶格的每个分支平均能够伸出至少一条随机边, 渗流相变才能够发生, 这与 ER 随机网络发生渗流时每个节点平均至少有一条连接的机理是类似的。在渗流相变点以上的时候, 渗流巨分支 $S = 1 - H(1)$, 依据公式 (6.21), 可以得到

$$S = 1 - H_0\left(\mathrm{e}^{-2dk\phi pS}\right). \tag{6.25}$$

基于以上推导可知, 依据基底晶格在渗流过程中分支规模分布的生成函数, 可以求解小世界网络的渗流问题。如第 2 章所示, 二维晶格在渗流过程中分支规模分布的生成函数的精确解析解至今还没有获得, Newman 等人通过高阶级数展开 (high order series expansion) 获得了二维晶格分支规模分布的概率生成函数 $H_0(x)$ 的近似形式, 近似计算过程非常繁琐和复杂, 感兴趣的读者可以通过文献 [15] 获得计算细节。

借助于规则晶格在发生渗流相变时分支规模分布的临界特性, 可以分析二维小世界网络在发生渗流相变时的临界特性。对于二维晶格, 由于分支的平均规模在趋向于临界点的时候存在临界行为 $\langle n_0(p)\rangle \sim (p_{c0}-p)^{-\gamma}$, 其中临界指数 $\gamma = \frac{43}{18}$, 二维规则晶格的键渗流相变点 $p_{c0} = \frac{1}{2}$。依据公式 (6.24), 可得

$$p_{c0} - p_c \propto \phi^{\frac{1}{\gamma}}. \tag{6.26}$$

类似地, 结合公式 (6.23), 二维小世界网络上的平均分支尺寸为

$$\langle n(p)\rangle = \frac{\langle n_0\rangle}{1 - 2dk\phi p\langle n_0\rangle} \propto (p - p_c)^{-1}. \tag{6.27}$$

因此平均分支规模的临界指数为 1, 与平均场的结果完全一致。

研究发现, 小世界网络的渗流相变点小于其基底晶格的渗流相变点, 这说明随机连接会使网络的鲁棒性变得更好。同时, 求出二维小世界网络的平均分支规模的临界指数为 1, 说明 NW 网络添加连接的随机性使得网络的一些渗流特征与平均场一致。再者, 由于通过随机连接建立了基底晶格的分支分布与小世界网络分支分布之间的联系, 无论是键渗流还是座渗流, 随机连接的分布情况不会产生本质的不同, 因此公式 (6.23) 和公式 (6.25) 对于座渗流仍然成立, 除了座渗流的相变点 p_{c0} 会有所不同。

6.2.3 无标度网络

对于无标度网络渗流相变的临界点, 仍然可以通过临界渗流判据 (6.2) 式计算获得 [13]。无标度网络的度分布满足幂律分布, 对于一个规模接近无限大的网络来说, 其最大度往往是发散的, 这与真实网络的情况不符。在研究网络鲁棒性的时候通常需要对最大度进行截断, 这里将最大截断值记为 K, 另外设置无标度网络度值的下限为 m。假定一个无标度网络的度分布满足 $P(k) \sim k^{-\gamma}$, 其中 γ 为幂指数, 同时节点的度值 k 处于 $m \leqslant k \leqslant K$。在计算网络的二阶矩和一阶矩的时候, 可将度分布看作是连续分布, 并将求和近似为积分计算可得

$$\kappa = \left(\frac{2-\gamma}{3-\gamma}\right) \frac{K^{3-\gamma} - m^{3-\gamma}}{K^{2-\gamma} - m^{2-\gamma}}. \tag{6.28}$$

这一近似的前提条件是 $K \gg m \gg 1$。在 m 非常小的时候, 这一近似仍然非常精确。当 $K \gg m$ 的时候, 式 (6.28) 可以进一步近似为

$$\kappa \to \left|\frac{2-\gamma}{3-\gamma}\right| \times \begin{cases} m, & \gamma > 3, \\ m^{\gamma-2}K^{3-\gamma}, & 2 < \gamma < 3, \\ K, & 1 < \gamma < 2. \end{cases} \tag{6.29}$$

由 (6.29) 式可以看到, 当 $\gamma < 3$ 的时候, 无标度网络对于随机攻击的鲁棒性非常强, 其破碎的示意图如图 6.4 所示。这是由于当网络的规模趋向于无穷大时, 网络的最大度 K 趋向于无穷大, 也将导致 κ 趋向于发散, 从而 p_c 趋向于零。p_c 趋向于零就意味着, 只有把所有节点完全移除, 网络的巨分支才能够被完全破坏。当幂指数 $\gamma > 3$ 的时候, κ 值是有限的, 在临界点 $p_c \approx \frac{1}{(\gamma-2)m/(\gamma-3) - 1}$ 会发生渗流相变, 也就是说在 $p < p_c$ 的时候, 网络会发生完全破碎。

对于有限的无标度网络, 通过下式可以估计出最大度的自然截断值 K:

$$\int_K^\infty P(k)\mathrm{d}k = \frac{1}{N}. \tag{6.30}$$

最大度值的自然截断值 $K = mN^{\frac{1}{\gamma-1}}$。实证研究发现, 对于真实网络, 幂指数往往是处于 $2 < \gamma < 3$ 之间, 在网络规模非常大而且最小度 $m = 1$ 的情况下, 渗流相变的临界点 $p_c \approx \frac{3-\gamma}{\gamma-2}K^{\gamma-3}$。考虑最大度值自然截断 K, 进一步可得

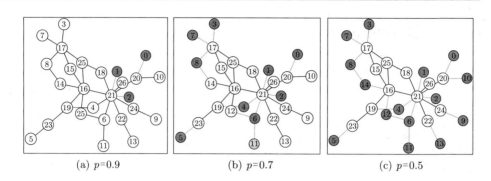

(a) p=0.9　　　　(b) p=0.7　　　　(c) p=0.5

图 6.4　无标度网络在随机攻击下破碎的示意图。深灰色节点为受攻击节点, 浅灰色节点为脱离网络最大连通分支的节点, 白色节点为最大连通分支中的节点。从图中可以看出, 度值较大的中心节点起到了非常重要的作用, 即使删除了非常多的节点, 只要中心节点存在, 网络的最大连通分支仍然很大

$p_c \approx \dfrac{3-\gamma}{\gamma-2} N^{\frac{\gamma-3}{\gamma-1}}$。对于因特网, $\gamma = 2.5$, 可知当 $N = 10^6$ 的时候, 需要移除 99% 的节点才能够使网络彻底崩溃。

图 6.5 展示了最大度的截断值 K 对于无标度网络渗流相变的影响。在 $\gamma = 2.5$ 的时候, K 值越大, 网络的渗流相变点 p_c 就越接近于 0。而对于 $\gamma = 3.5$ 时, 渗流

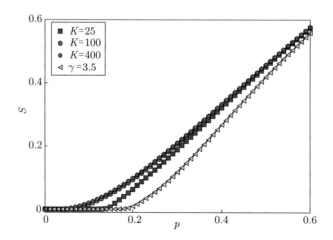

图 6.5　无标度网络渗流阈值与度值截断上限的关系。在随机移除 $1-p$ 比例节点的情况下, 无标度网络巨分支相对大小 S 和 p 之间的关系图, 图中方块、圆圈和五边形的标记分别代表网络度值截断上限 $K = 25$, $K = 100$ 和 $K = 400$ 的模拟结果, 它们的幂指数均为 $\gamma = 2.5$, 最小度截断 $m = 2$。三角形符号表示 $\gamma = 3.5$ 的结果。图中的网络规模均为 5×10^5。与符号重叠的实线为生成函数方法给出的理论结果

相变点 p_c 取决于网络的最小度截断 m 和幂指数 γ。

6.2.4 临界指数

本小节将讨论广义随机网络在发生渗流相变时的临界指数。在存在初始攻击时，初始节点以 p 的概率保留，网络的度分布记为 $P(k) = ck^{-\gamma}$。方程组 (6.13) 变为

$$
\begin{cases}
S = p(1 - G_0(u)) \\
u = 1 - p + pG_1(u).
\end{cases}
\tag{6.31}
$$

当 $p = 1$ 时，方程组 (6.31) 和方程组 (6.13) 一致。在临界点附近，节点属于巨分支的概率或者巨分支的相对大小为 $S \sim (p - p_c)^\beta$。现在可以根据公式 (6.31) 计算临界指数 β。对于无限维度的网络，如 ER 随机网络、贝特晶格和小世界网络，已经知道临界指数 $\beta = 1$，这可以看成标准平均场的结果。对于无标度网络，标准平均场近似并非总是有效的 [20]。为了研究临界特性，考察公式 (6.31) 在 $p \to p_c$ 的性质。在这种情况下，S 趋向于 0，u 趋向于 1。因此可以将 $u = 1 - \varepsilon$, $p = p_c + \delta$ 代入式 (6.31)，获得 ε 和 δ 之间的关系：

$$
1 - \varepsilon = 1 - p_c - \delta + \frac{p_c + \delta}{\langle k \rangle} \sum_{k=1}^{\infty} kP(k)(1 - \varepsilon)^{k-1}.
\tag{6.32}
$$

式 (6.32) 中的求和部分可以近似为

$$
\sum_{k=1}^{\infty} kP(k)u^{k-1} \sim \langle k \rangle - \langle k(k-1) \rangle \varepsilon + \frac{1}{2} \langle k(k-1)(k-2) \rangle \varepsilon^2 + \cdots + c\Gamma(2-\gamma)\varepsilon^{\gamma-2}.
\tag{6.33}
$$

在式 (6.32) 中考虑临界判据 $p_c = \dfrac{\langle k \rangle}{\langle k^2 \rangle - \langle k \rangle}$，可得

$$
\frac{\langle k^2 - k \rangle^2}{\langle k \rangle} \delta = \frac{1}{2} \langle k(k-1)(k-2) \rangle \varepsilon + \cdots + c\Gamma(2-\gamma)\varepsilon^{\gamma-3}.
\tag{6.34}
$$

首先考虑当 $\gamma > 3$ 时的情况。由于 ε 趋向于 0，保留方程 (6.34) 主要项，可得

$$
\varepsilon \sim
\begin{cases}
\left(\dfrac{\langle k^2 - k \rangle^2}{c\langle k \rangle \Gamma(2 - \gamma)} \right)^{1/(\gamma-3)} \delta^{1/(\gamma-3)}, & 3 < \gamma < 4, \\
\dfrac{2\langle k^2 - k \rangle^2}{\langle k \rangle \langle k(k-1)(k-2) \rangle} \delta, & \gamma > 4.
\end{cases}
\tag{6.35}
$$

通过对此式的分析, 可以得到临界指数为

$$\beta = \begin{cases} \dfrac{1}{\gamma - 3}, & 3 < \gamma < 4, \\ 1, & \gamma > 4. \end{cases} \tag{6.36}$$

因此在 $\gamma > 4$ 的时候, 序参量的临界指数 β 才有标准的平均场的值; 对于 $\gamma < 4$, 渗流相变的阶数大于 2; 在 $3 + [1/(n-1)] < \gamma < 3 + [1/(n-2)]$ 时, 渗流相变的阶数为 n [14, 21]; 当 $\gamma = 3$ 时, 网络发生渗流相变的阶数为无穷大, 如 BA 无标度网络模型 [22]。这些结果说明, 网络发生渗流相变的阶数与网络的具体模型无关, 而只与 γ 有关。

而对于 $\gamma < 3$ 的网络, 尽管存在一个接近消失的阈值 $p_c = 0$, 但相变点仍然存在, 式 (6.32) 中的求和部分可以近似为

$$\sum_{k=1}^{\infty} kP(k)u^{k-1} \sim \langle k \rangle + c\Gamma(2-\gamma)\varepsilon^{\gamma-2}. \tag{6.37}$$

利用公式 (6.12) 和 $p_c = 0$, $p = \delta$, 可以得到

$$\epsilon = \left(\frac{-c\Gamma(2-\gamma)}{\langle k \rangle} \right)^{\frac{1}{3-\gamma}} \delta^{\frac{1}{3-\gamma}}. \tag{6.38}$$

因此可知, 临界指数

$$\beta = \frac{1}{3-\gamma}, 2 < \gamma < 3. \tag{6.39}$$

换句话说, 在 $2 < \gamma < 3$ 时的相变就是 $3 < \gamma < 4$ 相变的镜像; 其中重要的区别是, 在 $2 < \gamma < 3$ 的情况下, $p_c = 0$ 并不依赖于 γ, 而且 S 的放大因子在 $\gamma \to 2$ 时发散, 而在 $\gamma \to 4$ 时仍然有界 [14]。

6.3 蓄意攻击

蓄意攻击是指攻击者通过某种方法对网络中的某些重要节点进行恶意破坏, 从而达到造成最大规模的节点损害的目的 [23]。通常来说, 网络中节点的重要性

用度中心性来刻画。对于随机网络, 由于节点度的差异性不是很大, 因此蓄意攻击度值较大的节点与随机移除网络节点的区别不是很大; 而对于无标度网络, 由于节点度值的差异性较大, 蓄意攻击和随机攻击相比能够造成更为严重的损害。因此本小节将讨论无标度网络在蓄意攻击下的鲁棒性。

蓄意攻击网络中度值较大的节点 [14], 将对网络带来以下两种影响: 首先, 截断值 K 的降低, 即网络节点的最大度会降低; 其次, 伴随着网络较大度的节点和连接的删除, 剩余节点的度分布将会发生变化。攻击前的截断值 K 满足

$$\sum_{K}^{\infty} P(k) = \frac{1}{N},\tag{6.40}$$

式中, N 为网络节点数, $P(k) \sim k^{-\gamma}$ 为无标度网络的度分布。类似地, 攻击后新的截断值 $\tilde{K}$ 也可以得到

$$\sum_{k=\tilde{K}}^{K} P(k) = \sum_{K=\tilde{K}}^{\infty} P(k) - \frac{1}{N} = q,\tag{6.41}$$

其中 $q = 1 - p$ 表示初始蓄意攻击节点在网络所占的比例。如果网络的规模足够大, 满足 $N \gg \frac{1}{q}$, 那么原始的截断值 K 就可以忽略。通过将求和替换为积分, 可以近似得到

$$\tilde{K} = mq^{\frac{1}{1-\gamma}}.\tag{6.42}$$

接下来, 将评估攻击对剩余节点度分布的影响。移除比例为 q 的度值最大的一部分节点以及它们的连接, 那些未被删除的节点的连接指向被删除节点的概率 $\tilde{q}$ 等于被删除的节点的连接数与总连接数的比:

$$\tilde{q} = \sum_{k=\tilde{K}}^{K} \frac{kP(k)}{\langle k_0 \rangle},\tag{6.43}$$

式中, $\langle k_0 \rangle$ 表示网络的初始平均度。假定网络度值是连续的并忽略 K, 在 $\gamma > 2$ 时, 可以得到

$$\tilde{q} = \left(\frac{\tilde{K}}{m}\right)^{2-\gamma} = q^{(2-\gamma)/(1-\gamma)}.\tag{6.44}$$

对于 $\gamma = 2$, 由于少数度值非常大的节点主导着整个网络的连通性, 所以 $\tilde{q} \to 1$。事实上, 对于一个有 N 个节点和 $\gamma = 2$ 的有限网络, 初始的截断值 $K \approx N$ 必须

161

考虑在内, 对式 (6.43) 用积分形式近似也可以推导出 $\tilde{q} = \ln\left(\dfrac{Nq}{m}\right)$。也就是说, 对于 $\gamma = 2$, 当 $N \to \infty$ 时仅需要极小的 q 值就可以摧毁任意大的网络。

有了这些结果, 就能够计算蓄意删除网络节点所带来的影响。从本质上讲, 受到攻击后的网络等价于经过随机移除部分节点 $\tilde{q}$, 截断值变为 $\tilde{K}$ 的无标度网络。这可以理解为以下两个过程的结果: 第一, 移除高度值的节点导致网络截断值降低, 同时高度值节点的删除改变了网络剩余节点的度分布, 因此需要重新计算度分布的一阶矩和二阶矩; 第二, 边的删除会导致网络发生破碎, 从而导致另外一些节点的删除, 任意一条边被移除的概率为 $\tilde{q}$, 即随机选择的边指向被移除节点的概率, 并且所有边移除的概率相同。由上述分析可知, 蓄意攻击可以和随机删除节点相类比, 即先降低截断值然后随机移除一定比例的节点, 因此用 $\tilde{q}$ 替代 q 时, 临界判据 (6.2) 式仍然可以适用。

由于蓄意攻击中删除的节点数与所类比的随机故障模型中删除的节点数不同, 这会影响网络巨分支的大小, 但不会影响网络发生渗流相变的临界点。这是因为, 临界点被定义为巨分支从有限变为无限的转折点。剩余节点的有限部分也是原始网络的有限部分, 因此这一差异对临界点并没有影响。根据 (6.2) 式可得到截断值 $\tilde{K}$ 满足以下方程:

$$\left(\frac{\tilde{K}}{m}\right)^{2-\gamma} - 2 = \frac{2-\gamma}{3-\gamma} m \left[\left(\frac{\tilde{K}}{m}\right)^{3-\gamma} - 1\right]. \tag{6.45}$$

据此可以得到 $\tilde{K}(m,\gamma)$ 的解, 之后代入 (6.42) 式, 可以得到临界删除阈值 $q_c(m,\gamma)$。

接下来, 由网络的原始度分布 $P(k), \tilde{q}$ 和 $\tilde{K}$ 求出网络在蓄意攻击后的新的度分布 $\tilde{P}(k)$ 满足分布 $\tilde{P}(k) = \sum_{k_0=m}^{\tilde{K}} P(k_0) \binom{k_0}{k} (1-\tilde{q})^k \tilde{q}^{k_0-k}$。依据 $\tilde{P}(k)$ 并结合公式 (6.3) 和公式 (6.13) 即可求出网络在蓄意攻击下发生渗流相变的临界点 q_c 和网络巨分支的相对大小 S。

无标度网络巨分支的相对大小随删除节点比例的变化如图 6.6 所示, 数值模拟和理论结果二者符合得很好。对于所有的 $\gamma > 2$, 都会发生渗流相变; 随着 γ 的增大, q_c 下降的现象可以被解释为随着 γ 的增大, 即使在没有发生攻击的时候, 网络巨分支的规模也会减小, 例如对于 $m < 2$, 如果 γ 足够大, 原始网络就是不连通的; 当 $\gamma \to 2$ 时, q_c 的下降是因为仅有少数节点度值较高, 这些节点对整个

网络连通性的维持起着重要的作用。对于无限系统, q_c 趋向于 0。临界点 q_c 对于度的下截断值 m 相当敏感。对于较大的 m, 网络的鲁棒性会变得更强, 尽管对于有限的网络, $q_c < 1$ 意味着网络仍会经历相变。

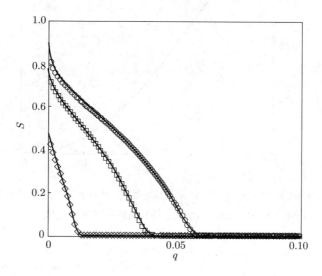

图 6.6　无标度网络巨分支的相对大小 S 随删除节点比例 q 的变化。图中圆圈代表 $\gamma = 2.5$ 的结果, 方块代表 $\gamma = 2.8$ 的结果, 菱形代表 $\gamma = 3.3$ 的结果。符号后面的实线为生成函数方法给出的理论结果。所有结果都在 $N = 500\ 000$ 和 $m = 1$ 的情况下得到。该图取自文献 [14]

　　图 6.7 展示了无标度网络的渗流相变点 q_c 和 r 之间的关系, 可以看到理论和数值模拟的结果符合的比较好, 而且网络的阈值都比较小, 这些结果说明无标度网络在蓄意攻击的情况下, 鲁棒性是比较差的, 参照示意图 6.8。这一结果对于如何设计网络以对抗攻击来避免较大规模的失效具有启发意义 [24]。

　　由于蓄意攻击导致网络的最大度会出现有限的截断, 而且这一截断值的大小并不依赖于系统的规模, 这就会导致公式 (6.32) 的求和项中的每一项都是有限的, 因此在蓄意攻击的情况下, 网络序参量的临界指数 $\beta = 1$。

网络渗流

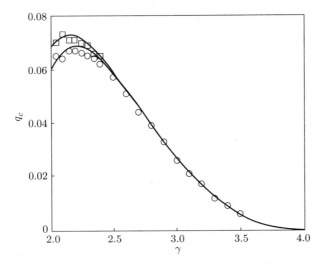

图 6.7　无标度网络的渗流相变点 q_c 和 γ 之间的关系。图中圆圈代表的网络规模为 500 000 的结果, 方块代表网络规模为 64 000 的结果。符号后面的实线为生成函数方法给出的理论结果。该图取自文献 [14]

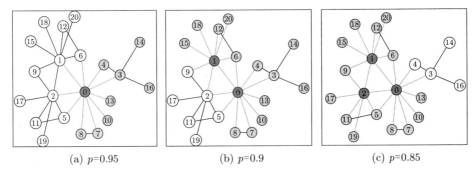

(a) $p=0.95$　　　　　(b) $p=0.9$　　　　　(c) $p=0.85$

图 6.8　无标度网络在蓄意攻击下破碎的示意图。深灰色为受攻击节点, 浅灰色为脱离网络最大连通分支的节点, 白色为最大连通分支中的节点。从图中可以看出, 由于度值较大的节点最先被删除, 网络的最大连通分支很快就遭到了破坏

6.4　局域攻击

　　前文介绍了复杂网络攻击中最常见的攻击形式, 即随机攻击和蓄意攻击。然

而在现实中, 有些攻击既不是蓄意攻击也不是随机攻击, 而是局域攻击。例如, 地震、洪水等自然灾害或者军事打击对一些基础设施造成的损害往往是局域的, 计算机网络的病毒对于节点的损害也往往是以少数根节点为源头的 [25]。这种攻击形式在日常生活中也很常见, 然而最近才在文献 [25] 中被提出。本节所介绍的网络都是无封闭环的树形结构网络。局域攻击的步骤如下: 第一, 将网络分层, 在给定网络中, 选择一个随机节点为根节点, 它的邻居定义为 $l = 1$ 层节点, 邻居的其余邻居定义为 $l = 2$ 层节点, 依次类推, 直至将网络中所有节点分层。第二, 将根节点以及所属层级编号较小的节点删除, 直至删除节点的比例达到 $1 - p$。局域攻击示意图如图 6.9 所示。

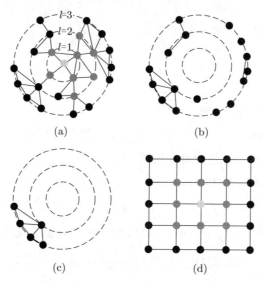

图 6.9 局域攻击示意图。(a) 网络的分层, 以及由根节点 (浅灰色节点) 出发所选择的初始攻击节点选择 (深灰色节点); (b) 移除初始攻击节点后的剩余节点; (c) 移除初始攻击节点后的功能节点, 即最大连通分支; (d) 规则网格的局域攻击示意图。该图取自文献 [25]

根据渗流理论, 初始攻击后保留节点中属于网络巨分支的部分被视为功能节点, 而其他节点被认为是失效节点。本节所研究的问题也就是, 在局域攻击策略下, 删除比例为 $1 - p$ 的节点后, 功能节点的比例与初始保留节点比例 p 的关系。对于一个规则网格, 当网络规模趋向于无穷大的时候, 渗流相变的临界点 $p_c = 0$, 即所有节点被攻击的时候网络才能发生崩溃。本节将对广义随机网络的渗流阈值进行分析。在局域攻击删除 $1 - p$ 的节点后, 保留节点所形成的网络的度分布的

生成函数为

$$G_0^p(x) = \frac{1}{G_0(f)} G_0\left[f + \frac{G_0'(f)}{G_0'(1)}(x-1)\right], \tag{6.46}$$

式中 $f \equiv G_0^{-1}(p)$。通过该生成函数可以求出渗流相变的临界点 p_c，以及在 $p > p_c$ 的时候，巨分支的相对规模 S。由公式 (6.10) 和公式 (6.11) 可知，网络分支结构的规模分布满足自洽方程 $H_0^p(x) = xG_0^p(H_1^p(x))$，而 $H_1^p(x)$ 满足自洽方程 $H_1^p(x) = xG_1^p(H_1^p(x))$，$G_1^p(x) = G_0'^p(x)/G_0'^p(1)$。通过合并方程 (6.46) 和网络的临界判据 $G_1'^p(1) = 1$，可知 p_c 满足方程

$$G_0''(G_0^{-1}(p_c)) = G_0'(1), \tag{6.47}$$

巨分支的相对大小 $S(p)$ 满足方程

$$S(p) = p(1 - G_0^p(H_1^p(1))), \tag{6.48}$$

其中，$H_1^p(1)$ 满足方程 $H_1^p(1) = G_0^p(H_1^p(1))$。

应用上述数学框架，可以研究 3 种复杂网络在局域攻击下的渗流行为：ER 随机网络、无标度网络及规则随机网络，并比较这些结果与随机攻击的不同。对于一个平均度为 $\langle k \rangle$ 的随机网络，$P(k) = e^{-\langle k \rangle}\langle k \rangle^k/k!$，对应的生成函数 $G_0(x) = G_1(x) = e^{\langle k \rangle(x-1)}$，通过公式 (6.46) 可以得到 $G_0^p(x) = e^{p\langle k \rangle(x-1)}$，该生成函数完全等价于网络在遭受随机攻击后的生成函数。因此，对于随机网络，局域攻击的效果与随机攻击完全相同，因此渗流相变的临界点 $p_c = \frac{1}{\langle k \rangle}$，巨分支的相对大小满足方程 $S(p) = p(1 - e^{\langle k \rangle S(p)})$，如图 6.10(a) 所示。

对于规则随机网络，其度分布的生成函数 $G_0(x) = x^{k_0}$，依据公式 (6.47)，可以得到渗流相变的临界点

$$p_c = (k_0 - 1)^{-\frac{k_0}{k_0-2}}. \tag{6.49}$$

在随机攻击的情况下，规则随机网络的渗流相变的临界点为 $p_c = (k_0 - 1)^{-1}$。因此，对于 $k_0 > 2$，局域攻击的渗流相变点始终比随机攻击的渗流相变点小，也就是说，规则随机网络在局域攻击下的鲁棒性比随机攻击下的鲁棒性要好一些，如图 6.10(b) 所示。但是在 $k_0 \gg 1$ 的情况下，二者的渗流相变点趋于一致，也就是说二者的鲁棒性会趋于相同。在 $k_0 \to 2$ 的情况下，网络发生渗流相变的临界点

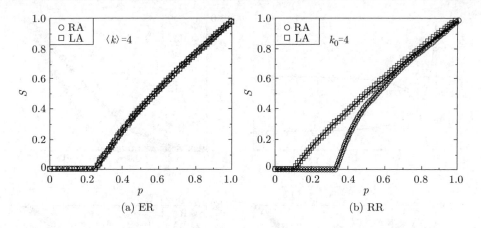

图 6.10　(a) 随机网络和 (b) 规则随机网络的巨分支大小随 p 的变化。图中圆圈代表随机攻击的结果，方块代表局域攻击的结果，符号后面的实线为生成函数方法给出的理论结果。该图取自文献 [25]

趋向于 e^{-2}。而在 $k_0 \to \infty$ 的情况下，$p_c \to 0$。因此，对于 $k_0 > 2$ 的情况，规则随机网络的渗流相变点始终处于 $(0, \mathrm{e}^{-2})$ 之间。根据公式 (6.48)，巨分支的相对大小满足方程

$$(p - S(p))^{\frac{1}{k_0}} - p^{\frac{1}{k_0}} = (p - S(p))^{\frac{k_0-1}{k_0}} - p^{\frac{k_0-1}{k_0}}. \tag{6.50}$$

对于无标度网络，度分布服从 $P(k) \sim k^{-\gamma}$（其中 $m < k < K$），在渗流相变发生的临界点对应的巨分支大小同样可以通过上述数学方法数值计算得到。通过比较可知，度的异质性对于局域攻击下无标度网络的鲁棒性产生了非常明显的影响。在随机攻击的情况下，无标度网络渗流相变的临界点 p_c 以及巨分支的相对大小 S 依赖度分布的幂指数 γ。通过比较发现，存在一个临界幂指数 γ_c，当幂指数小于 γ_c 的时候，局域攻击下的无标度网络比随机攻击的损毁更为严重。而当幂指数大于 γ_c 的时候，随机攻击下的无标度网络比局域攻击的损毁更为严重，如图 6.11 所示。γ_c 的具体数值依赖于最小度 m、最大度 K 以及平均度 $\langle k \rangle$。

网络鲁棒性对幂指数 γ 的依赖性的一个直观的解释是，局域攻击带来了两方面的效应：一方面，度值较高的节点更容易连接在根节点或层次较高的节点上，因此度值较大的节点被攻击的概率较高，这加速了无标度网络的破碎；另一方面，只有受攻击孔洞边缘上的节点才能连接到剩余的网络，而这些孔洞周边的节点往往又是剩余节点中度值大的节点，因此这些度值较大的节点有利于将孔洞周边的

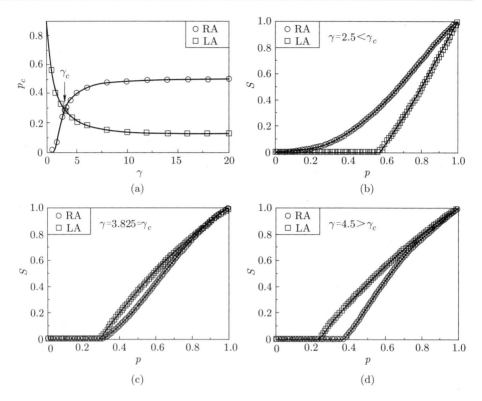

图 6.11 (a) 无标度网络的临界占据概率 p_c 和幂指数 γ 的关系图和 (b)~(d) 巨分支大小随 p 的变化。图中圆圈代表随机攻击的结果,方块代表局域攻击的结果,符号后面的实线为生成函数方法给出的理论结果。该图取自文献 [25]

碎片连接起来。局域攻击的总体影响是这两种效应之间的竞争的结果。随着 γ 增加,无标度网络变得越来越不均匀,第一个效应变得越来越弱,网络的鲁棒性就变得越来越强。分析表明,对于 ER 网络,这两种效应总是相互补偿,局域攻击和随机攻击的效果相同;对于 RR 网络,网络中所有节点的度数是完全相同的,因此只有第二个效应存在,这就解释了为什么规则随机网络对抗局域攻击比对抗随机攻击表现出的鲁棒性更强。

本节介绍了一个用于研究局域攻击对具有任意度分布的复杂网络渗流的数学框架。使用生成函数方法,该方法能够精确地解决局域攻击下随机网络的渗流特性。研究结果表明,局域攻击和随机攻击对 ER 随机网络的影响是完全相同的。虽然 RR 规则随机网络对抗局域攻击比对抗随机攻击表现出的鲁棒性更强,但无标度网络的鲁棒性取决于度分布的异质性。当幂指数小于 γ_c 的时候, 与随机攻击相比, 无标度网络在局域攻击下表现得更为脆弱。当幂指数大于 γ_c 的时候, 情况则恰恰相反。本节的结果可以深入了解复杂系统的鲁棒性, 为高鲁棒性基础设施的设计提供一定的理论参考。自从局域攻击形式提出以后, 人们研究了一些真实的复杂网络和复杂系统在蓄意攻击下的鲁棒性和级联失效动力学, 如航空网络 [26]、空间嵌入网络 [27] 及多层网络 [28, 29]。与随机攻击和蓄意攻击一样, 局域攻击已经成为一种用于研究网络鲁棒性的重要的攻击方式 [30, 31]。

6.5　小结

本章介绍了广义随机网络, 包含 ER 随机网络和无标度网络, 在几种攻击方式下的鲁棒性, 如随机攻击、蓄意攻击和局域攻击。对于随机攻击, 可以将网络节点的随机移除和渗流模型对应起来, 利用概率生成函数或分支过程的方法求出网络渗流的临界判据, 即 $p_c = 1/(\kappa - 1)$, 其中 $\kappa = \langle k^2 \rangle / \langle k \rangle$ 描述了网络异质性的强弱。在分析无标度网络在蓄意攻击下的鲁棒性时, 网络的临界渗流判据仍然非常有用, 而且网络的异质性 κ 在无标度网络的鲁棒性与脆弱性并存的性质中起了极为重要的作用。本章的结果再次证明, 网络异质性 κ 不但在传播过程中扮演着十分重要的角色, 而且对于网络的鲁棒性起到了十分关键的作用。

另外, 本章还介绍了生成函数方法在求解小世界网络渗流模型中的应用, 由于随机连接的引入会导致小世界网络鲁棒性提高, 当小世界网络基底晶格的每个碎片平均有一条边的时候渗流就会发生, 这一点可以和随机网络的每个节点至少平均有一条边的时候发生渗流相变类似。

最后, 局域攻击也是复杂网络中非常常见的一种攻击方式。非常有意思的是, 局域攻击带来了两种效应, 首先, 局域攻击会导致度值较大的节点更容易被选中为攻击的目标, 这会导致网络破碎加速; 另外度值较大的节点更容易出现在被攻击空洞的边缘, 使网络残存的分支能够连接起来。在这两种效应的互相制约下, 无标度网络和规则随机网络在受到局域攻击的时候表现出了与遭受随机攻击迥然不同的性质。

参考文献

[1] Albert R, Barabási A L. Statistical mechanics of complex networks [J]. Rev. Mod. Phys., 2002, 74(1): 47–97.

[2] Dorogovtsev S. Lectures on Complex Networks [M]. Oxford: Oxford University Press, 2010.

[3] Moura A P S, Lai Y C, Motter A E. Signatures of small-world and scale-free properties of large computer programs [J]. Phys. Rev. E, 2003, 68: 017102.

[4] Faloutsos M, Faloutsos P, Faloutsos C. On power-law relationships of the Internet topology [J]. ACM SIGCOMM Comput. Commun. Rev., 1999, 29: 251–262.

[5] Newman M E J. The structure and function of complex networks [J]. SIAM Rev., 2003, 45(2): 167–256.

[6] Boccaletti S, Latora V, Moreno Y, et al. Complex networks: Structure and dynamics [J]. Phys. Rep., 2006, 424(4): 175–308.

[7] Barrat A, Barthélemy M, Vespignani A. Dynamical Processes on Complex Networks [M]. Cambridge: Cambridge University Press, 2008.

[8] Broadbent S R, Hammersly J M. Percolation processes [J]. Proc. Camb. Phil. Soc., 1957, 53(3): 629–641.

[9] Kirkpatrick S. Percolation and conduction [J]. Rev. Mod. Phys., 1973, 45(4): 574–588.

[10] Albert R, Hawoong J, Barabási A L. Error and attack tolerance of complex networks [J]. Nature, 2000, 40(6794): 378–382.

[11] Stauffer D, Aharony A. Introduction to Percolation Theory [M]. London: Tailor & Francis Press, 1992.

[12] Callaway D S, Newman M E J, Strogatz S H, et al. Network robustness and fragility: Percolation on random graphs [J]. Phys. Rev. Lett., 2000, 85: 5468–5471.

[13] Cohen R, Erez K, Avraham D, et al. Resilience of the Internet to random breakdowns [J]. Phys. Rev. Lett., 2000, 85: 4626–4629.

[14] Cohen R, Erez K, Avraham D, et al. Breakdown of the Internet under intentional

attack [J]. Phys. Rev. Lett., 2001, 86: 3682–3685.

[15] Newman M E J, Jensen I, Ziff R M. Percolation and epidemics in a two-dimensional small-world [J]. Phys. Rev. E, 2002, 65: 021904.

[16] Cohen R, Havlin S. Complex Networks: Structure, Robustness and Function[M]. Cambridge: Cambridge University Press, 2010.

[17] Paul G, Sreenivasan S, Stanley H E. Resilience of complex networks to random breakdown [J]. Phys. Rev. E, 2005, 72: 056130.

[18] Newman M E J. Spread of epidemic disease on networks [J]. Phys. Rev. E, 2002, 66: 016128.

[19] Molloy M, Reed B. A critical point for random graphs with a given degree sequence [J]. Algorithms, 1995, 6(2): 161–180.

[20] Cohen R, Avraham D, Havlin S. Percolation critical exponents in scale-free networks [J]. Phys. Rev. E, 2002, 66: 036113.

[21] Pastor-Satorras R, Vespignani A. Epidemic dynamics and endemic states in complex networks [J]. Phys. Rev. E, 2001, 63: 066117.

[22] Barabási A L, Albert R. Emergence of scaling in random networks [J]. Science, 1999, 286: 509–512.

[23] Zhao L, Park K, Lai Y C. Attack vulnerability of scale-free networks due to cascading breakdown [J]. Phys. Rev.E, 2004, 70: 035101(R).

[24] Zhao L, Park K, Lai Y C, et al. Tolerance of scale-free networks against attack-induced cascades [J]. Phys. Rev.E, 2005, 72: 025104(R).

[25] Shao S, Huang X, Stanley H E, et al. Percolation of localized attack on complex networks [J]. New J. Phys., 2015, 17(2): 023049.

[26] Clark K L, Bhatia U, Kodra E A, et al. Resilience of the U S national airspace system airport network [J]. IEEE Transactions on Intelligent Transportation Systems, 2018, 19(12): 3785–3794.

[27] Dong Z, Tian M, Fang Y. Impact of local coupling on the vulnerability of 2D spatially embedded interdependent networks [J]. Physics Letters A, 2018, 382(36): 2544–2550.

[28] Vaknin D, Danziger M M, Havlin S. Spreading of localized attacks in spatial multiplex networks [J]. New Journal of Physics, 2017, 19(7): 073037.

[29] Dong G, Xiao H, Wang F, et al. Localized attack on networks with clustering [J].

网
络
渗
流

New Journal of Physics, 2019, 21(1): 013014.

[30] Yuan X, Shao S, Stanley H E, et al. How breadth of degree distribution influences network robustness: Comparing localized and random attacks [J]. Phys. Rev. E, 2015, 92(3): 032122.

[31] Yuan X, Dai Y, Stanley H E, et al. k-Core percolation on complex networks: Comparing random, localized, and targeted attacks [J]. Phys. Rev. E, 2016, 93: 062302.

第7章 依赖渗流与网络上的传播过程

复杂网络上的经典渗流研究了网络在删除部分节点后的连通性 [1], 而并没有考虑网络节点之间的关联, 即一个节点失效仅仅会导致其自身的连接完全删除, 它所产生的影响仅局限于通过它连接到网络巨分支的节点, 而不会对与之相连的节点产生其他不利影响。如前文所述, 通过调节初始保留节点的概率, 网络从连通状态 (有序) 到破碎状态 (无序) 存在连续的渗流相变。在一些现实的复杂系统中, 一个节点的失效会对其邻居产生直接的冲击, 即一个节点失效会引起与其存在关联的其他节点失效, 从而诱发一系列的级联失效过程。除了基础设施中的级联失效之外, 节点状态的传播和扩散在其他一些复杂系统中也广泛存在, 例如少数时尚达人引发的时尚潮流, 少数意见领袖引发的公众社会舆论, 少数商业精英引领的规范创新的传播 [2]。在本章中, 我们将网络节点的状态依赖于邻居或者其他节点的动力学过程称为依赖渗流。很显然, 对于节点之间存在依赖机制的网络, 其抗拒初始攻击的鲁棒性会变得更差, 很容易由少数节点的失效而诱发全局的失效。在本章中我们将通过几个经典的实例模型来探讨依赖渗流与网络上的级联传播过程。

根据网络节点之间的依赖形式和耦合机制，依赖渗流存在多种多样的形式，例如 Watts 的阈值模型 [2]、谣言传播模型 [3] 和意见动力学模型 [4]。在经典渗流中，网络发生破碎相变的形式通常是二阶连续相变。而对于依赖渗流，由于节点之间的耦合会导致失效能够在网络中扩散和蔓延，从而降低网络的鲁棒性，为网络巨分支出现突然性崩塌提供了一定的可能性。对于阈值模型，节点的状态是不可逆的，少数节点状态的改变可能会诱发大规模节点的状态改变，存在着一阶相变的可能性。而对于谣言传播模型 [3] 和意见动力学模型 [4]，节点的状态在传播过程中是可逆的，其相变形式往往是连续的二阶相变。

7.1　阈值模型

7.1.1　模型的定义和生成函数方法

阈值模型是最早用来描述复杂网络上的级联失效过程的模型之一，最初由 Duncan J. Watts 提出 [2]。该模型根据一个简单的阈值规则，描述了网络中节点之间状态的级联传播机制。在该模型中，可将级联过程产生的结果分为全局和局部两种，分别对应于初始节点状态的改变是否能够最终扩展到网络全局。以渗流的观点来看，全局级联对应于初始状态能够通过传播而形成无限大的连通分支，而局部级联则对应于初始状态的改变仅能传播到有限数量的节点，形成一个有限规模的连通分支。

通过对稀疏随机网络上级联传播过程的研究，人们发现全局级联发生在网络连通性适中的区域，在阈值模型的参数空间内所占据的区域较小，而局部级联处于网络连通较好和较差的区域，在参数空间内所占的空间较大。在降低网络连通性的时候，级联传播会因受到网络连通性的限制从全局级联转变为局部级联，而增大网络连通性的时候, 也会因网络节点稳定性的增加导致级联传播从全局级联转变为局部级联。当级联传播受到网络连通性的限制时, 可以观察到级联规模满足幂律分布, 类似于经典渗流理论中的分支尺寸分布和自组织临界模型中的雪崩规模分布。但是, 当网络连通性较好的时候, 级联传播受限于节点本身的局部稳定性, 此时级联的尺寸分布是双峰的, 这意味着系统中出现了更难以预料和更为极端的不稳定性。在全局失效区域, 当网络的度分布的偏度较高时, 较多的节点的度值比平均度大, 这些度值较高的节点比中等度值的节点更容易诱发级联失效。而在非全局失效区域, 这一情况却不存在。

同时, 在阈值模型中节点的异质性在决定系统稳定性方面起着双重的作用: 增大节点阈值的异质性会导致系统更容易出现全局失效, 但是增大度分布的异质性反而使网络的鲁棒性增强。

阈值模型采用非常简单的二元决策规则, 每个个体在决策过程中可能采用 0 或者 1 两种决策。在每个时间步, 决策个体同时观察他的 k 个邻居所处的状态。如果他的邻居中采用 1 决策的个体数的比例大于等于阈值 ϕ, 则该个体采用 1 的决策, 否则采用 0 的决策。由于不同的个体具有不同的交际能力、选择偏好、认知背景和观察能力, 在该模型中, 不但允许节点具有不同的度值 k, 而且允许个体具有不同的阈值 ϕ。过去的研究往往将不同节点的阈值 ϕ 赋予 $[0,1]$ 之间的随机数值, 使之满足某个概率分布 $f(\phi)$, 其中 $\int f(\phi)\mathrm{d}\phi = 1$。文献 [2] 中的阈值模型是一个具有 N 个节点的网络, 节点的度值分布满足 p_k, 节点的平均度为 $\langle k \rangle = z$。在初始状态每个节点处于非激活状态, 即为 0; 在系统开始演化的第一个时间步, 挑选一小部分随机节点 $\Phi_0(\Phi_0 \ll 1)$ 将其激活, 即状态设为 1; 之后整个系统以非同步随机更新的方式开始演化。该模型与一些社会演化动力模型有相似之处, 例如非合作博弈、接触传播、意见传播和电力网络的级联失效等模型, 也与统计物理中的靴襻渗流、随机场伊辛模型和自组织临界等模型存在一些类似之处。阈值模型与上述模型的相同点就是把握住了节点之间的局域相互作用, 但是也存在差异, 例如分数阈值和节点阈值的异质性, 这是 Watts 阈值模型的特殊性。

文献 [2] 考虑了一个非常大的网络, 网络的平均度满足 $z < c \ln N$, 初始被激活的节点比例 $\Phi_0 \ll 1$。由于初始被激活的节点非常少, 根据网络树形假设, 在开始的时候, 几乎每个节点被激活的邻居数量不会超过一个。在这种情况下, 被激

活的节点能够将自身状态传播到它的邻居的前提是该邻居的阈值 $\phi \leqslant 1/k$, 或者该邻居的度值 $k \leqslant 1/\phi$。满足这一条件的节点称为非稳定节点, 或者脆弱节点。在初始被激活的节点数量非常小的时候, 如果这些脆弱节点都是连在一起的, 其中一个节点被激活, 那么这个由脆弱节点形成的连通分支中的节点都会被激活, 而这个连通分支之外的节点由于受到稳定节点的阻隔而不会受到影响。如果所有这些脆弱节点形成的连通分支都非常小, 也就是脆弱节点不能形成无限大的渗流分支, 那么出现全局级联的可能性就比较小。如果脆弱节点能够形成较大的连通分支, 系统出现全局级联的可能性就比较大。因此, 判断模型在网络中是否能够出现全局级联, 就是判断脆弱节点能否形成无限大的渗流分支。

这里, 出现无限大的渗流巨分支的条件被称为级联条件。根据以上分析, 我们知道阈值模型可以和渗流过程对应起来, 因此模型中动态的级联过程可以转变为一个静态的渗流模型。全局级联条件的求解同样可借助生成函数方法。首先定义一个节点度值为 k 的概率 p_k, 然后定义一个度 k 节点为脆弱节点的概率 ρ_k。在给定 k 值的情况下, ρ_k 的分布由阈值 ϕ 的分布决定, 即 $\rho_k = P[\phi \leqslant 1/k]$。由于度分布和阈值分布互相独立, 一个节点的度值为 k 并且是脆弱节点的联合概率分布为 $p_k \rho_k$, 因此一个随机节点度值为 k 并且是脆弱节点的概率生成函数为

$$G_0(x) = \sum_k p_k \rho_k x^k, \tag{7.1}$$

其中

$$\rho_k = \begin{cases} 1, & k = 0, \\ F(1/k), & k > 0. \end{cases} \tag{7.2}$$

并且, $F(\phi) = \int_0^\phi f(\varphi)\mathrm{d}\varphi$。当 $x = 1$ 的时候, 生成函数的第 k 项表示一个节点的度值为 k 同时该节点为脆弱节点的概率。阈值模型中两个重要的量都可以由 (7.1) 式给出, 第一是脆弱节点的比例, $P(v) = G_0(1)$; 第二是脆弱节点的平均度, $z_v = G_0'(1)$。由于我们关心的是脆弱节点能否形成渗流巨分支, 因此也需要一条随机边在到达一个脆弱节点后的余度的概率分布情况。引入生成函数

$$G_1(x) = \sum_k \frac{kp_k \rho_k x^{k-1}}{z}. \tag{7.3}$$

类似地, 一个随机节点所属脆弱分支大小分布的概率生成函数

$$H_0(x) = \sum_n q_n x^n, \tag{7.4}$$

以及一个随机节点的邻居 (或称一条随机边的一段所到达的节点) 所属脆弱分支大小分布的概率生成函数

$$H_1(x) = \sum_n r_n x^n, \tag{7.5}$$

其中, q_n 为一个随机节点属于规模为 n 的分支的概率, r_n 表示一个随机节点的邻居所属分支大小为 n 的概率。

　　一个随机节点所属分支的大小可以分解为它的每个邻居所属分支大小之和加 1, 因此一个节点所属分支大小的概率分布可以表示为它的邻居所属分支大小的联合概率分布。因此, 概率生成函数 $H_1(x)$ 满足自洽方程

$$H_1(x) = [1 - G_1(1)] + xG_1(H_1(x)). \tag{7.6}$$

方程 (7.6) 右边第一项表示所挑选节点的邻居不是脆弱节点的概率 (即所属脆弱分支的规模 $n = 0$), 第二项表示该邻居所属的脆弱分支规模分布, 或称一条随机边能够连接到的脆弱分支的规模分布。类似地, $H_0(x)$ 满足自洽方程

$$H_0(x) = [1 - G_0(1)] + xG_0(H_1(x)). \tag{7.7}$$

方程 (7.7) 右边第一项表示所挑选的节点不是脆弱节点的概率, 第二项表示所挑选的节点是脆弱节点, 它所在的脆弱分支规模的概率分布。因此 $H_0(x)$ 可以生成所有脆弱分支规模的概率分布, 也可以根据 $H_0(x)$ 求出网络中脆弱分支的平均规模, 由于平均分支规模在临界点附近发散, 可以得到

$$\langle n \rangle = G_0(1) + (G_0'(1))^2/(z - G_0''(1)) = P + z_v^2/(z - G_0''(1)), \tag{7.8}$$

因此, 方程 (7.8) 在 $z = G_0''(1)$ 的时候发散,

$$z = G_0''(1) = \sum_k k(k-1)\rho_k p_k. \tag{7.9}$$

　　方程 (7.9) 称为级联发生条件。当 $G_0''(1) < z$ 的时候, 网络中的所有脆弱分支都非常小, 少数最初的被激活者分散在非常少数的脆弱分支之中, 因此也只能传

播到非常小的范围内, 不能形成大规模的级联过程。而在 $G_0''(1) > z$ 的时候, 网络中的脆弱节点可以形成渗流无限分支, 因此一些小规模的激活节点即可引发大规模的级联过程。由于方程 (7.9) 区分了两个不同的区域, 或称为相, 因此被称为相变。由于方程 (7.9) 的 $k(k-1)$ 项随 k 的增大而增大, 而 ρ_k 却随着 k 的增大而单调下降, 因此它可能存在两个解, 也就可能存在两次相变; 但它的解也可能不存在。这与单个网络的渗流相变不同, 即网络的连通巨分支随着 z 的增加存在单次的相变。

根据级联发生条件 (7.9), 人们可以研究任意度分布 p_k 和任意阈值分布 $f(\phi)$ 的树形网络上的级联效应。考虑随机网络在均匀阈值分布情况下的级联过程, 此时网络的度分布满足泊松分布, $p_k = \mathrm{e}^{-\langle k \rangle} \langle k \rangle^k / k!$, 阈值分布满足 $f(\phi) = \delta(\phi - \phi_*)$, 这种情况下级联发生条件 (7.9) 可以简化为 $zQ(K_* - 1, z) = 1$, 其中 $K_* = \lfloor 1/\phi_* \rfloor$, $Q(a, x)$ 为不完全伽马分布函数 (incomplete gamma function)。图 7.1 展示了阈值模型在 (ϕ_*, z) 平面上全局级联和非全局级联的边界的数值模拟和理论结果。由于数值模拟结果来自于有限大的网络, 因此与理论存在误差, 但是二者非常接近。

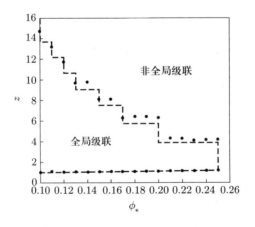

图 7.1 阈值模型全局级联失效发生的参数边界数值模拟和理论结果。虚线所包围 (ϕ_*, z) 区域表示随机网络在均匀阈值 $\phi = \phi_*$ 下由级联条件方程 (7.9) 给出的结果, 实心圆点表示在网络规模 $N = 10\,000$ 的情形下, 相同参数设置的网络数值模拟的结果。该图取自文献 [2]

生成函数方法假定在级联过程中只能激活脆弱节点, 然而在临界点以上, 当全局失效发生时会有大量的节点被激活, 一些稳定节点周围就会有多于 1 个激活节点从而被激活, 此时脆弱分支的大小 S_v 不等于激活节点的规模, 这是方程

(7.7) 只适用于渗流临界点之下的原因, 因此方程 (7.8) 只能用于确定级联窗口的边界。

相变点之上或者相变点之下的 S_v, 可以通过排除无限分支的概率生成函数 $H_0(1)$ 来求解, 即在求和项 $\sum_n q_n x^n$ 中排除渗流分支的大小。根据方程 (7.5), 可以得到 $S_v = 1 - H_0(1) = P - G_0(H_1(1))$。在级联窗口的外面, 方程 (7.5) 的唯一解为 $H_1(1) = 1$, 由此可以得到 $S_v = 0$; 在级联窗口的内部, 由于渗流脆弱分支的存在, 方程 (7.5) 存在另一个和非零 S_v 相对应的解。在随机度分布和相同阈值的情况下, 可以得到 $S_v = Q(K_* + 1, z) - \mathrm{e}^{z(H_1-1)}Q(K_* + 1, zH_1)$, 其中 H_1 满足 $H_1 = 1 - Q(K_*, z) + \mathrm{e}^{z(H_1-1)}Q(K_*, zH_1)$, 在 $K_* \to \infty$ 或者 $\phi_* \to 0$ 时, H_1 方程退化为随机网络巨分支所满足的方程 $S = 1 - \mathrm{e}^{-zS}$。模型图 7.2 比较了随机网络的渗流巨分支 S 和阈值模型脆弱巨分支 S_v 的大小。

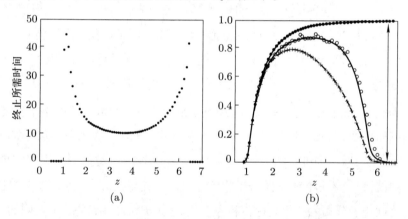

(a)　　　　　　(b)

图 7.2　级连过程终止所需时间和随机网络的渗流巨分支 S 与阈值模型脆弱的巨分支 S_v 的比较。(a) 展示了级联过程终止所需时间在级联窗口的下边界和上边界均发散, 表明系统存在两个相变; (b) 展示了网络分支结构的特性与全局级联特性之间的比较, 数值模拟中的全局级联频率 (空心圆圈) 与扩展脆弱分支 (实线) 的相对大小近似相同, 脆弱分支大小的精确解 (长虚线) 和 1000 次模拟的平均结果 (十字符号) 仅在相变点以上部分受到网络规模的影响, 在其余任何地方都一致, 全局级联的平均规模 (实心圆) 与最大连通分支精确解 (短线) 的比较。该图取自文献 [2]

全局级联能够发生的频率与脆弱分支的大小有关: S_v 越大, 随机选择的初始激活节点越容易出现在脆弱分支中。如果 S_v 不是渗流分支, 那么全局级联就不可能发生。图 7.2(b) 较为清楚地说明了这一问题, 同时也清楚地展示了在级联窗

网络渗流

口内, 脆弱分支的规模 S_v 会显著小于全局级联的可能性。原因在于单个节点的状态只取决于它局域依赖的个体的状态, 因此即使是稳定的节点, 尽管它们在全局级联的初始阶段不能被激活, 但只要它们直接与易受攻击的分支相邻, 在级联的后期仍然能够被激活。因此, 全局级联发生的真实概率取决于扩展脆弱分支 S_e 的大小, 它由脆弱分支本身以及与之相邻的稳定节点组成。用理论方法难以精确地解出 S_e 但是数值确定相对简单, 如图 7.2(b) 所示, S_e 的平均值与全局级联频率符合得也相当好。

全局级联的平均大小不受脆弱分支大小 S_v 或 S_e 的影响, 而是受整个网络连通性 S 的影响, 这是一个令人惊讶的结果, 原因还不完全清楚, 但尝试解释如下: 如果全局级联由处于扩展脆弱分支中的小部分节点触发, 被激活的节点就会扩散到整个脆弱分支, 对于无限大的网络, 这些被激活的节点也能够占据网络有限的一小部分。在这种情况下, 处于非激活状态的节点可以有多个处于激活状态的邻居, 因此最初稳定的节点也可以被激活, 使得级联不仅仅局限于脆弱分支, 而是可能会扩散到网络的整个连通分支。渗流脆弱分支被激活将足以激活它所在的整个连通分支, 即使渗流脆弱分支只是它所在的网络连通分支的一小部分。

从图 7.1 和图 7.2 可以看出, 全局级联是否能够发生取决于网络平均度的上限和下限, 在图中分别对应于较小和较大相变点。如图 7.3 所示, 级联窗口下边界处 (空心方块) 的级联发生规模的累积分布遵循幂律, 类似于自组织临界性模型中的雪崩分布或标准渗流模型中临界点处的分支规模分布。通过图 7.3 也可以发现, 级联规模分布的斜率与渗流模型分支规模分布的斜率是完全相同的, 均为 $3/2$。这是因为根据方程 (7.9), 当 $z = 1$ 时大多数节点满足脆弱性条件, 所以级联的传播主要受网络的连通性约束。

在网络平均度的上限时, 级联的传播不受网络连通性的限制, 而是受节点局部稳定性的限制。这时, 大多数节点都有非常多的邻居, 它们不会被一个邻居的扰动而轻易发生状态的改变。小比例种子节点的扰动很快会遇到稳定的节点, 因此大多数级联在经历很少步数的迭代之后就消失了, 大规模的级联几乎不可能发生。即便是网络的脆弱渗流分支仍然存在, 全局级联仍然很难被触发。在这种情况下, 网络的高连通性导致网络的脆弱分支非常大, 通常比在较低连通性时候大得多, 这导致了级联尺寸的分布是双峰而不是幂律, 见图 7.3 中实心圆圈。因此当网络的连通性由低到高变化时, 全局级联的规模在变大, 但发生频率会越来越低, 直到完全消失。脆弱渗流分支的存在意味着全局级联尺寸是不连续 (即一阶) 相变。图 7.3 显示在 10 000 次随机试验中只会出现一次全局级联。这说明在网络平均度上限的时候, 全局级联发生的概率很低, 所以此时的系统是高度稳定的, 在产生大规模的全局级联反应之前, 对许多最初的冲击只出现很小规模的级联。

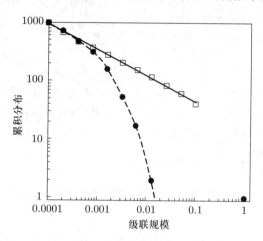

图 7.3   在下限临界点和上限临界点处级联规模的累积分布。其中 $N = 10\ 000$, 下限临界点 $z = 1.05$(空心方块) 和上限临界点 $z = 6.14$ (实心圆圈) 的实验结果。显示了下限临界点的级联规模分布是幂律分布, 斜率为 3/2(累积分布的斜率为 1/2)。相比之下, 在上限临界点处级联规模的分布是双峰的, 在较小的级联规模处具有指数尾部, 第二个峰值对应于单个全局级联。在上限以上, 全局级联消失, 不同规模的级联发生的频率对于规模以指数衰减。该图取自文献 [2]

图 7.4(a) 展示了均匀阈值分布 (实线) 所产生的级联窗口, 以及由相同的生成函数方法推导出的正态分布的阈值分布 $f(\phi)$ 的两个级联窗口, 其标准差分别为 $\sigma = 0.05$ 和 $\sigma = 0.1$。很明显, 增加阈值的不均匀性会导致系统变得不稳定, 会在更大的参数范围内产生全局级联。图 7.4(b) 展示了度分布异质性对级联窗口的影响, 其阈值分布是固定的, 即所有节点具有相同的阈值, 但度分布 p_k 由 $Ck^{-\tau}e^{-k/\kappa}$ 给出, 其中 C, τ 和 κ 是可以调整的参数, 使得能够保持 $\langle k \rangle = z$。

从图 7.4(b) 可以发现, 与度分布为泊松分布的随机网络相比, 具有幂律度分布的广义随机网络往往不容易受到随机冲击的影响, 全局级联区域比随机网络小。阈值分布的异质性和网络度分布的异质性对于模型的作用机理是不同的: 由于阈值较低的原因所形成的脆弱节点仍然可以很好地连接到网络, 成为理想的早

网络渗流

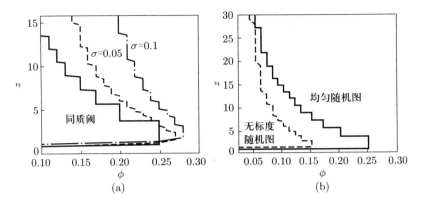

图 7.4　异质度分布网络的阈值模型的级联窗口。(a) 虚线表示均匀随机网络的级联窗口, 节点阈值均值为 ϕ, 标准差分别为 $\sigma = 0.05$ 和 $\sigma = 0.1$; (b) 虚线表示无标度网络的级联窗口, 度分布为幂律分布, 幂指数为 τ, 指数截断为 κ_0, 网络的平均度为 z, 实线表示泊松随机网络的结果。该图取自文献 [2]

期激活者; 但是由于邻居很少而易受小扰动影响的节点, 其连接也是不好的, 因此难以传播影响力。

　　实证的研究结果表明, 社会和经济系统中的全局级联以及技术网络中的连锁故障存在着两个非常显著的特征: 一是发生概率非常低, 二是在发生时级联规模非常大。在阈值模型中, 级联规模的幂律分布和双峰分布都与实证观测的偶发和大规模两个特征一致。但幂律分布和双峰分布产生的机理完全不同。由于缺乏详细的级联规模分布的实证数据, 我们不能确定哪个分布可以正确地描述真实系统。当网络连接足够稀疏时, 级联传播受到网络连通性的限制; 而当网络连接足够密集时, 级联传播受到各节点稳定性的限制。在第一种情况下, 级联规模分布在相应的临界点处展现幂律分布, 并且度值最高的节点在触发级联中非常关键。在第二种情况下, 级联规模的分布是双峰的, 具有适中度值的节点更有可能成为级联的触发者, 并且系统表现出比前者更强的 "鲁棒并脆弱" 的性质, 在出现突然的大规模级联之前, 系统在非常多的冲击中保持几乎完全稳定的性质, 这个特点使得全局级联非常难以预料。而系统的异质性对系统稳定性有着双重的影响: 一方面, 增加个体阈值的异质性会增加全局级联的可能性; 但另一方面, 增加节点度的异质性又会减少全局级联的可能性。

7.1.2 零温度随机场伊辛模型方法

在初始的阈值模型中, 假定初始扰动规模非常小, 通过分析脆弱节点的连接情况即可获得全局级联能否产生的判据, 因此可以通过生成函数方法来对模型求解。然而当初始扰动规模与网络规模相比不可忽略的时候, 阈值模型的全局级联发生条件不仅依赖于初始扰动的规模, 而且不能通过生成函数方法求解 [5]。接下来将探讨初始种子的大小对全局级联的影响, 理论方法上借鉴了零温度随机场伊辛模型的方法 [5-8]。思路类似于求解渗流模型分支过程的方法, 将一个树形随机网络中的任意一个节点设为顶层节点, 其邻居为第一层, 邻居的其余邻居为第二层, 依次类推可将一个网络分成无穷多层。然后将节点的状态从底层向顶层逐层更新, 每一层中的某个节点是否能够被激活取决于下一层邻居节点中被激活的节点数 m。如果在更新过程中被激活的节点数逐层放大, 全局级联就能够发生, 否则全局级联就不能发生。

将初始被激活的节点比例记为 ρ_0, 稳态时被激活的节点比例为 ρ。ρ 和 ρ_0 可以通过如下方程建立联系

$$\rho = \rho_0 + (1 - \rho_0) \sum_{k=1}^{\infty} p_k \sum_{m=0}^{k} \binom{k}{m} q_\infty^m (1 - q_\infty^m)^{k-m} F\left(\frac{m}{k}\right), \tag{7.10}$$

其中, q_∞ 表示在上述逐层更新过程中一个第 ∞ 层的随机节点为激活节点的概率, 它的解由如下迭代方程的不动点给出:

$$q_{n+1} = \rho_0 + (1 - \rho_0) G(q_n), \tag{7.11}$$

其中, n 为非负整数, $q_0 = \rho_0$, 非线性函数 $G(q_n)$ 给出了第 n 层中被激活的 q_n 个节点对第 $n+1$ 层中节点的激活过程, 其定义为

$$G(q) = \sum_{k=1}^{\infty} \frac{k}{z} p_k \sum_{m=0}^{k-1} \binom{k-1}{m} q^m (1 - q)^{k-m-1} F\left(\frac{m}{k}\right), \tag{7.12}$$

其中, z 为网络的平均度, $z = \sum_{k=1}^{\infty} p_k k$。方程 (7.12) 表达的含义很明确, $\frac{k}{z} p_k$ 表示一条随机边所到达的节点在下一层具有邻居数为 $k-1$ 的概率; 后面的求和项表示该节点能够被激活的概率, 这个概率与下层邻居中已经被激活的节点数 m 有

关; m 满足二项分布 $\binom{k-1}{m} q^m (1-q)^{k-m-1}$; $F\left(\dfrac{m}{k}\right)$ 表示响应函数, 当 $\dfrac{m}{k}$ 大于激活阈值时, 其值为 1, 否则为 0。

全局级联发生的条件为初始的扰动规模可以通过节点之间的耦合逐步放大。因此可将非线性函数 $G(q)$ 写成形式

$$G(q) = \sum_{\ell=0}^{\infty} C_\ell q^\ell, \tag{7.13}$$

其中,

$$C_\ell = \sum_{k=\ell+1}^{\infty} \sum_{n=0}^{\ell} \binom{k-1}{\ell} \binom{\ell}{n} (-1)^{\ell+n} \frac{k}{z} p_k F\left(\frac{n}{k}\right). \tag{7.14}$$

将方程 (7.12) 在 $q=0$ 处线性展开, 可以得到全局级联的发生条件 $(1-\rho_0)C_1 > 1$, 这样就可以保证 q_n 随着 n 的增大而增大。此时全局级联的发生条件为

$$C_1 = \sum_{k=1}^{\infty} \frac{k(k-1)}{z} p_k \left[F\left(\frac{1}{k}\right) - F(0) \right] > \frac{1}{1-\rho_0}. \tag{7.15}$$

在初始的扰动规模 $\rho_0 \to 0$ 而且 $F(0) = 0$ 时候, 方程 (7.15) 等价于方程 (7.9)。

还可以通过非线性函数 $G(q)$ 的高阶项 q^2 的展开, 来获取更为精准的全局级联发生条件。在这种近似下能够获得一个一元二次方程 $aq_\infty^2 + bq_\infty + c = 0$, 在一阶近似时需要保证 $b > 0$, 全局级联才能够发生; 而在二阶近似时, 允许 b 出现负值, 只要能够保证这个一元二次方程不出现非负的实根。因此全局级联发生条件为 $b > 0$ 或者 $b^2 - 4ac < 0$, 即

$$(C_1 - 1)^2 - 4C_0 C_2 + 2\rho_0 (C_1 - C_1^2 - 2C_2 + 4C_0 C_2) < 0. \tag{7.16}$$

图 7.5 给出了初始激活的种子节点比例为 $\rho_0 = 0.01$ 的情况下, 方程 (7.9) 以及方程 (7.16) 给出的理论预测。结果表明, 在初始激活节点比例较大的情形下, 方程 (7.16) 的理论预测与数值模拟的结果更加接近; 而在 $\rho_0 \to 0$ 的情况下, 方程 (7.16) 的结果会趋近于方程 (7.9) 的结果。同时需要提及的是, 零温度随机场伊辛模型方法同样可以用于求解模块化网络 [9, 10]、度相关网络 [11] 和团簇网络 [12, 13] 上的阈值模型。

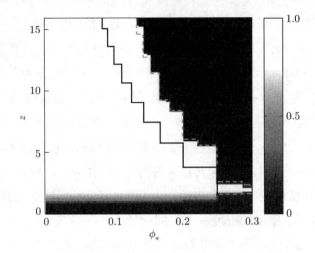

图 7.5　初始种子的规模对于级联窗口的影响。灰度表示初始激活节点比例 $\rho_0 = 0.01$ 的情况下最终被激活节点的规模, 实线表示方程 (7.9) 给出的理论预测, 虚线表示方程 (7.16) 给出的理论预测。该图取自文献 [5]

7.2　信息传播模型

7.2.1　模型的定义

　　谣言和信息传播现象是社会传染的典型例子, 社会传染和病毒传播过程具有一定的相似性, 可以将病毒传播模型与社会感染过程中的一些词汇做一个简单对照。流行病学中的 "易感" 个体是尚未了解新信息的个体, 因此被称为 "未知"; "受感染" 个体是社会传染背景下的 "传播者", 传播谣言、习惯或知识; "恢复的" 或 "免疫的" 个体已了解 (采纳) 谣言 (知识) 从而不再传播的 "扼制者"。与流行病传播模型一样, 在信息传播模型中可以添加其他类型的个体, 例如潜在采纳者或怀疑者。信息传播模型可用于互联网的数据传播、资源发现, 以及商业推广策略的效果评估, 如病毒营销技术 [14, 15]。

　　社会传染和病毒传播在一些重要特征上有所不同。首先, 信息的传播是一种

网络渗流

有意的行为; 其次, 获得新想法或新信息通常是有利的, 被感染不仅仅是一种被动过程; 最后, 一个新想法或新信息获得公众的认可和信任可能需要较长的时间或者多种渠道的影响, 这导致了记忆在其中能够起重要作用。这种差异在对现象解释层面很重要, 但并不一定会改变传播模型的演化方程。Daley 和 Kendall 对流行病传播模型进行了较大幅度的修改 [3], 以便模型和真实的谣言和信息传播过程能够对应。这个修改考虑到这样一个事实, 即个体从信息传播者状态过渡到扼制者状态通常不是自发的: 如果传播者遇到其他已知者, 个体将停止传播信息或者谣言。这意味从传播者到扼制者的转变不是自发的状态转变, 而是个体之间的互动过程, 这一点与流行病传播模型不同。

通常来说, 谣言传播模型将个体划分为 3 种类别: 未知者 I、传播者 S 和扼制者 R [3], 各类个体的密度可分别描述为 $i(t) = I(t)/N$, $s(t) = S(t)/N$, $r(t) = R(t)/N$, 其中 N 为系统中总的个体数目, 并且 $i(t) + s(t) + i(t) = 1$。当未知者接触传播者时, 从未知者 (易感者) 到传播者 (感染者) 的转变速率为 λ。从传播者到扼制者的转变并不是自发的, 扼制者在传播者与其他传播者或扼制者发生接触的时候产生, 这种情况下从传播者转变到扼制者的概率为 α, 这是信息传播模型与标准流行病传播模型的关键差异。上述传播过程可以概括如下成对的相互作用:

$$
\begin{cases}
I + S \xrightarrow{\lambda} 2S, \\
S + R \xrightarrow{\alpha} 2R, \\
S + S \xrightarrow{\alpha} R + S.
\end{cases}
\tag{7.17}
$$

这 3 个反应过程描述的是 Maki 和 Thompson 所提出的信息传播模型 [16], 其中两个传播者的交互作用导致第一个传播者转换为扼制者 (以概率 α), 在之后的一些文献中称其为 Maki-Thompson 模型。除此之外, 还有一个 Daley-Kendall 信息传播模型 [3], 在这个模型中当两个传播者发生相互作用的时候, 两人都变成了扼制者, 也就是式 (7.17) 最后一个公式改为 $S + S \xrightarrow{\alpha} 2R$。

7.2.2 个体均匀混合下的信息传播

为了更好地理解模型的动力学行为, 假设所有个体在每个时间步随机选择 $\langle k \rangle$ 个个体与之发生相互作用, 同时假设个体之间的接触强度是均匀的 [17, 18]。

在这些情况下, 未知者、传播者和扼制者密度的演化方程可写为

$$\frac{\mathrm{d}i(t)}{\mathrm{d}t} = -\lambda\langle k\rangle i(t)s(t), \tag{7.18}$$

$$\frac{\mathrm{d}s(t)}{\mathrm{d}t} = \lambda\langle k\rangle i(t)s(t) - \alpha\langle k\rangle s(t)[s(t)+r(t)], \tag{7.19}$$

$$\frac{\mathrm{d}r(t)}{\mathrm{d}t} = \alpha\langle k\rangle s(t)[s(t)+r(t)]. \tag{7.20}$$

其中, $i(t)$, $s(t)$ 和 $s(t)[s(t)+r(t)]$ 是其他类型个体的数量对某种个体增加或者减少速率的影响。给定初始条件 $s(0)=1/N$, $i(0)=1-s(0)$, $r(0)=0$, 未知者的密度可以转化为如下形式:

$$i(t) = i(0)\exp[-\lambda\langle k\rangle \int_0^t \mathrm{d}\tau s(\tau)]. \tag{7.21}$$

把 $i(t)+s(t)+i(t)=1$ 和方程 (7.18) 代入方程 (7.20), 可得

$$\int_0^t \mathrm{d}t\frac{\mathrm{d}r(t)}{\mathrm{d}t} = \alpha\langle k\rangle \int_0^t \mathrm{d}\tau s(\tau) + \frac{\alpha}{\lambda}\int_0^t \frac{\mathrm{d}i(t)}{\mathrm{d}t}, \tag{7.22}$$

或者写成

$$\alpha\langle k\rangle \int_0^t \mathrm{d}\tau s(\tau) = r(t) - r(0) - \frac{\alpha}{\lambda}[i(t)-i(0)], \tag{7.23}$$

在 $t\to+\infty$, 由方程 (7.23) 可得

$$i_\infty \equiv \lim_{t\to+\infty} i(t) = \exp(-\beta r_\infty), \tag{7.24}$$

其中 $\beta=1+\lambda/\alpha$, 使用了 $r(0)=0$, $i(0)\approx 1$ 和 $i_\infty+r_\infty=1$ 的条件。r_∞ 所满足的方程与 ER 随机网络上渗流巨分支所满足的方程形式完全一致, 可以写成 $r_\infty=F(r_\infty)$, 其中 $F(r_\infty)=1-\exp(-\beta r_\infty)$ 是一个单调递增函数, $r_\infty=F(r_\infty)$ 的非平凡解只有在一阶导 $F'(0)>1$ 的时候存在, 因此有如下不等式

$$\frac{\mathrm{d}}{\mathrm{d}r_\infty}(1-\exp(-\beta r_\infty))|_{r_\infty=0} > 1. \tag{7.25}$$

由方程 (7.25), 可以获得有限扼制者密度的传播速率条件

$$\frac{\lambda}{\alpha} > 0. \tag{7.26}$$

这一结果说明, 无论传播速率的大小, 信息或者谣言总是具有非零概率弥漫于系统。

7.2.3　复杂网络上的信息传播

1. 小世界网络上的信息传播

复杂网络上的信息或谣言的传播依赖于各种社交或技术网络, 如协作或友谊网络、电子邮件网络、电话网络、WWW 和互联网, 它们通常不是同质的随机网络, 因此网络结构对于确定传播过程的特征和属性至关重要。对复杂网络上的信息传播模型的研究最初集中在网络的小世界属性和聚集系数的影响上。在 WS 小世界网络上, 扼制者的最终比例 r_∞ 可以通过网络的结构参数 p 来刻画和衡量, 其中 p 表示网络断边重连的概率。随着 p 的增加, 一维晶格上较远的节点之间会存在越来越多的捷径, 信息会得到更好的传播 [19, 20]。

随着小世界网络断边重连概率 p 的变化, 系统中存在明显的相变现象 [19, 20], 如图 7.6 所示。当 $p < p_c$ 时, 谣言始终在源点附近传播, 因此只能影响系统中有限的人数。在网络平均度 $\langle k \rangle$ 为 4 时, 临界点 p_c 约为 0.2, 随着 $\langle k \rangle$ 增加, 临界点 p_c 逐步降低。这种非平衡相变出现的基本原理如下: 在 p 值较小的时候, 网络节点在局域存在较多的连接 (如 $p = 0$ 的一维链状规则晶格), 相当多的相互作用发生在最近邻的 "三角形" 结构之间。因此, 传播者将信息在它们的局域邻居之间互相传播, 从而这些传播者容易变成扼制者并阻止信息的传播。这种三角形的 "冗余" 连接结构起到了抑制信息传播的作用, 并最终使得信息局域化。当足够多

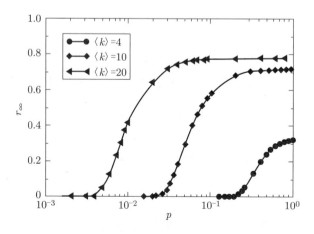

图 7.6　信息传播的范围和参数 p 之间的关系, $N = 10^5$。该图取自文献 [18]

的连接转变为远程随机连接时, 信息可能会在传播者变成扼制者之前扩散到较远的区域。当 $p > p_c$ 时, 给定一个任意的初始状态, 系统要么演化到一个信息湮灭的状态 $r_\infty = 0$, 即信息只能扩散到非常有限的区域, 要么信息传播到一个比较大的区域 $r_\infty > 0$。因此当 $p > p_c$ 时, r_∞ 多次运行结果的平均值是正的, 实际上隐藏了双模分布, 其中有限 r_∞ 的值会随着 p 的增加而增大。

2. 异质网络上的信息传播

为了阐明度分布的异质性对网络上信息传播的影响, 这里引入了不同度值的未知者、传播者和扼制者的密度, 即 $i_k(t)$, $s_k(t)$ 和 $r_k(t)$ [16], 演化方程可以描述为

$$
\begin{aligned}
\frac{\mathrm{d}i_k(t)}{\mathrm{d}t} &= -\lambda k i_k(t) \sum_{k'} s_{k'}(t) \frac{k'-1}{k'} P(k'|k), \\
\frac{\mathrm{d}s_k(t)}{\mathrm{d}t} &= +\lambda k i_k(t) \sum_{k'} s_{k'}(t) \frac{k'-1}{k'} P(k'|k) \\
&\quad - \alpha k s_k(t) \sum_{k'} [s_{k'}(t) + r_{k'}(t)] P(k'|k), \\
\frac{\mathrm{d}r_k(t)}{\mathrm{d}t} &= \alpha k s_k(t) \sum_{k'} [s_{k'}(t) + r_{k'}(t)] P(k'|k),
\end{aligned} \tag{7.27}
$$

其中, $P(k'|k)$ 表示一条边离开一个度为 k 的节点并到达一个度为 k' 的节点的概率; $(k'-1)/k'$ 表示一个传播者必须有一条边和另外一个传播者连接起来, 并通过它获取信息。在没有度相关性的时候, $P(k'|k) = \dfrac{k' p_{k'}}{\langle k \rangle}$, 扼制者密度演化过程中的非线性项比 SIR 模型中的非线性项更复杂, 并且尚未推导出解析解。但是可以通过数值模拟来研究信息的传播 [21-23]。如果 α 降低, 传播者中意识到谣言的个体的最终密度, 即最终扼制者的密度 (被定义为整体可靠性) r_∞ 如预期增加。更有趣的是, 在参数 λ 和 α 值相同的时候, 同质网络比异质网络具有更高的可靠性水平 [22, 24], 这一结果令人惊讶, 因为流行病的传播通常会因为中心节点的存在而得到促进。这一结果也可以通过有效度理论来验证 [25]。然而, 对于信息传播而言, 中心节点的存在会产生抑制效应: 它们虽然能够将信息传递给较多的节点, 但也导致更多的传播者与传播者相互作用或传播者与扼制者相互作用, 从而使中心节点从传播者转变成扼制者, 最终抑制信息的传播和扩散。由于异质网络的渗流性质, 一旦一部分中心节点转化为扼制者, 这些中心节点会将网络分割为一些互不连通的分支, 从而阻止这些分支中节点的互相连接。

通过数值模拟还可以获得不同度值的未知者的最终密度, 结果表明未知者的密度随着度值的增加呈指数衰减。这个结果意味着中心节点虽然可以非常有效地获取谣言或信息, 但也可以较快地转变为扼制者。从中心节点的角度来看, 即使在 α 较大的时候时, 网络的可靠性仍然很高。如果将信息模型进行修改, 允许节点以一定的概率自发恢复, 即能够将已经获得的信息遗忘, 这样的信息传播模型将和疾病传播模型没有本质不同, 同样存在一个正比于度分布二阶矩 $\langle k^2 \rangle$ 倒数的阈值, 高于此阈值时信息能够传播到网络的全局。对于无标度网络, 当 $\langle k^2 \rangle$ 趋向于发散时, 该阈值就会消失 [26]。

信息传播传播效率也是一个值得关注问题。网络负载 L 定义为传播过程中平均每个节点所发送消息的数量, 通过定义效率 $E = R/L$ 来测量单位负载下所达到的可靠性 $R \equiv r_\infty$。如图 7.7 所示, 在 α 取值较大时, 类似疾病传播的信息传播过程比广播算法具有更高的传播效率, 即比每个节点将信息确定性地传输到其所有邻居的效率高。

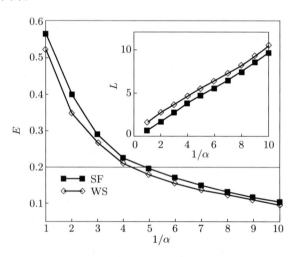

图 7.7　谣言传播的有效性和参数 $1/\alpha$ 的关系示意图。度分布为同质的小世界网络 WS (重连概率 $p = 1$) 比异质的无标度网络 SF 具有更低的传播效率, 水平直线表示广播算法所对应的传播效率。该图取自文献 [22]

如果将中心节点作为种子节点, 也就是作为最初的信息来源, 这些中心节点也会发挥重要作用。初始种子节点的度值不影响传播过程的最终可靠性, 但种子节点的度越大, $r(t)$ 的增长速度就越快。对于该过程的中间阶段, 扼制者的密度也就越高。这些结果强调了网络高度值的中心节点对于谣言或信息传播效率的重要性: 如果该过程旨在达到给定的可靠性水平, 则将中心节点作为种子节点能够以较小的成本或负荷快速达到该水平。

最近, 一些学者也研究了高影响力的传播者在谣言传播中所起的作用。文献 [27] 在几个实证网络上研究了具有大 k 核指数的节点对谣言传播的作用, 结果表明, 扼制者的最终密度与初始传播者的 k 核指数无关。具有高 k 核指数的节点不是很好的谣言扩散者; 由于谣言很快就传到了他们那里, 导致他们成了扼制者, 从而阻止了谣言的进一步传播。Twitter 上谣言传播的实证研究表明 [28], 高影响力 (高 k 核指数或大度值节点) 确实存在于真实的传播现象中, 这与谣言传播模型的预测形成了明显的差异。文献 [29] 对 Maki-Thompson 谣言传播模型提出了两种修改: 在一种情况下, 传播者并不总是活跃的, 在不活跃的时候不会将信息传播给他们的邻居; 在第二种情况下, 未知者在接触到传播者时要么以概率 p 变成传播者, 要么以概率 $1 - p$ 直接变为扼制者。修正后的谣言传播模型能够定性地再现实证结果, 前提是活跃概率与节点度成正比 (对于第一种情况), 或者实际传播概率 p 非常小 (约为 10^{-3}) (对于第二种情况)。

7.3 投票模型

投票模型是最为简单的一种意见动力学模型 [4], 用于研究复杂网络上一致意见的形成动力学。投票模型的定义如下: 在一个规模为 N 的人群中, 每个人的意见都可以用二元变量 $s_i = \pm 1$ 来表示, 这里只允许两个不同的意见。系统从初始随机状态开始演化, 在每个时间步中, 随机选择一个个体 i, 然后随机选择一个 i 的邻居 j 并采纳他的观点, 也就是将 i 的状态 s_i 设为 s_j, 这是一个确定性的规则, 在状态的更新过程中没有噪声。当演化的时间步长度等于 N 时, 系统有 N 次这样的更新, 即系统中每个个体平均有一次状态更新。这个演化机制模仿了真实社会中意见的同化过程, 由于相互作用发生于两种不同的意见之间, 随着时间的推移系统倾向于变得有序, 但系统是否能够最终收敛到一致的状态不是确定的 [18]。

7.3.1 规则晶格上的投票模型

当个体之间相互作用的拓扑结构为规则的 d 维网格时, 这种更新规则会导致系统出现一个缓慢的粗化过程, 也就是说, 具有相同意见的个体形成的空间会逐渐增大: 大的区域倾向于扩大, 处于较小区域的个体则倾向于被更大区域中的个体同化。因此意见的演化动力学也被称为有序区域相互作用的演化动力学。

当个体相互作用的网络结构为规则晶格时, 如果维度 $d < 2$, 相互作用的密度 $n_A(t)$(定义为每个个体相互作用的次数, 或活跃连接密度) 会随着时间的推进而递减, 正比于 $t^{(d-2)/2}$ [30]; $d = 2$ 时, 相互作用的密度 $n_A(t)$ 会随着 t 以对数的形式衰减, 即 $n_A(t) \sim 1/\ln(t)$ [31]。同时, 系统的维度还会影响意见动力学的演化特征。在 $d \leqslant 2$ 时, 系统能够通过一个粗化的过程最终达到两种意见共存的稳定状态; $d > 2$ 时, 两种意见所形成的簇之间始终存在一个活跃界面, 两种意见通过互相拉锯而共存。

在晶格规模 N 趋向于无限大的时候, 只有二维和二维以下的晶格能够到达收敛的一致状态。对于有限的网络规模 N, 收敛时间和网络规模有关。对于一维晶格, 收敛时间 $t \propto N^2$; 对于二维晶格, $t \propto N \ln N$; 对于高维晶格, 一致意见只能够在有限的网络上形成, 而且一致意见形成所需的时间 $t \propto N$。虽然在网络规模 N 有限的情况下, 无论维度是否大于 2, 收敛都能达成, 但是它们的形成机理完全不同。对于 $d \leqslant 2$ 的情况, 收敛通过内在的粗化过程达成, 而对于高维的情况, 一致性通过随机涨落达成。

7.3.2 小世界网络上的投票模型

在通常情况下, 意见的相互作用并不是发生在规则网格之上的。由于没有欧氏距离的定义, 复杂网络上不能描述和定义粗粒化的过程。因此, 系统通过以下几个变量和特征来描述: 第一是活跃连接的比例 $n_A(t)$, 也就是连接具有相反意见节点的边的比例, 很明显, 当整个系统的意见达到一致的时候, 被激活连接的比例会达到 0; 第二个重要指标是存活概率 $P_S(t)$, 它是指系统经过 t 时间步的演化后不能达到完全有序状态的概率; 第三是系统演化到完全有序状态的收敛时间 t 和系统规模 N 之间的关系。

无论是 WS 小世界网络模型还是 NW 小世界网络模型, 其结构都是以规则晶格为基础的。因此, 小世界网络上的投票模型所表现出的演化行为与规则晶格有相似之处, 但是随机长距离的 "捷径" 又深刻地影响着系统的演化特征。Castellano 等人研究了投票模型在 WS 小世界网络上的演化动力学 [32], 从随机的初始状态开始, 在经历一段时间后, 参数 $n_A(t)$ 会达到一个较为稳定的平台, 平台的宽度会随着系统规模 N 的增大而增加, 然后 $n_A(t)$ 又以指数方式递减到零。对于由一维晶格生成的小世界网络, 系统演化到稳定状态所需的时间比一维晶格小, 这是由于 $n_A(t)$ 随着时间以幂律的方式衰减。同时, 平台的高度会随着小世界网络模型参数 p 的增加而增加, 也就是平台的高度会随着网络的随机性的增大而增加。这种动力学过程特征产生的原因是, 在一维晶格上, 秩序的形成需要通过活跃边两端意见的扩散, 当这条边两端个体的意见达到一致的时候, 该活跃边就会消失, 导致活跃边密度的衰减, 形式为 $n_A(t) \sim 1/\sqrt{t}$。随着断边重连概率 p 的增大, 个体之间除了能够发生局域相互作用, 还会受到远距离的不同意见个体的影响, 从而影响意见的局域同化。而当达到有序的团簇的尺寸与网络捷径的特征长度达到一致的时候, $n_A(t)$ 的衰减曲线会发生改变, 发生改变的时间为 $t^* \sim p^{-2}$, 同时 $n_A(t^*) \sim p$。因此, 不同断边重连概率 p 下的曲线可以重新标度为一个函数

$$n_A(t,p) = pG(t/p^{-2}), \tag{7.28}$$

其中, G 为标度函数, 当 $x \ll 1$ 时, 满足 $G(x) \sim \sqrt{x}$; 当 x 很大时, $G(x)$ 为常数, 如图 7.8 所示。存活概率 $P_S(t)$ 以指数方式衰减, 其特征时间尺度 $\tau(N)$ 依赖于网络的规模 [33]。这一结果说明在热力学极限的情况下, 小世界网络永远不能够达到有序状态, 而保持一个稳定的激活连接密度。因此, 小世界网络上的意见动力学与通常的有限维度网络上的粗化过程有很大的不同, 表明由捷径产生的小世界效应强烈地影响了投票模型的行为。

7.3.3 异质网络上的投票模型

由于小世界网络网络的度分布较为均匀, 随后很多研究都集中在网络异质性

网
络
渗
流

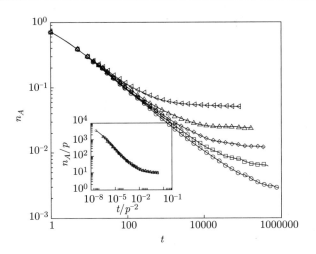

图 7.8　WS 小世界网络上的投票模型中活动连接的密度随时间的衰减。$N = 10^5$, $p = 0.0002$ (圆形), $p = 0.0005$ (方形), $p = 0.001$ (菱形), $p = 0.002$ (上三角形), $p = 0.005$ (左三角形)。该图取自文献 [32]

对意见动力学的影响, 例如异质网络的收敛时间和网络规模之间的关系。由于真实网络度分布的异质性, 异质网络上的投票模型对于真实系统的描述更加符合实际 [4]。这里将异质网络的度分布定义为 $P(k)$, 任意一个度值 k 的节点出现的概率为 p_k, 随机选择的节点的邻居具有度分布 kp_k/k, 因此度大的节点被选中的概率更高。由于在更新规则中, 两个相互作用的节点扮演着不对称的角色, 所以在考虑度值差异的情况下, 有以下的意见更新规则: (1) 在原始定义中, 随机选择一个节点 i 并随机选择它的一个邻居 j, 然后节点 i 采用 j 的状态或意见; (2) 基于边的更新规则, 随机选择一个连接, 沿着该连接的一个随机方向进行更新; (3) 反向更新规则, 随机选择一个节点 i, 然后随机选择它的一个邻居 j, j 采用 i 的意见, 而 i 并没有更新自己的意见。这 3 个规则在一个规则的网格上是等价的, 但是对于异质网络会存在不同, 因为度大的节点状态更新概率会随着规则的变化而变化。

　　如图 7.9 所示, 异质网络和同质网络上的投票模型动力学过程没有本质上的区别, $P_S(t)$ 以指数方式衰减, 特征时间尺度 $\tau(N)$ 依赖于网络的规模, 活跃边的比例 $n_A^S(t)$ ($n_A^S(t)$ 仅对未达到一致状态的演化过程取平均) 会随着时间的推移演化达到一个平台, 暗示着系统达到了一个非完全有序的状态, 这与有限维度的晶

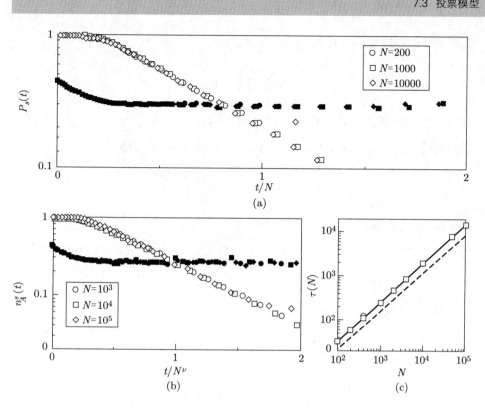

图 7.9 (a) 规则随机网络的结果; (b) BA 无标度网络的结果; (c) BA 无标度网络的收敛时间 τ 和网络规模 N 之间的关系。该图取自文献 [18]

格有所区别。特征时间尺度 $\tau(N)$ 依赖于更新规则, 对于 BA 无标度网络上的投票模型, 数值模拟的结果表明, $\tau(N) \sim N^{\nu}$, 其中 $\nu \approx 0.88$; 对于基于边的更新规则, $\tau(N) \sim N$。

对于任意度分布满足 $P(k) \sim k^{-\gamma}$ 的无标度网络上的投票模型, 可以通过平均场理论获得特征时间尺度 $\tau(N)$ 演化特征的理论结果。类似于传播模型, 定义 ρ_k 为度值为 k 的节点持有意见为 $+1$ 的节点的比例 [34], 这个比例会随着两种意见之间的转变概率 $P(k; - \to +)$ 和 $P(k; - \to +)$ 发生变化, 其中 $P(k; - \to +)$ 表示度值为 k 持有 $+1$ 观点的节点转变为 -1 观点的概率, $P(k; - \to +)$ 表示度值为 k 持有 -1 观点的节点转变为 $+1$ 观点的概率。在原始投票模型的一次意见更新中, 如果初始所选择的节点度值为 k, 观点从 -1 到 $+1$ 发生变化的前提是节点持有 -1 观点, 同时它所选择的邻居持有 $+1$ 观点。在一个没有度相关的网络中,

195

它所选择的邻居持有 +1 观点的概率为

$$\sum_{k'} \frac{k' p_{k'}}{\langle k \rangle} \rho_{k'}, \tag{7.29}$$

进一步考虑初始度为 k 且持有 -1 观点的节点的联合概率为 $p_k(1 - \rho_k)$, 因此可以得到持有 -1 观点的度为 k 的节点, 其观点转变为 +1 的概率为

$$P(k; - \rightarrow +) = p_k(1 - \rho_k) \sum_{k'} \frac{k' p_{k'}}{\langle k \rangle} \rho_{k'}, \tag{7.30}$$

类似地, 可以得到

$$P(k; + \rightarrow -) = p_k \rho_k \sum_{k'} \frac{k' p_{k'}}{\langle k \rangle} (1 - \rho_{k'}). \tag{7.31}$$

持有 +1 观点而且度值为 k 的节点数量 N_k^+ 随着时间的演化满足方程 $\mathrm{d}N_k^+/\mathrm{d}t = N(P(k; - \rightarrow +) - P(k; + \rightarrow -))$。由于 $\rho_k = N_k^+/N_k$, 在无度相关性的情况下, ρ_k 在平均场近似下的演化方程为

$$\frac{\mathrm{d}\rho_k}{\mathrm{d}t} = \frac{N}{N_k}[P(k; - \rightarrow +) - P(k; + \rightarrow -)]. \tag{7.32}$$

综合方程 (7.30) 和方程 (7.31), 方程 (7.32) 可以进一步化简为

$$\frac{\mathrm{d}\rho_k}{\mathrm{d}t} = \sum_{k'} \frac{k' p_{k'}}{\langle k \rangle} (\rho_{k'} - \rho_k), \tag{7.33}$$

当 $\sum_k \frac{k p_k \rho_k}{\langle k \rangle} = \rho_k$ 时, 方程 (7.33) 右侧为 0, 系统在这种情况下会达到稳态。由于投票模型在意见更新过程中, 每一步仅更新一个节点, 因此总的收敛时间可写成不同度值的节点到达收敛所需时间的总和, 且满足如下自洽方程

$$\begin{aligned}
\tau(\{\rho_k\}) = &\sum_k P(k; - \rightarrow +)[\tau(\rho_k + \delta_k) + \delta t] \\
&+ \sum_k P(k; + \rightarrow -)[\tau(\rho_k - \delta_k) + \delta t] \\
&+ Q(\{\rho_k\})[\tau(\rho_k) + \delta t].
\end{aligned} \tag{7.34}$$

其中, $Q(\{\rho_k\}) = 1 - \sum_k P(k; - \rightarrow +) - \sum_k P(k; + \rightarrow -)$ 表示在 δ_t 时间内没有

发生意见更新的概率, $\delta_k = 1/(Np_k)$ 表示在某个节点发生意见改变时 ρ_k 的变化。利用方程 (7.30) 和方程 (7.31), 同时将 ρ_k 展开到二阶, 可以得到

$$\sum_k (\rho_k - \omega)\partial_k \tau - \frac{1}{2N} \sum_k \frac{1}{p_k}(\rho_k + \omega - 2\omega\rho_k)\partial_k^2 \tau = 1. \tag{7.35}$$

其中, ω 表示 $\displaystyle\sum_k \frac{kp_k\rho_k}{\langle k \rangle}$。

考虑模型中最小时间更新单元为 $1/N$, 并且 ∂_k 定义为 $\partial/\partial\rho_k$, 由于在接近稳态时 $\omega = \rho_k$, 因此在较长的时间后方程 (7.35) 的第一项会消失。借助于 $\partial_k = kP(k)/\langle k \rangle\partial_\omega$, 方程 (7.35) 可以写成如下形式

$$\frac{\langle k^2 \rangle}{\langle k \rangle^2}\omega(1-\omega)\partial_\omega^2 \tau = -N. \tag{7.36}$$

在意见到达统一的时候, $\omega = 1$ 或 $\omega = 0$, 可得

$$\tau(N) = -N\frac{\langle k \rangle^2}{\langle k^2 \rangle}[\omega \ln(\omega) + (1-\omega)\ln(1-\omega)]. \tag{7.37}$$

对于一个随机的初始分布, $\rho_k(0) = \rho(0)$, $\omega = \rho(0)$, 并且

$$\tau(N) = -N\frac{\langle k \rangle^2}{\langle k^2 \rangle}[\rho(0)\ln(\rho(0)) + (1-\rho(0))\ln(1-\rho(0))]. \tag{7.38}$$

由此可知, 投票模型的收敛时间依赖于网络规模以及网络节点度值的异质性。将无标度网络度分布代入公式 (7.38), 可以计算得到收敛时间和网络规模之间的关系如下:

$$\tau(N) \sim \begin{cases} N, & \gamma > 3 \\ N/\ln(N), & \gamma = 3 \\ N^{(2\gamma-4)/(\gamma-1)}, & 3 > \gamma > 2 \\ (\ln(N))^2, & \gamma = 2 \\ O(1), & \gamma < 2. \end{cases} \tag{7.39}$$

类似的分析方法同样适用于反向更新的投票模型, 可以得到

$$\tau(N) = -N\frac{\langle k \rangle^2}{\langle k^2 \rangle}[\rho(0)\ln(\rho(0))(1-\rho(0))\ln(1-\rho(0))]. \tag{7.40}$$

网络渗流

代入网络的度分布, 可以得到 [35]

$$\tau(N) \sim \begin{cases} N, & \gamma > 2 \\ N/\ln(N), & \gamma = 2 \\ N^{1/(\gamma-1)}, & 2 > \gamma > 1. \end{cases} \tag{7.41}$$

总之, 投票模型在异质度分布网络上的动力学性质与规则网格的情况有很大不同。有趣的是, 投票模型中相互作用网络结构的异质性只会对动力学过程产生微小的影响: 度中心节点的存在并不能改变热力学极限下的系统有序性, 而只能改变收敛时间与网络规模的关系。在这方面, 投票模型与流行病传播模型有很大不同, 对于流行病传播模型, 网络节点度分布的二阶矩的发散性有着非常重要的影响 [18]。

参考文献

[1] Stauffer D, Aharony A. Introduction to Percolation Theory [M]. London: Tailor & Francis Press, 1992.

[2] Watts D J. A simple model of global cascades on random networks [J]. Proc. Natl. Acad. Sci. USA, 2002, 99: 5766–5771.

[3] Daley D J, Kendall D G. Epidemics and rumours [J]. Nature, 1964, 204: 1118.

[4] Suchecki K, Eguíluz V M, Miguel M S. Conservation laws for the voter model in complex networks [J]. Europhysics Letters, 2005, 69(2): 228.

[5] Gleeson J P, Cahalane D J. Seed size strongly affects cascades on random networks [J]. Phys. Rev. E, 2007, 75: 056103.

[6] Sethna J P, Dahmen K, Kartha S, et al. Hysteresis and hierarchies: Dynamics of disorder-driven first-order phase transformations [J]. Phys. Rev. Lett., 1993, 70: 3347–3350.

[7] Dhar D, Shukla P, Sethna J P. Zero-temperature hysteresis in the random-field Ising model on a Bethe lattice [J]. J. Phys. A, 1997, 30: 5259–5267.

[8] Shukla P. Driven random field ising model: Some exactly solved examples in threshold activated kinetics [J]. Int. J. Mod. Phys. B, 2003, 17: 5583–5595.

[9] Galstyan A, Cohen P. Cascading dynamics in modular networks [J]. Phys. Rev. E, 2007, 75: 036109.

[10] Gleeson J P. Cascades on correlated and modular random networks [J]. Phys. Rev. E, 2008, 77: 046117.

[11] Dodds P S, Payne J L. Analysis of a threshold model of social contagion on degree-correlated networks [J]. Phys. Rev. E, 2009, 79: 066115.

[12] Whitney D E. Dynamic theory of cascades on finite clustered random networks with a threshold rule [J]. Phys. Rev. E, 2010, 82: 066110.

[13] Hackett A, Melnik S, Gleeson J P. Cascades on a class of clustered random networks [J]. Phys. Rev. E, 2011, 83: 056107.

[14] Pastor-Satorras R, Castellano C, Van Mieghem P, et al. Epidemic processes in complex networks [J]. Rev. Mod. Phys., 2015, 87: 925–979.

[15] Castellano C, Fortunato S, Loreto V. Statistical physics of social dynamics [J]. Rev. Mod. Phys., 2009, 81: 591–646.

[16] Maki D P, Thompson M. Mathematical Models and Applications, with Emphasis on the Social, Life, and Management Sciences [M]. Upper Saddle River: Prentice-Hall, 1973.

[17] Sudbury A. The proportion of the population never hearing a rumour [J]. Journal of Applied Probability, 1985, 22(2): 443–446.

[18] Barrat A, Barthélemy M, Vespignani A. Dynamical Processes on Complex Networks [M]. Cambridge: Cambridge University Press, 2008.

[19] Zanette D H. Critical behavior of propagation on small-world networks [J]. Phys. Rev. E, 2001, 64: 050901.

[20] Zanette D H. Dynamics of rumor propagation on small-world networks [J]. Phys. Rev. E, 2002, 65: 041908.

[21] Moreno Y, Nekovee M, Pacheco A F. Dynamics of rumor spreading in complex networks [J]. Phys. Rev. E, 2004, 69: 066130.

[22] Moreno Y, Nekovee M, Vespignani A. Efficiency and reliability of epidemic data dissemination in complex networks [J]. Phys. Rev. E, 2004, 69: 055101.

[23] Moreno Y, Gómez J B, Pacheco A F. Epidemic incidence in correlated complex networks [J]. Phys. Rev. E, 2003, 68: 035103.

网络渗流

[24] Liu Z, Lai Y C, Ye N. Propagation and immunization of infection on general networks with both homogeneous and heterogeneous components [J]. Phys. Rev. E, 2003, 67: 031911.

[25] Zhou J, Liu Z, Li B. Influence of network structure on rumor propagation [J]. Physics Letters A, 2007, 368(6): 458–463.

[26] Nekovee M, Moreno Y, Bianconi G, et al. Theory of rumour spreading in complex social networks [J]. Physica A: Statistical Mechanics and its Applications, 2007, 374(1): 457–470.

[27] Borge-Holthoefer J, Moreno Y. Absence of influential spreaders in rumor dynamics [J]. Phys. Rev. E, 2012, 85: 026116.

[28] Borge-Holthoefer J, Rivero A, Moreno Y. Locating privileged spreaders on an online social network [J]. Phys. Rev. E, 2012, 85: 066123.

[29] Borge-Holthoefer J, Meloni S, Gonçalves B, et al. Emergence of influential spreaders in modified rumor models [J]. Journal of Statistical Physics, 2013, 151(1): 383–393.

[30] Krapivsky P L. Kinetics of monomer-monomer surface catalytic reactions [J]. Phys. Rev. A, 1992, 45: 1067–1072.

[31] Dornic I, Chaté H, Chave J, et al. Critical coarsening without surface tension: The universality class of the voter model [J]. Phys. Rev. Lett., 2001, 87: 045701.

[32] Castellano C, Vilone D, Vespignani A. Incomplete ordering of the voter model on small-world networks [J]. Europhysics Letters, 2003, 63(1): 153.

[33] Vilone D, Castellano C. Solution of voter model dynamics on annealed small-world networks [J]. Phys. Rev. E, 2004, 69: 016109.

[34] Sood V, Redner S, Avraham D. First-passage properties of the Erdos‑Renyi random graph [J]. Journal of Physics A: Mathematical and General, 2005, 38(1): 109.

[35] Castellano C. Effect of network topology on the ordering dynamics of voter models [J]. AIP Conference Proceedings, 2005, 779: 114.

第8章 依赖渗流与网络上的级联过程

  本章将介绍节点存在耦合的网络渗流模型, 包含 k 核渗流、靴襻渗流、非局域关联渗流和核渗流。在这几种渗流模型中, 节点状态能够通过节点之间的耦合进行传播和扩散。

  对于 k 核渗流, 给定一个节点保留概率 p, 网络中的节点如果度值小于某个临界阈值 k 就会被删除, 重复这个操作直到网络中每个节点的度值都大于等于 k [1]。k 核渗流目前已经得到较为广泛的研究, 主要结果如下: 当 $k=1$ 或 $k=2$ 的时候, 网络会发生连续的渗流相变, 属于普通渗流的普适类; 当 $k \geqslant 3$ 的时候, 网络会发生混合相变, 即序参量在相变点处同时存在不连续的跳跃和临界特性 $M_k(p) - M_k(p_c) \propto (p - p_c)^{1/2}$。这种不连续的跳跃通过日冕分支来解释, 日冕分支是网络 k 核巨分支中连在一起的度值为 k 的节点, 在发生跳跃的临界点, 日冕分支趋向于发散, 一旦其中一个节点被删除, 其他节点就会因为度值降低而被全部删除。除此之外, 本章还将介绍异质 k 核渗流模型, 即网络中有比例为 r 的一部分节点被删除的临

界阈值为 k_a, 比例为 $1-r$ 的剩余节点被删除的临界阈值为 k_b [2]。当 $k_a = 2$, $k_b = 3$ 时, 随着参数 r 的变化系统存在一个三重临界点: 当 $r > 1/2$ 时, k 核渗流属于连续相变, 临界指数 $\beta = 2$; 当 $r < 1/2$ 时, k 核渗流属于不连续的混合相变, 临界指数 $\beta = 1/2$; 当 $r = 1/2$ 时, 临界指数 $\beta = 1$。k 核渗流也具有非常重要的应用价值, 即利用 k 壳分解来找到网络中较为重要的节点。

对于靴襻渗流, 网络中的节点可处于活动状态或非活动状态。在初始状态, 每个节点以给定的概率 f 激活, 如果一个节点至少有 k 个邻居处于活动状态则该节点被激活。如果 $k=1$, 靴襻渗流模型与普通渗流模型等价, 因此在靴襻渗流中 k 的取值通常大于 1。靴襻渗流是一个激活过程, 它从种子节点开始, 根据激活规则在网络上传播。给定一个占据概率 p, 最终被激活的节点所形成的巨分支规模 $g_a(f)$ 在临界点 f_{c1} 处涌现, 其形式为连续的普通渗流。当 p 大于一个临界值 p_s 的时候, 被激活的节点所形成的巨分支的规模 $g_a(f)$ 在临界点 f_{c2} 处存在一个不连续的跳跃, 该跳跃具备混合相变的特性。靴襻渗流模型产生的现象可以被直观解释如下: 当 p 小于 p_s 时, 初始被占据并且被激活的节点满足 $pf > p_c$ 就可以形成巨分支, 第一个渗流相变就能发生; 当 p 接近 p_s 时, 恰好有 $k-1$ 个被激活邻居的节点形成一个趋向于发散的次临界分支, 一旦其中一个节点被激活就会导致被激活节点形成的最大连通分支的规模 $g_a(f)$ 在临界点 f_{c2} 处出现跳跃。

对于非局域关联渗流, 网络中的节点除了具有连接边之外, 还存在依赖边。一旦一个节点失效, 其依赖节点也会立即失效。假定每个节点最多只有一条依赖边, 具有依赖边的节点密度 q 在决定网络的破碎形式上具有重要的作用。研究发现模型存在一个临界点 q_c, 当 $q > q_c$ 时, 网络的破碎形式为不连续的一阶相变; 当 $q < q_c$ 时, 网络的破碎形式为连续的二阶相变。

对于无向网络上的核渗流, 随着网络平均度的增大, 核的涌现为二级相变。随机网络的核在平均度为自然常数 e 时涌现, 而对于度分布服从严格幂律的无标度网络, 无论幂指数的大小, 其核都是不存在的; 而对于出度分布和入度分布不同的有向网络, 核的涌现表现为不连续的混合相变。

8.1 k 核渗流

8.1.1 标准 k 核渗流

k 核渗流 [1] 研究的是一个网络中 k 核的大小, k 核中每个节点的度至少为 k, 也就是只有度值大于阈值 k 的节点才能出现在一个网络的 k 核中, 如图 8.1 所示。给定一个度分布的网络, 当 $k=1$ 时, 网络中任何度大于 k 的节点都属于 k 核结构; 当 $k \geqslant 2$ 时, 一个节点的初始度值可能大于阈值 k, 但是由于它的邻居度值小于阈值 k 被删除而有可能导致该节点的度值降低而最终被删除。可以通过剪枝算法 (pruning algorithm) 来获得一个网络的 k 核及其规模的大小: 重复执行剪掉度值小于 k 的节点和它们的连接的操作, 直到网络中剩余节点的度值均大于或等于 k。因此, k 核可以表示网络中连接较为紧密的一部分节点, k 值越大, k 核中的节点往往具有更为重要的地位。因此, 网络的 k 核分解对于复杂网络研究非常重要。k 核渗流研究的是一个网络中节点占据的概率 p 和 k 核规模之间的关系。类似于经典渗流模型, 在网络规模趋向于无穷大的时候, 如果它的 k 核规模也趋向于无限大, 这样的 k 核称为 k 核巨分支。当占据概率 p 小于临界点 p_c 的时候, 网络的 k 核巨分支就不会出现。

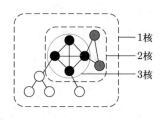

图 8.1   网络的 k 核示意图

通过网络的 k 核分解, 可以分析网络的阶层特性, 找到网络的核心节点和高连接度的节点, k 核分解已成为复杂网络可视化的重要工具。k 核的概念是普通渗流中极大连通分支的自然泛化。k 核渗流问题起源于物理学, 最初用于描述一些磁性材料的相变特性, 目前在网络科学中也有着非常广泛的应用。特别有意思的是, $k \geqslant 3$ 核渗流是一种不寻常的混合相变, 有一阶相变序参量的不连续跳跃, 同时也存在连续相变时强烈的临界波动。

1. 随机网络上的 k 核渗流

在本节中, 用 q 来表示节点的度值, 以区分 "k 核渗流" 中的 k。对于一个没有度度相关性的广义随机网络, 其节点度值的概率分布函数记为 $P(q)$, 并随机删除其中 $Q = 1 - p$ 的节点 (比例为 p 的节点视为保留节点或占据节点), 依照剪枝算法可以得到网络最终的 k 核。在求该模型的严格解之前, 先定义 m 元子树的概念。m 元子树是指在一个树形网络中, 每个节点都具有至少 m 个无限大的子分支。在一个分支过程中, 沿着随机挑选一条边的一端到达一个节点, 如果该节点属于网络的 k 核巨分支, 则它至少有另外 $k - 1$ 条边能够连接到无限大的分支。在一个网络的 k 核巨分支中, 定义 R 为一条随机边的一端不是 $k-1$ 元子树的根的概率。考虑到一个随机节点属于 k 核巨分支, 需要它至少有 k 个邻居都是 $k - 1$ 元子树的根。因此一个节点属于 k 核巨分支的概率 $M(k)$ 为

$$M(k) = p \sum_{q \geqslant k} P(q) \sum_{n=k}^{q} \binom{q}{n} R^{q-n}(1-R)^n. \tag{8.1}$$

其中, 第一个求和项 $\displaystyle\sum_{q \geqslant k}$ 表示一个随机节点如果在 k 核巨分支中, 则其度值 q 需要至少为 k; 第二个求和项 $\displaystyle\sum_{n=k}$ 意味着对一个度值为 q 的节点, 需要至少 k 条边能够连接到无限大的分支。当 $k = 1$ 时, 该模型等价于普通渗流。

因此, 一个节点不为 $k-1$ 元子树的根的情况对应于在分支过程中一条随机边所到达的节点最多有 $k - 2$ 个下级节点是 $k-1$ 元子树的根。因此 R 满足如下自洽方程:

$$R = 1 - p + p \sum_{n=0}^{k-2} \left[\sum_{i=n}^{\infty} \frac{(i+1)P(i+1)}{z_1} \binom{i}{n} R^{i-n}(1-R)^n \right], \tag{8.2}$$

其中, $1 - p = Q$ 表示一条随机边连接到删除节点的概率, 这种情况下该节点一定不是 $k-1$ 元子树的根; $\dfrac{(i+1)P(i+1)}{z_1}$ 为一条随机边连接到一个度值为 $i+1$ 的

节点的概率, 在排除这条随机选择的边之外, 该节点仍然有 i 条边; z_1 为网络平均度; $\binom{i}{n} R^{i-n}(1-R)^n$ 表示这 i 条边中有 n 条能够连接到 k 核巨分支的概率。在方括号中给出了一条边所到达的节点有 n 条边能够连接到 $k-1$ 元子树概率。求和项 $\sum\limits_{i=n}^{\infty}$ 也可以写成

$$\Phi_k(R) = \sum_{n=0}^{k-2} \frac{(1-R)^n}{n!} \frac{\mathrm{d}^n}{\mathrm{d}R^n} G_1(R).\tag{8.3}$$

其中, $G_1(x) = z_1^{-1}\sum_q P(q)qx^{q-1} = z_1^{-1}\mathrm{d}G_0(x)/\mathrm{d}x$, $G_0(x) = \sum_q P(q)x^q$, 因此方程 (8.2) 可以写成

$$R = 1 - p + p\Phi_k(R).\tag{8.4}$$

如果方程 (8.4) 只有一个平凡解 $R = 1$, 网络中的 k 核巨分支不存在。只有 $R < 1$ 的非平凡解存在的情况下, 网络中的 k 核巨分支才是存在的。因此, 最小的非平凡解可以刻画 k 核巨分支的大小。定义一个方程

$$f_k(R) = \frac{1 - \Phi_k(R)}{1 - R}.\tag{8.5}$$

在 $R \in [0,1)$ 的时候, 函数 $f_k(R)$ 的取值为正值。如果网络每个节点的次近邻的平均数量 $z_2 = \sum_q q(q-1)P(q)$ 是有限的, 在 $R \to 1$ 的时候, 忽略高阶无穷小量, $\Phi_k(R)$ 以 $(1-R)^{k-2}$ 的形式趋向于零。把函数 $f_k(R)$ 代入方程 (8.2), 即可简化为

$$pf_k(R) = 1.\tag{8.6}$$

给定度分布 $P(q)$, R 增加时, $f_k(R)$ 会有两种行为: 第一种是单调地从 1 减小到 0; 第二种是首先增加到极大值, 然后最终趋近于 0。因此在满足如下条件的时候, 方程 (8.6) 在 $R < 1$ 的时候会有一个非平凡解

$$p \cdot \max_{R \in [0,1)} f_k(R) \geqslant 1.\tag{8.7}$$

这是在随机删除节点的情况下, 无度度相关性的网络中能否出现 k 核巨分支的判据。方程 (8.7) 中等号成立时, 临界占据概率 $p_c(k)$ 的倒数 $1/p_c(k)$ 和函数 $f_k(R)$

网络渗流

相切。因此 k 核渗流的临界点取决于方程

$$p_c(k) = \frac{1}{f_k(R_{\max})}, \quad f_k'(R_{\max}) = 0, \tag{8.8}$$

其中, $R_{\max}$ 是 k 核巨分支出现时所对应序参量的值, 在 $p < p_c(k)$ 的时候, k 核巨分支并不存在, 方程 (8.2) 只有一个平凡解 $R = 1$。

当 $k = 1, 2$ 时, 方程 (8.4) 描述的是在无度度相关性的随机网络上的普通渗流, 这时 k 核巨分支出现的判据式 (8.7) 演变为随机网络巨分支产生的临界条件, 即 $pG_1'(1) = z_2/z_1 \geqslant 1$。

当 $k \geqslant 3$ 时, 检验方程 (8.4) 在 $R = R_{\max} + r$ 和 $p = p_c(k) + \varepsilon$ 和 $r, \varepsilon \ll 1$ 时的行为。可得

$$R_{\max} - R \propto [p - p_c(k)]^{1/2}. \tag{8.9}$$

综合考虑序参量平方根的临界行为以及跳跃特性, 可知此时的 k 核渗流属于混合相变。

一个网络 k 核巨分支的结构特征可以由其度分布来描述, 其度分布为

$$P_k(q) = \frac{p}{M(k)} \sum_{q' \geqslant q} P(q') \binom{q'}{q} R^{q'-q} (1-R)^q, \tag{8.10}$$

其中求和项 $\displaystyle\sum_{q' \geqslant q}$ 表示度值大于 q 的所有节点能够有 q 条边在 k 核巨分支中保留下来的概率。因此, k 核巨分支的节点平均度为 $z_1(k) = \displaystyle\sum_{q' \geqslant q} P_k(q)q$。属于 k 核巨分支而不属于 $k + 1$ 核巨分支的节点称之为 k 壳, 即 k 壳的大小为 $S_k = M(k) - M(k+1)$。

对于随机网络, 度分布满足泊松分布 $P(q) = z_1^q \exp(-z_1)/q!$, 其中 z_1 为网络的平均度。随机网络的度分布生成函数 $G_0(x)$ 和余度分布生成函数 $G_1(x)$ 均为 $\exp(z_1(x-1))$, 因此方程 (8.4) 中的 $\Phi_k(R)$ 可以写成 $\Phi_k(R) = \Gamma[k-1, z_1(1-R)]/\Gamma(k-1)$, 其中 $\Gamma(n,x)$ 为不完全伽马函数, 通过方程 (8.1), 可得 k 核巨分支的大小

$$M(k) = p\left\{1 - \frac{\Gamma[k, z_1(1-R)]}{\Gamma(k)}\right\}, \tag{8.11}$$

其中 R 为方程 (8.4) 的解。k 核巨分支的度分布为 $P_k(q \geqslant k) = p z_1^q (1-R)^q e^{-z_1(1-R)}$ $/[M(k)q!]$。通过数值模拟发现, $p = 1$ 时, 最大 k 核指数和平均度在 $z_1 \leqslant 500$ 的

时候表现出线性关系, 即 $k_{\max} \approx 0.78z_1$, 而且 k 核巨分支的平均度 $z_1(k)$ 约等于网络的平均度 z_1。

图 8.2 展示了 k 核巨分支的大小 $M(k)$ 随网络中删除节点比例 Q 的变化。可以看到, k 核指数最高的巨分支最先消失, 也就是连通性最强的结构被最先破坏。图 8.2 中的插图表明, 随着删除比例 Q 的增加, k 核巨分支平均度 $z_1(k)$ 逐渐降低; 从指数最高的 k 核开始, k 核巨分支不连续地消失。未遭受攻击 (即 $Q = 0$) 的 ER 随机网络的 k 核结构如图 8.3 所示。

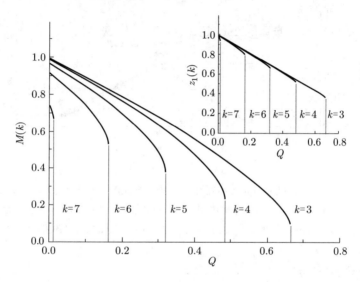

图 8.2　在平均度 $\langle k \rangle = 10$ 的随机网络中, k 核巨分支的大小随网络中删除节点比例 Q 的变化。对于普通的渗流模型, 网络巨分支的消失阈值为 $Q = 1 - \dfrac{1}{\langle k \rangle} = 0.1$, 而对于 k 核渗流, k 核指数最高的巨分支消失的阈值为 $Q \approx 1.2\%$。插图表示网络 k 核巨分支的平均度随着删除节点比例 Q 的变化。该图取自文献 [1]

2. 无度度相关的无标度网络上的 k 核渗流

如果一个无标度网络的度分布满足 $P(q) \propto (q + c)^{-\gamma}$, 当幂指数 $\gamma > 3$ 的时候, 此时 z_2 是有限的。在最小度 $q_0 = 1, \gamma > 3$ 和 $c = 0$ 的时候, 不存在 $k \geqslant 3$ 的 k 核巨分支。在随着 c 的增加, k 核巨分支开始出现。无标度网络 k 核巨分支的大小随参数 k 的变化如图 8.3 所示。从图中发现, 无标度网络 k 核巨分支的大小小于随机网络 k 核巨分支的大小。由于 z_2 是有限的, 当 $k \geqslant 3$ 且 $\gamma > 3$ 时, k 核渗流属于混合相变的普适类, 这与无标度网络在 $\gamma \leqslant 4$ 时普通渗流所表现出的非

网络渗流

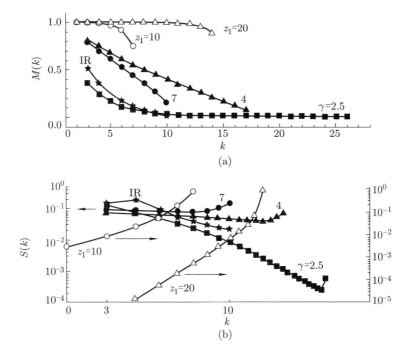

图 8.3   (a) $p = 1$ 时, 随机网络和无标度网络 k 核巨分支的相对大小 $M(k)$; (b) k 壳的大小 $S(k)$ 随参数 k 的变化。随机网络的平均度设为 10 和 20, 无标度网络的幂指数设为 2.5, 4 和 7, IR 表示一个具有因特网度分布的无度相关的网络的结果。该图取自文献 [1]

标准渗流普适类不同。

真实复杂网络度分布的幂指数往往处于 $2 < \gamma \leqslant 3$ 的范围, 当 γ 处于这个区间同时网络规模 N 在趋向于无穷大的时候, z_2 是发散的。在 $1 - R \ll 1$ 的时候, 方程 (8.5) 可以写成 $f_k(R) \cong (q_0/k)^{\gamma-2}(1-R)^{-(3-\gamma)}$。通过方程 (8.6) 可以求得 R 的解, 把它代入方程 (8.1), 可以得到 k 核巨分支的大小随着 k 的增加而降低:

$$M(k) = p[q_0(1 - R)/k]^{\gamma-1} = p^{2/(3-\gamma)}(q_0/k)^{(\gamma-1)/(3-\gamma)}. \tag{8.12}$$

$f_k(R)$ 在 $R \to 1$ 时的发散意味着渗流阈值 $p_c(k)$ 在 $N \to \infty$ 时趋向于零, 这与无标度网络的普通渗流是类似的。随着最大 k 核指数 $k_{\max}(N \to \infty) \to \infty$, 存在着从 $k = 1$ 到无限大的 k 核巨分支, 破坏其中任意一个 k 核巨分支都需要将所有的节点删除。

为了理解 k 核渗流混合相变产生的原因, 文献 [3] 引入了 "日冕" 分支的概念。日冕分支是指网络 k 核巨分支中度值恰好等于 k 并且连在一起的节点, 日冕分支也恰好在网络 k 核巨分支涌现的临界点发散。当占据概率 p 从临界点之上接近临界点 p_c 时, 日冕分支中任意一个节点被删除, 就会导致其邻居节点度值的减少, 进而被移出日冕分支; 邻居节点被删除以后又会引起邻居的邻居被删除, 当日冕分支发散的时候, 就会诱发整个日冕分支以及更多节点的雪崩, 此时网络的 k 核巨分支就会出现不连续的跳跃。

8.1.2 异质 *k* 核渗流

Davide Cellai 等人研究了复杂网络上的异质 k 核渗流模型 [2], 在该模型中, 不同节点的度阈值 k 的取值是不同的, 比例为 r 的节点的度阈值为 k_a, 比例为 $1-r$ 的节点的度阈值为 k_b。在随机删除 $1-p$ 比例的节点后, 可采用剪枝算法得到网络的异质 k 核。定义 M_{ab} 为一个随机节点属于异质 k 核的概率, S_{ab} 表示一个随机节点属于异质 k 核巨分支的概率。对于 $k \equiv (2,3)$ 的异质 k 核渗流, M_{ab} 和 S_{ab} 相等, 而对于其他 k 值又有所不同 [4]。

在标准 k 核渗流模型中, 对于 k 核巨分支中任意一条边的一端, 可以找到一个 $k-1$ 元子树, 也就是这条边所到达的节点至少具有 $k-1$ 条能够连接到无限大的巨分支的剩余边。在异质 k 核渗流模型中, 对于任意一条边的一端, 如果一个节点的度阈值为 k_i, 可以找到一个 k_i-1 元子树, 即该节点至少有 k_i-1 条剩余边能够连接到 k 核巨分支。定义 Z 为一个随机节点是一个 k_i-1 元子树的根的概率。假设网络为树形结构, 依据 Z 的定义可以写出一个随机节点属于网络 k 核的概率

$$M_{ab}(p) = \overline{M}_a(p) + \overline{M}_b(p)$$
$$= pr \sum_{q=k_a}^{\infty} P(q) \Phi_q^{k_a}(Z,Z) + p(1-r) \sum_{q=k_b}^{\infty} P(q) \Phi_q^{k_b}(Z,Z), \quad (8.13)$$

其中, $\overline{M}_a(p)$ 是网络异质 k 核巨分支中 a 类型节点在总节点数中的比例, $\overline{M}_b(p)$ 是 b 类型节点的数量在异质 k 核巨分支中节点数量中的比例; $P(q)$ 是网络的度分布; 函数 $\Phi_q^{k_a}(Z,Z)$ 表示一个随机挑选的 a 类型节点至少有 k_a 条边是 k_a-1 元子树的根的概率。类似地, 函数 $\Phi_q^{k_b}(Z,Z)$ 表示一个随机挑选的 b 类型节点至少有 k_b 条边是 k_b-1 元子树的根的概率。定义 X 为一条随机边能够连接到一

个 $k_i - 1$ 元子树的根的概率, 函数 $\Phi_q^k(Z, Z)$ 可写成如下形式:

$$\Phi_q^k(X, Z) = \sum_{l=k}^{q} \binom{q}{l} (1-Z)^{q-l} \sum_{m=1}^{l} \binom{l}{m} X^m (Z-X)^{l-m}. \tag{8.14}$$

对所有的度值求和, 并考虑不同类型节点所占的比例, 可写出 Z 所满足的自洽方程:

$$Z = pr \sum_{q=k_a}^{\infty} \frac{qP(q)}{\langle q \rangle} \Phi_{q-1}^{k_a-1}(Z, Z) + p(1-r) \sum_{q=k_b}^{\infty} \frac{qP(q)}{\langle q \rangle} \Phi_{q-1}^{k_b-1}(Z, Z), \tag{8.15}$$

异质 $\boldsymbol{k}$ 核巨分支相对大小为 $S_{ab} = \overline{S}_a(p) + \overline{S}_b(p)$, 其中 a 类型节点的比例为 $\overline{S}_a(p) = pr \sum_{q=k_a}^{\infty} P(q) \Phi_q^{k_a}(X, Z)$, b 类型节点的比例为 $\overline{S}_b(p) = p(1-r) \sum_{q=k_b}^{\infty} P(q) \cdot \Phi_q^{k_b}(X, Z)$。

当 $\boldsymbol{k} = (2, 3)$ 并且度分布的二阶矩不发散, 可将方程 (8.15) 重写为 $pf(Z) = 1$, 其中

$$f(Z) = r \frac{2P(2)}{\langle q \rangle} + \sum_{q \geqslant 3} \frac{qP(q)}{\langle q \rangle} \left[\frac{1 - (1-Z)^{q-1}}{Z} - (1-r)(q-1)(1-Z)^{q-2} \right]. \tag{8.16}$$

类似地, 一条随机边能够连接到一个 $k_i - 1$ 元子树的根的概率 X 满足方程 $h(X, Z) = 1/p$, 其中

$$h(X, Z) = r \frac{2P(2)}{\langle q \rangle} + \sum_{q \geqslant 3} \frac{qP(q)}{\langle q \rangle} \left[\frac{1 - (1-X)^{q-1}}{X} - (1-r)(q-1)(1-Z)^{q-2} \right]. \tag{8.17}$$

在 $0 < X < 1$ 的范围内, 方程 (8.17) 中包含 X 的求和项随 X 的增大而单调递减。这意味着方程 $Ph(X, Z) = 1$ 有一个非零解时, 方程 (8.15) 也只有一个非零解, 因此对于 $\boldsymbol{k} = (2, 3)$ 的情况, $X = Z$。

对于 $\boldsymbol{k} = (2, 3)$ 且度分布为泊松分布的随机网络上的异质 $\boldsymbol{k}$ 核渗流, 随着参数 r 的调整, 网络的渗流相变存在三重临界点。使用 $X = Z$ 的条件, 通过方程 $pf(Z) = 1$ 可以求解出异质 $\boldsymbol{k}$ 核巨分支产生的临界条件。当度分布为泊松分布时, $f(Z) = 1 - \mathrm{e}^{-z_1 Z}[1 + (1-r)z_1 Z]/Z$, 其中 z_1 表示网络的平均度。因此, 在 $r > 1/2$ 时, $f'(Z) < 0$, 这意味着 $f(Z)$ 只存在 $Z = 0$ 这一个平凡解, 在临界占据概率 $p_c = 1/rz_1$ 时存在二级相变。在 $r < 1/2$ 时, $f(Z)$ 在 0 至 1 之间存在一

个极大值 Z_M, 这意味着系统中存在一级相变。将 $f(Z)$ 在 $r > 1/2, Z(p) \to 0$ 和 $p \to p_c^+$ 时展开, 得到 $f(Z) = rz_1 + (1/2 - r)z_1^2 Z + O(Z^2)$, 说明 $f(Z)$ 的极大值在 $r = 1/2$ 时可以连续地匹配直线 $Z = 0$, 此时三重临界点是存在的。据此也可以获得模型的临界指数, 在三重临界点, $r_t = 1/2, p_t = \dfrac{2}{z_1}$。将序参量 $M_{23}(p)$ 在 $r \geqslant 1/2, p \to p_c$ 和 $p \to p^{*+}$ 时展开, 可以得到 3 个不同的临界指数

$$\beta = \begin{cases} 2, & 1/2 < r \leqslant 1, \\ 1, & r = 1/2, \\ 1/2, & r < 1/2. \end{cases} \tag{8.18}$$

在三重临界点, 临界指数 β 是一个特殊值, 这与贝特晶格的结果是一致的。而在 $r < 1/2$ 时, $\beta = 1/2$, 与混合相变的结果一致。因此 $k = (2,3)$ 的异质 k 核渗流是一个存在三重临界点的混合渗流相变模型, 如图 8.4 所示。

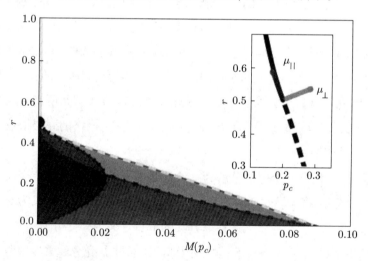

图 8.4　$k = (2,3)$ 异质 k 核渗流的相图, 平均度为 10 的 ER 随机网络的异质 k 核巨分支在临界点 p_c 处的规模随参数 r 的变化。在 $r = 1/2$ 处存在一个三重临界点, 将网络的一级相变区域 (实线) 和二级相变区域 (虚线) 分开; 点状虚线表示 2 核巨分支的规模, 点段状虚线表示 3 核巨分支的规模。插图表示在 (r, p_c) 平面上的相图。该图取自文献 [2]

如果将临界阈值 k_a 和 k_b 均设为 1 或 2, 或者 $k_a = 1$ 和 $k_b = 2$, 异质 k 核巨分支的涌现所对应的渗流相变均属于连续相变。文献 [4] 研究了 $k_a = 1, k_b \geqslant 3$ 的情况, 随着临界阈值为 $k_a = 1$ 的节点比例 r 或者节点保留概率 p 的增加, 异

网络渗流

质 k 核巨分支存在两种不同的渗流相变形式: 类似于普通渗流中的连续相变或 k 核渗流模型中的不连续混合相变。普通渗流中的连续相变的产生机理是临界阈值为 $k_a = 1$ 的节点能够形成无限大的巨分支; 不连续混合相变的产生机理是网络中 k_b 核巨分支随着模型参数的调整而涌现。

8.1.3 k 壳分解与应用

k 壳 (k-shell) 分解方法, 是指将网络的节点分解成若干层, 处于核心层的节点之间的连接非常紧密, 从核心层到外围层节点之间的连接密度依次降低 [5]。通过 k 壳分解, 可以帮助我们理解网络不同层次的节点在网络中的功能, 还可能揭示网络的演化和生成过程, 从而对一些真实网络的形成进行必要的控制。

给定一个任意结构的网络, 通过 k 壳分解可将其分解成 k 个壳层。首先, 将网络中所有度值小于等于 1 的节点删除, 然后再重复此操作直到网络中的所有节点的度值都大于 1, 那些被删除掉的节点形成网络的第 1 个壳层 (1-shell); 然后用同样的方法删除网络中度值小于等于 2 的节点, 被删除掉的节点形成网络的第 2 个壳层 (2-shell); 类似地, 可将网络中所有节点归类为它们所在的壳层。将能够找到的最大的壳层指数 k 定义为 $k_{\max}$, 因此 k 核 (k-core) 就是所有壳层指数大于等于 k 的壳层的节点的集合, 而 k 表 (k-crust) 定义为网络的壳层指数小于等于 k 的所有节点的集合。

文献 [5] 将任意一个网络分解为 3 个组成部分: 将属于 $k_{\max}$ 壳层的节点定义为网络的核心; 将 $k_{\max} - 1$ 表中属于最大连通分支中的节点定义为对等连接分支; 将 $k_{\max} - 1$ 表中不属于最大连通分支的节点定义为孤立分支。

文献 [5] 以一个自治系统级因特网为实例, 通过 k 壳分解来发现节点在网络中的功能, 网络包含了 20 000 个节点。图 8.5 显示了每个 k 表中第一大连通分支和第二大连通分支的大小随 k 指数的变化。可以发现, 渗流相变发生在 $k = 6$ 的位置, 此时, 第二大连通分支和最大连通分支中节点之间的平均距离有明显的峰值。在临界点之上, 网络 k 表中最大连通分支随着 k 的增加迅速增长, 然后会逐渐稳定下来。直到 k 增至 $k_{\max} - 1$ 时, k 表中最大连通分支占据了 70% 的网络节点。当把网络的核心添加到网络中的时候, 网络变得完全连接。从图 8.5 灰色圆圈可以观察到 k 表的最大连通分支规模在 $k_{\max}$ 处存在不连续的增加, 同时

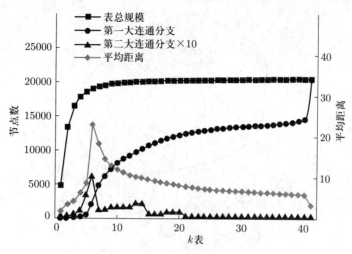

图 8.5　k 表中第一大连通分支和第二大连通分支中节点数量和平均最短距离随参数 k 的变化。为了能够在图中展示清楚, 将第二大连通分支规模乘以 10。该图取自文献 [5]

从浅灰色菱形曲线可以发现平均距离在 k_{max} 处从 5.75 到 3.34 的急剧下降, 这些结果证明了将 k_{max} 核定义为核心的合理性。然而, 即使在没有 k_{max} 核的情况下, 70% 的网络仍然保持连接 (对等连接分支)。这种连接为互联网上的传输控制提供了可能性。例如, 使用对等连接分支中的外围节点来发送信息, 可以避免核心节点中的拥塞并增加网络的总容量。然而, 网络中孤立分支中节点的数量很大 (约占网络的 30%) 没有连接在 $k_{max} - 1$ 表之中, 这些节点只能通过网络的核心节点连接到网络的其余部分, 如图 8.6 所示。这些结果阐明了对等连接分支中的节点和核心层节点在网络中的不同功能: 对等连接分支中的节点之间的连通性说明其内部节点之间的通信可以通过自身实现, 而不给核心层的节点带来负荷; 核心层节点添加到网络中以后, 平均最短距离的迅速降低说明核心层节点对于网络的通信性能和效率有着至关重要的作用。

　　另外一种识别互联网核心节点的方法是依据节点的度中心性排序。度中心性排序方法从空集开始按照度值递减的顺序将节点添加到核心节点集中, 并维持核心是一个完全连通分支。k 壳分解的方法与度中心性排序方法相比, 具有无参数、鲁棒性高且易于实现的优点。显然, 度中心性排序方法需要设定一个度阈值将节点分为核心和非核心两部分, 而 k 壳分解方法显然不需要这一参数; 除此之外, 文献 [5] 还以 3 个月为周期统计了 [5] 中数据之后 6 个月的数据, 他们发现,

网络渗流

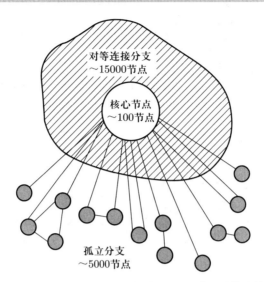

图 8.6　通过 k 壳分解方法将网络节点分为三部分: 核心节点、对等连接分支和孤立分支。由于该图形似水母, 被称为水母模型。该图取自文献 [5]

在不同的时段, k 壳分解得到的核心层的节点存在百分之几的差异, 而度中心性排序方法得到核心节点与 k 壳分解方法得到的结果有 25% 是不同的, 这说明 k 壳分解方法的稳定性优于度中心性排序方法。

有趣的是, 如图 8.7 所示, 广义随机网络中核心层节点规模以及核心层指标 $k_{\max}$ 和网络规模 N 有着幂律的关系, 随着网络规模的增长以幂函数的方式增长;

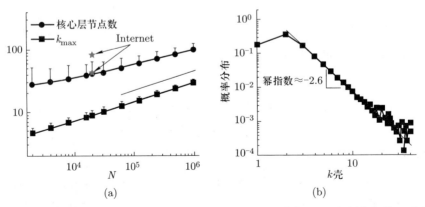

图 8.7　(a) 广义随机网络中核心层节点的数量以及核心层的指标 $k_{\max}$ 与网络规模 N 之间的关系; (b) 对等连接分支中每个壳层所包含节点数量的概率分布。图中数据来自配置模型生成的网络, 度分布的幂指数 γ 为 2.35。该图取自文献 [5]

214

对等连接分支中来自不同壳层的节点规模和 k 壳指标也以幂律方式衰减，幂指数约等于 -2.6。

8.2 靴襻渗流

8.2.1 靴襻渗流模型概述

靴襻渗流可以描述一系列复杂现象 [6]，包括神经元活动 [7, 8]、阻塞和刚度相变 [9, 10] 以及磁性系统 [11]。Chalupa 等人在磁系统的元胞自动机模型中引入了靴襻渗流模型 [12]。网格上的标准靴襻渗流的模型规则如下：节点可能处于活动状态或非活动状态，每个节点最初以给定的概率 f 被激活，如果一个未被激活的节点有 k 个邻居处于活动状态则该节点也会被激活。本节将介绍无限大的稀疏、无向、无度度相关性的复杂网络上的靴襻渗流。

靴襻渗流模型中存在两种类型的临界现象：第一种是连续相变，网络的巨分支以连续的方式涌现；第二种是混合相变，巨分支在涌现时同时具备奇异和不连续行为。另外，当网络度分布的一阶矩有限、二阶矩和三阶矩发散的时候，网络度分布的不均匀性强烈地影响了网络巨分支出现时的临界行为 [4]，即临界指数与网络异质性密切相关。对于度分布二阶矩有限的网络，混合相变具有相同的临界特性。通过分析网络的次临界分支可以理解网络的第二个相变点出现的原因，次临界分支由被激活邻居的数量等于 $k-1$ 的节点组成。一旦次临界分支中的小部分节点被激活，就会引起次临界分支中的连锁反应，从而能够使大量节点被激活。除了研究初始激活的节点比例 f 对于靴襻渗流相变的影响之外，在本节中，我们还将介绍在均匀随机移除一部分节点 $1-p$ 的时候，网络上所发生的渗流相变的特性。

8.2.2 网络上靴襻渗流的临界特性

考虑一个稀疏、无度度相关性的树形随机网络, 其结构完全由度分布 $P(q)$ 决定, 度分布的平均值表示为 $\langle q \rangle$, 网络度分布的二阶矩表示为 $\langle q^2 \rangle$。开始时, 随机地移除比例为 $1-p$ 的部分节点, 即保留节点的比例为 p。网络上的节点在开始时, 有比例为 f 的节点处于激活状态, 比例为 $1-f$ 的节点处于未被激活的状态。一个节点一旦被激活, 将永远保持为激活状态; 未被激活的节点, 一旦有至少 k 个邻居被激活, 该节点也将会被激活。通过这样的一个迭代过程, 在经历若干时间步后, 网络可以达到一个稳态。此时, 所有被激活的节点的比例记为 $S_a(f)$, 也就是一个随机节点最终被激活的概率, 将被激活节点所形成的网络巨分支的相对大小记为 S_{gc}。

图 8.8 展示了 $f-p$ 平面中网络巨分支的相图, 该结果来自于无度相关性的无限大的网络, 度分布的二阶矩和三阶矩都是有限的。任何此类网络在定性上的结果都是相同的。标记为 I 的区域不存在被激活的巨分支, 标记为 II 的区域存在被激活的巨分支。可以看到, 如果网络被破坏到剩余节点的比例小于临界阈值 p_c, 网络中的巨分支是不存在的, 因此对于任意数量的种子节点, 网络被激活的巨

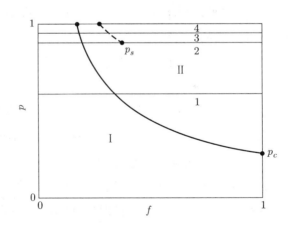

图 8.8 度分布二阶矩有限的网络在 $f-p$ 平面上的网络巨分支的相图。实线标记的是二阶连续相变点 f_{c1}, 在此相变点巨分支从 0 开始连续出现。在区域 I, 网络巨分支不会出现, 网络巨分支会出现于区域 II。虚线标记的是一阶不连续的相变点 f_{c2}, 在此处存在一个不连续的跳跃, 该线在临界点 p_s 结束。该图取自文献 [4]

分支都不会出现。这个临界阈值 p_c 指的是一般复杂网络的临界渗流阈值, 其值为 $p_c = \langle q \rangle / [\langle q^2 \rangle - \langle q \rangle]$。给定一个节点保留概率 $p > p_c$, 调整参数 f, 网络被激活的巨分支出现的临界阈值记为 f_{c1}。在 $k \to \infty$ 的时候, 区域 I 和区域 II 的分界线趋向于曲线 $pf = p_c$, 这是由于网络的种子节点本身所形成的巨分支就是存在的。此外, 在特定临界点 p_s 之上, 可以发现网络巨分支能够发生第二次相变。对于任意 $p > p_c$, 存在一个大于 f_{c1} 的临界阈值 f_{c2}, 在此处巨分支存在一个突然的跳跃, 在图 8.8 中用虚线标记。在 $p < p_s$ 的时候, 网络巨分支不能发生跳跃, 即不发生第二次相变。

图 8.9 展示了对于 4 个不同的 p 值, 被激活节点的比例 S_a 和被激活巨分支的规模 S_{gc} 随参数 f 的变化, 以平均度为 5 的随机网络作为代表, 激活阈值设置为 $k = 3$。为了比较不同参数 p 值对网络的渗流特性的影响, 这里对每条曲线都做了标记。曲线 1 表示网络的激活巨分支未发生跳跃 $(p < p_s)$; 曲线 2 表示网络的激活巨分支刚好发生跳跃 $(p = p_s)$; 曲线 3 表示网络的激活巨分支存在跳跃 $(p > p_s)$。随着 p 的增加, 跳跃发生时所对应的 f 值也在逐步降低, 但是不会达到零。从图 8.9(b) 可以看出, 激活巨分支的涌现是一个连续相变, 等价于一个普通的渗流过程, 随机网络的临界指数 $\beta = 1$, 无标度网络的临界指数在第 6.2.4 节给出。

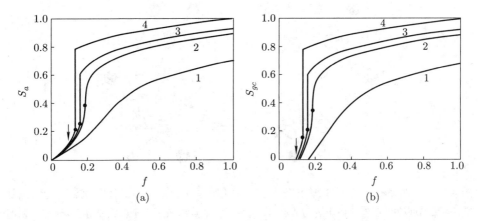

(a)   (b)

图 8.9 被激活节点的比例 S_a 和被激活巨分支的规模 S_{gc} 和参数 f 的关系图。平均度为 5, 临界阈值为 3。编号为 $1-4$ 的 4 条曲线对应的 p 值分别为 $0.7, 0.893, 0.93, 1$, 图中的黑点表示混合相变临界值的位置 f_{c2}。该图取自文献 [4]

对于 $k=1$ 的情况, 被激活节点的比例 S_a 和被激活巨分支的规模 S_{gc} 不会出现跳跃, 其中被激活巨分支的规模 S_{gc} 等价于网络巨分支的规模, 只会发生连续的渗流相变。对于较大的 k, 不连续的跳跃就会出现。对于给定的 p 值, k 值越大, 跳跃所对应的 f_{c2} 值就越大。随着 k 值增加, 临界点 p_s 的值也增加。网络中存在一个有限的最大阈值 $k_{\max}$, 其值与 ER 随机网络平均度成正比, 当 k 超越 $k_{\max}$ 之后, 跳跃不再出现。图 8.8 中标出跳跃位置的虚线随着 k 的增加向图的右侧和顶部移动, 最后当 k 超过 $k_{\max}$ 时完全消失。这个不连续相变是一个混合相变, 即不连续性和奇异性同时存在。当 f 趋向于阈值 f_{c2} 时, 被激活节点的规模 S_a 有如下关系式

$$S_a(f) = S_a(f_{c2}) - a(f_{c2} - f)^{1/2}, \tag{8.19}$$

其中 a 是一个常数。此外, 对于不连续跳跃, 跳跃的幅度随着 p 的增加而降低, 在 $p=p_s$ 的时候, 跳跃幅度减为零, 此时被激活节点的规模 S_a 的临界特性为

$$S_a(f) = S_a(f_{c2}) - a'(f_{c2} - f)^{1/3}. \tag{8.20}$$

可以通过分析网络中的次临界分支来理解被激活节点的不连续跳跃, 次临界分支与文献 [1] 中日冕分支的概念类似。网络中的次临界节点是指那些邻居中被激活的节点数等于 $k-1$ 的节点。图 8.10 所示为次临界分支的示例。

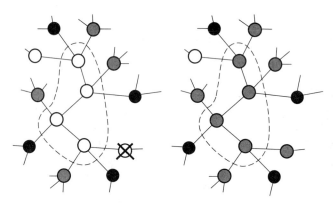

图 8.10　左图表示网络中的次临界分支, 节点阈值 $k=3$, 黑色节点是种子顶点, 灰色节点是被激活的节点, 空心节点是非活动节点; 虚线所圈的节点形成了一个次临界分支, 与它们相连的节点要么是非活动节点, 要么是具有超过阈值数量的活动节点。如果与次临界分支相邻的某个节点变为活动状态, 如果它变为种子顶点, 它的邻居节点就会变为活动状态, 然后是它的邻居, 直到整个次临界分支被激活, 如右图所示。该图取自文献 [4]

次临界节点所形成的分支之所以重要是因为, 与次临界分支相邻的单个节点的激活必然会导致分支中的至少一个节点满足激活阈值条件, 这将激活次临界分支中的另外一个邻居, 依次类推, 随后大量的节点会被激活, 直到整个次临界分支中的节点完全变为激活状态。当 f 处于临界点 f_{c2} 之下或之上, 次临界节点仅形成有限且孤立的分支; 当 f 接近 f_{c2} 时, 次临界分支的平均大小发散。因此, 由单个节点激活状态的变化产生的雪崩会蔓延到相当大规模的节点, 导致网络中被激活的节点数发生不连续变化。

当一个网络的度分布衰减得非常慢, 尤其二阶矩和三阶矩都发散的时候, 其结果可能会有所不同。例如, 对于度分布满足幂律分布的无标度网络, $P(q) \propto q^{-\gamma}$, 如果 $2 \leqslant \gamma \leqslant 3$, 二阶矩发散。在这种情况下, 对于任何大于零的 p 和 f, 以及任意激活阈值 k, 激活巨分支始终存在。也就是说随着网络规模增加, 被激活节点的比例 S_a 和被激活巨分支的规模 S_{gc} 发生跳跃的阈值趋向于零, 这意味着此类无标度网络的激活巨分支更容易出现。

8.2.3　理论分析

为了获得被激活节点比例 S_a 的解析解, 定义概率 Z 为沿着一条随机边的一端能够连接到一个激活节点或者有至少 k 个被激活的下级邻居的概率 (下级邻居数等价于除所选择边之外所到达的节点所拥有的边数)。依据 Z 的定义可知, Z 满足自洽方程

$$Z = pf + p(1-f) \sum_{i=k}^{\infty} \frac{(i+1)P(i+1)}{\langle q \rangle} \sum_{l=k}^{i} \binom{i}{l} Z^l (1-Z)^{i-l}. \tag{8.21}$$

借由 Z 被激活节点的比例可以写成

$$S_a = pf + p(1-f) \sum_{i=k}^{\infty} P(i) \sum_{l=k}^{i} \binom{i}{l} Z^l (1-Z)^{i-l}. \tag{8.22}$$

对于被激活节点所形成的巨分支的大小 S_{gc} 的解析解, 定义概率 X 为沿着一条随机边的一端能够连接到一个激活节点或者有至少 k 个被激活下级邻居节点的

网络渗流

概率, 同时其中一个邻居能够连接到巨分支的概率。因此 X 满足如下自洽方程

$$X = pf \sum_{i=0}^{\infty} \frac{(i+1)P(i+1)}{\langle q \rangle} \sum_{m=1}^{i} \binom{i}{m} X^m (1-X)^{i-m} +$$

$$p(1-f) \sum_{i=k}^{\infty} \frac{(i+1)P(i+1)}{\langle q \rangle} \sum_{i=k}^{i} \binom{i}{l} \sum_{m=1}^{l} \binom{l}{m} X^m (Z-X)^{l-m}(1-Z)^{i-l}. \tag{8.23}$$

类似地, 被激活的巨分支的规模为

$$S_{gc} = pf \sum_{i=0}^{\infty} P(i) \sum_{m=1}^{i} \binom{i}{m} X^m (1-X)^{i-m} +$$

$$p(1-f) \sum_{i=k}^{\infty} P(i) \sum_{i=k}^{i} \binom{i}{l} \sum_{m=1}^{l} \binom{l}{m} X^m (Z-X)^{l-m}(1-Z)^{i-l}. \tag{8.24}$$

定义函数 $\Psi(Z,p,f)$ 和 $\Phi(Z,p,f)$ 分别为方程 (8.21) 和方程 (8.23) 的右侧部分, 因此这两个方程变为

$$Z = \Psi(Z,p,f), \tag{8.25}$$

$$X = \Phi(Z,p,f). \tag{8.26}$$

这些方程的解都可以通过数值计算得到, 如果方程存在多个解, 取其中的最小值。激活巨分支出现的位置 f_{c1} 对应于方程 (8.26) 满足 X 很小而且为非零的条件, 即对于给定 p, 方程在 $X \to 0$ 时对应于 f 的解。类似地, 给定 f, 通过求方程在 $X \to 0$ 时对于 p 的解。根据这种方式, 也可以求得激活巨分支出现的位置 p_c。通过计算, 当度分布的二阶矩 $\langle q^2 \rangle$ 有限时, 激活巨分支的规模从临界点 f_{c1} 开始以线性方式增长。

第二个非连续相变的发生位置可以通过研究 $\Psi(Z,p,f)/Z$ 函数的特性来获取。显然, 方程 (8.25) 成立时, 函数 $\Psi(Z,p,f)/Z$ 取值为 1, 此值是函数 $\Psi(Z,p,f)/Z$ 的一个极值。因此对于任意 f, $\Psi(Z,p,f)/Z$ 应当满足

$$\frac{\mathrm{d}}{\mathrm{d}Z} \frac{\Psi}{Z} = 0. \tag{8.27}$$

这会导致在 f 和 p 临界点附近具有平方根的标度行为。在 $f-p$ 平面上跳跃消失的临界点 p_s 处, 除了需要满足方程 (8.25) 和方程 (8.27) 外, 函数 $\Psi(Z,p,f)/Z$

还需满足如下条件

$$\frac{\mathrm{d}^2}{\mathrm{d}Z^2}\frac{\Psi}{Z}=0 \tag{8.28}$$

8.3 非局域关联渗流

非局域关联渗流研究了网络在节点之间存在隐含依赖性时的鲁棒性。对于一些真实的网络，它们的度分布具有较强的异质性，因此鲁棒性也比较强。然而在节点之间存在非局域关联的时候，网络的鲁棒性会大幅降低，几个节点的故障就可能导致许多其他节点立即失效。非局域的关联可能会对网络的渗流相变产生重要的影响 [14]。例如社交网络中人与人之间的朋友关系，金融网络中的商业组织之间的贸易联系，或因特网路由器之间的连接。这种网络度分布具有较强的异质性，因此鲁棒性也比较强，即使在许多节点在发生故障之后，网络的巨分支仍然存在。如果网络节点之间非局域性依赖的话，几个节点故障就可能导致许多其他节点立即失效，这种依赖性会大幅削弱网络的鲁棒性。

非局域关联渗流描述了同时具有连接边和依赖边的网络的鲁棒性。对于依赖边，如果一端的节点失效了，另外一端的节点就会立即失效；对于连接边，如果一端的节点失效了，当另外一端的节点还能够通过其他节点连接到网络巨分支的时候，就不会失效。在引入依赖边之后，网络的渗流过程就会存在级联效应，在删除一部分节点和它们的依赖节点之后，网络中剩余节点中的一部分就会脱离巨分支而失效，这部分失效的节点会引起与它们有依赖的节点失效，从而诱发网络的进一步破碎。在本节中，将节点因依赖节点的失效而造成的失效称为依赖失效，将节点因其邻居的删除而脱离巨分支的失效称为连接失效，两种失效在级联过程中交替进行直至达到稳态，如图 8.11 所示。

文献 [14] 研究了网络中的节点至多存在一条依赖边情况下的鲁棒性，并通过参数 q 来调整网络中具有依赖边的节点密度，当 $q=1$ 的时候，网络中每个节点都有且只有一个依赖边。图 8.12 展示了随机网络和无标度网络在不同的 q 值下

网络渗流

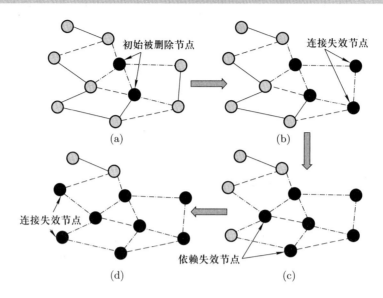

图 8.11　网络中存在两种不同性质的边, 实线表示网络节点之间的连接边, 虚线表示网络节点之间的依赖边。(a) 黑色节点表示初始被删除的节点, 点划线表示因节点的删除而被删除的连接边; (b) 展示了因不能通过被删除的节点连接到最大连通分支而连接失效的节点; (c) 展示了因依赖节点的失效而失效的节点; (d) 网络达到稳态。该图取自文献 [14]

分别发生的一阶相变和二阶相变现象。当 q 较大的时候, 网络巨分支的规模 S 随着 p 的降低在某个临界点会突然跳跃到零; 当 q 较小的时候, 网络巨分支的规模 S 随着 p 的降低在某个临界点会连续地趋向于零。因此 q 在决定网络的破碎形式上具有重要的作用, 即存在一个临界点 q_c, 当 $q > q_c$ 的时候, 网络的破碎形式为不连续的一阶相变; 当 $q < q_c$ 的时候, 网络的破碎形式为连续的二阶相变。

　　对于该模型, 基于网络的树形假设, 可通过生成函数方法求解。定义 R 为沿着一条随机边到达网络巨分支的概率, 则可以将网络巨分支的规模写为

$$S = qp^2[1 - G_0(1 - R)]^2 + (1 - q)p[1 - G_0(1 - R)], \tag{8.29}$$

假定一个随机节点存在依赖节点并且处于网络巨分支, 该节点和它的依赖节点同时保留下来的概率为 p^2, 这两个节点都能够连接到网络巨分支的概率为 $p^2[1 - G_0(1 - R)]^2$, 据此得到方程 (8.29) 的第一项; 如果该节点没有依赖节点, 其概率为 $1 - q$, 它能够保留下来而且能连接到巨分支的概率为 $p[1 - G_0(1 - R)]$, 据此得到方程 (8.29) 的第二项。

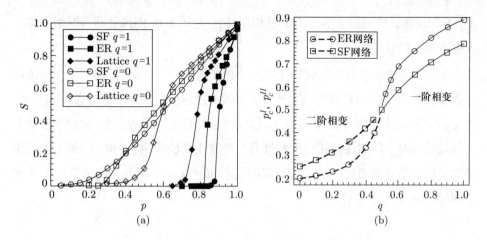

图 8.12　(a) 规则网格, ER 随机网络和 SF 无标度网络上的一阶相变与二阶相变示意图, 网络巨分支的大小 S 随节点保留概率 p 的变化, 图中随机网络和无标度网络的平均度均为 3.5; (b) 随机网络和无标度网络一阶渗流相变的临界值 p_c^I(实线) 和二阶渗流相变的临界值 p_c^{II}(虚线) 随 q 的变化, 图中随机网络和无标度网络的平均度均为 4。该图取自文献 [14]

依据 R 的定义, 可以得到 R 满足自洽方程

$$R = qp^2[1 - G_1(1 - R)][1 - G_0(1 - R)] + (1 - q)p[1 - G_1(1 - R)], \qquad (8.30)$$

其中, $1 - G_1(1 - R)$ 表示随机挑选的一条边所到达的节点能够通过其余边连接到网络巨分支的概率, $p[1 - G_0(1 - R)]$ 表示随机边所到达的节点的依赖节点属于网络巨分支而且保留下来的概率。假如所挑选的边到达的节点没有依赖节点, 其概率为 $1 - q$, 该节点保留下来并且能够通过剩余边连接到巨分支的概率为 $p[1 - G_1(1 - R)]$。

通过方程 (8.29) 和方程 (8.30), 可以求出任意无度相关性的树形网络的解。方程 (8.30) 存在一个平凡解 $R = 0$, 对应于网络完全破碎的情况, 当方程 (8.30) 的非平凡解出现的时候, 网络渗流就会发生。当 p 值趋向于网络的二级相变点 p_c^{II} 的时候, R 趋向于零, 因此可以得到二级相变点满足方程

$$p_c^{II} = \frac{1}{G_1'(1 - R)(1 - q)} \qquad (8.31)$$

当 q 趋向于 0 的时候, p_c^{II} 等价于普通渗流模型的临界渗流概率。定义函数 $f(R) = R - qp^2[1 - G_1(1 - R)][1 - G_0(1 - R)] - (1 - q)p[1 - G_1(1 - R)]$。如果存在一个非

平凡解 R, 能够使函数 $f(R)$ 与 R 轴相切并且 $f(R) = 0$, 则该解即为网络发生一阶渗流相变的临界值。

为了研究依赖节点的局域特性对渗流相变的影响, 文献 [15] 研究了互为依赖节点同时互为邻居的节点比例对于渗流相变的影响, 发现当二者重复率较低时, 渗流相变为一级相变; 当二者重复率较高时, 渗流相变为二级相变, 这说明依赖节点的局域性对于网络渗流相变的特性具有非常重要的作用。此外, 后续工作分别研究了依赖节点所形成的依赖簇的规模大小和分布 [16], 以及有向依赖边 [17] 对于网络渗流特性的作用。

8.4 核渗流

无向网络的核是指迭代地删除网络叶节点和叶节点的邻居之后的剩余部分, 这里叶节点被定义为度值为 1 的节点, 这种删除过程在核渗流中被称为贪婪叶节点删除 (greedy leaf removal, GLR)。给定一个网络, 最终所得到的核与节点的移除顺序无关。对于树形网络, 由于网络中没有环, 因此网络中不会有核存在, 如 $m = 1$ 的 BA 无标度网络。另外, 一个网络中如果没有叶节点, 将不会有节点被删除。对于 ER 随机网络, 当网络的平均度 $c^* = \mathrm{e} = 2.7182818\ldots$ 时, 网络的核会趋向于发散而渗流 [18, 19]。需注意的是, 网络的核与 2 核是不同的, 如图 8.13(a) 所示。

为了系统地研究任意度分布随机图的核渗流, 文献 [20] 根据 GLR 过程中节点的删除方式, 将节点分为 4 种类别: α 类可删除、β 类可删除、γ 类可删除和不可删除。① α 类可删除节点定义为未被直接删除而孤立的节点, 如图 8.13(b) 中节点 v_1 和 v_2; ② β 类可删除节点定义为因变成叶子节点的邻居而删除的节点, 如图 8.13(b) 中节点 v_3 和 v_5; ③ γ 类可删除节点定义为即非因 α 类删除也非 β 类删除而变成叶子节点的节点, 如图 8.13(b) 中节点 v_4; ④ 不可删除节点, 属于网络的核节点, 如图 8.13(b) 中节点 v_6, v_7 和 v_8。

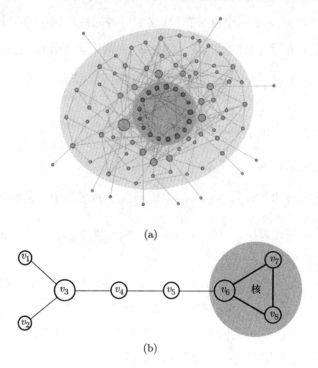

(a)

(b)

图 8.13 (a) 深灰色部分表示网络的核, 浅灰色部分表示网络的 2 核; (b) 表示了网络中不同节点的类别, 白色表示可删除节点, 深灰色表示不可删除节点, v_1 和 v_2 表示 α 类可删除节点, v_3 和 v_5 表示 β 类可删除节点, v_4 表示 γ 类可删除节点。该图取自文献 [20]

通过可删除节点的局域连接情况, 可以得到网络中可删除节点之间存在如下关系: ① 对于 α 类可删除节点, 它的所有的邻居都是 β 类可删除节点; ② 对于 β 类可删除节点, 它至少有一个节点为 α 类可删除节点; ③ 对于不可删除节点, 没有邻居是 α 类可删除节点, 而且至少有两个邻居是不可删除的。这里忽略了 γ 类可删除的节点, 因为这些节点在确定网络核大小的时候不起作用。定义一个随机节点的邻居是 $\alpha\,(\beta)$ 类可删除节点的概率为 $\alpha\,(\beta)$, 通过关系 ① 和关系 ②, 可以得到 $\alpha(\beta)$ 满足如下自洽方程:

$$\alpha = \sum_{k=1}^{\infty} Q(k)\beta^{k-1} = A(1-\beta)$$

$$1-\beta = \sum_{k=1}^{\infty} Q(k)(1-\alpha)^{k-1} = A(\alpha),$$

(8.32)

其中, $Q(k) \equiv kP(k)/c$ 表示余度分布, 含义为一条随机边到达的一个节点具有的其他边的数量, c 表示网络的平均度, $A(1-x)$ 为网络余度分布, 定义为 $\sum_{k=0}^{\infty} Q(k+1)(1-x)^k$。通过关系 ③, 可以得到网络核的相对大小满足

$$n_{\text{核}} = \sum_{k=0}^{\infty} P(k) \sum_{s=2}^{k} \binom{k}{s} \beta^{k-s}(1-\beta-\alpha)^s. \tag{8.33}$$

这一结果也可以简化为 $n_{\text{核}} = G(1-\alpha) - G(\beta) - c(1-\beta-\alpha)\alpha$, 其中 $G(x) = \sum_{k=0}^{\infty} P(k)x^k$ 是网络的度分布 $P(k)$ 的生成函数。网络核中边的相对数量 $l_{\text{核}} \equiv L_{\text{核}}/N$ 也可以重新计算: $l_{\text{核}} = \frac{c}{2}(1-\alpha-\beta)^2$。只有在 $1-\alpha-\beta > 0$ 的情况下, $n_{\text{核}}$ 和 $l_{\text{核}}$ 才能大于 0.

对于入度分布和出度分布分别为 $P^-(k)$ 和 $P^+(k)$ 的有向网络, 以上方程仍然可以推广应用。根据最大匹配和有向网络的可控制性之间的关系 [21], 文献 [20] 将网络中的每个节点 v 分成两个节点 $v^+(\text{上})$ 和 $v^-(\text{下})$, 则有向网络 G 可以映射为一个二部图 B。如果存在一条边 $v_1 \to v_2$, 就在网络 B 中的两个节点 v_1^+ 和 v_2^- 建立一条边。然后, 将有向网络 G 的核定义为通过对 B 应用 GLR 所获得的 B 的核, 只要有 v_i^+ 和 v_i^- 中的一个节点属于 B 的核, v_i 就属于网络 G 的核。定义 $A^{\pm}(x) \equiv \sum_{k=0}^{\infty} Q^{\pm}(k+1)(1-x)^k$ 且 $Q^{\pm}(k) \equiv kP^{\pm}(k)/c$, 方程 (8.32) $\sim$ 方程 (8.34) 也可以推广成如下形式:

$$
\begin{aligned}
\alpha^{\pm} &= A^{\pm}(1-\beta^{\mp}) \\
1-\beta^{\pm} &= A^{\pm}(\alpha^{\mp}),
\end{aligned}
\tag{8.34}
$$

则二分图的核 $n_{\text{核}}^+$ 和 $n_{\text{核}}^-$ 可以表示成如下形式:

$$n_{\text{核}}^{\pm} = \sum_{k=0}^{\infty} P^{\pm}(k) \sum_{s=2}^{k} \binom{k}{s} (\beta^{\mp})^{k-s}(1-\beta^{\mp}-\alpha^{\mp})^s. \tag{8.35}$$

则有向图 G 的相对大小可以表示为 $n_{\text{核}} = (n_{\text{核}}^+ + n_{\text{核}}^-)/2$, 并且网络核中边的相对数量 $l_{\text{核}} = c(1-\alpha^+-\beta^+)(1-\alpha^--\beta^-)$。

将上述条件应用于具有特定度分布的一系列随机无向网络, 可以发现, 对于具有幂律度分布 $P(k) \sim k^{-\gamma}$ 的纯无标度网络, 在 $\gamma > 2$ 的情况下, 核并不存在。

对于由静态模型生成的渐近 SF 网络, 在网络节点度值上限较大的情况下, 而且平均度 c 大于阈值 c^* 时, 核就会出现, 如图 8.14 所示。

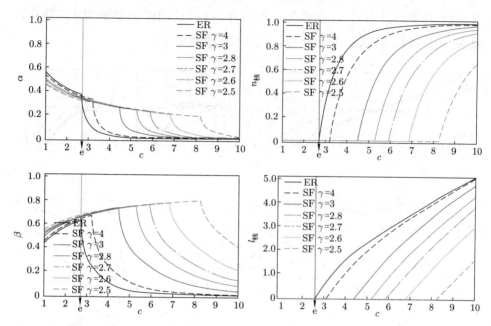

图 8.14　静态网络模型网络上的核渗流。左侧两图展示了概率 α 和 β 随平均度 c 的变化, 右侧两图展示了网络核 $n_{核}$ 的相对大小和边的相对数量 $l_{核}$ 在不同 γ 参数下随平均度 c 的变化。该图取自文献 [20]

对于有向网络核渗流的解, 可以通过定义函数 $f^{\pm}(x) \equiv A^{\pm}(A^{\mp}(x)) - x$ 来求得。当网络的平均度 c 较小的时候, $f^{\pm}(x)$ 只有一个解; 当 c 较大的时候, $f^{\pm}(x)$ 有 3 个解, 在临界点 c^*, 根的数量从 1 跳到 3, 即出现了一个新的重根。对于 $f^{+}(x)$ 或 $f^{-}(x)$, 在 c^* 处二者中有一个的新根大于原始根, 而另一个的新根小于原始根; 而对于简并的情况, 即出度分布与入度分布相同, $f^{+}(x)$ 或 $f^{-}(x)$ 的新根与原始根相同。图 8.15(c) ~ 图 8.15(e) 展示了出度分布的幂指数 $\gamma = 2.7$, 入度分布的幂指数 $\gamma = 3$ 时的有向网络的解, $f^{+}(x)$ 在 c^* 处的新根 (实心圆点标记) 比原来的根小 (空心方块标记), 而 $f^{-}(x)$ 在 c^* 处的新根 (实心方块标记) 比原来的根大 (空心圆圈标记)。换句话说, 在临界点上, 要么对于 $f^{+}(x)$ 或 $f^{-}(x)$, 其最小的两个根是相同的; 要么对于 $f^{-}(x)$ 或 $f^{+}(x)$, 其最大的两个根是相同的。对于简并的情况 $[P^{+}(k) = P^{-}(k) = P(k)]$, 有 $f^{+}(x) = f^{-}(x) = f(x)$, 并且 $f(x)$ 在 c^* 处的

新根与 $f(x)$ 的原始根相同, 即这 3 个根相同。因此, 在临界点, 对于非简并的情况, α^+ 与 β^- (或 α^- 与 β^+) 存在不连续的跳跃; 对于简并的情况, 二者的变化是连续的, 因此 $n_{核}$ 和 $l_{核}$ 在临界点 c^* 处存在一个连续的相变; 因此对于非简并的情况, $n_{核}$ 和 $l_{核}$ 在临界点 c^* 处存在一个不连续的相变。

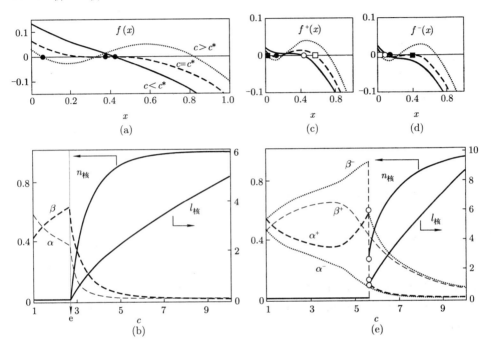

图 8.15 (a) 和 (b) 展示了无向随机网络的解析解; (c)~(e) 由静态模型生成的有向渐近无标度随机网络的解析解, 出度分布的幂指数 $\gamma = 2.7$, 入度分布的幂指数 $\gamma = 3$

文献 [20] 给出了连续相变和非连续相变的临界指数。当 c 接近临界点 c^* 时, $n_{核} - \Delta_n \sim (c - c^*)^\eta$, $l_{核} - \Delta_l \sim (c - c^*)^\theta$, 其中 Δ_n 和 Δ_l 分别表示 $n_{核}$ 和 $l_{核}$ 在临界点 c^* 处不连续的跳跃幅度。对于不连续相变, $\eta = \theta = 1/2$; 对于连续相变, $\Delta_n = \Delta_l = 0$, $\eta = \theta = 1$。这个结果表明, 核渗流中的不连续相变与 k 核渗流或靴襻渗流中的不连续相变同属于一个普适类。

核渗流与随机图中的一些重要问题相关, 包括组合优化, 例如最大匹配和最小顶点覆盖以及传导绝缘相变问题。随后还出现了基于 k 叶节点的定义, 将核渗流推广到广义 k 核渗流来识别网络中的核心节点 [22, 23], 以及网络可控性和核渗流之间联系的研究 [24, 25]。

8.5　小结

　　本章较为详细地介绍了 4 种依赖渗流模型, 包括 k 核渗流、靴襻渗流、非局域关联渗流和核渗流。基于生成函数方法, 本章介绍了这些模型的求解思路和求解过程。有关依赖渗流研究的模型还有很多, 例如, 文献 [26] 研究了网络中的关节节点在网络渗流中的作用, 如果采用类似于 k 核渗流的剪枝算法, 反复删除一个网络中的关节节点直到网络中不存在关节节点, 那么网络最终的巨分支大小会随着网络平均度的降低存在一个不连续的跳跃, 它的相变类型和 k 核渗流及核渗流的不连续相变属于同一个普适类。文献 [27] 提出了有限路径渗流, 研究了在删除部分节点 $1 - p$ 后网络中节点的最短路径的变化, 模型假定如果节点 i 和节点 j 之间的最短路径变为原来最短路径的 a 倍, 它们之间的通信便不再有效, 研究发现网络存在一个阈值 $\tilde{p}_c = (\kappa - 1)^{(1-a)/a}$, 其中 $\kappa = \langle k^2 \rangle / \langle k \rangle$, 只有当保留节点比例高于该阈值的时候, 网络中有效通信节点形成的巨分支才能够涌现。

参考文献

[1] Dorogovtsev S N, Goltsev A V, Mendes J F F. k-Core organization of complex networks [J]. Phys. Rev. Lett., 2006, 96: 040601.

[2] Cellai D, Lawlor A, Dawson K A, et al. Tricritical point in heterogeneous k-core percolation [J]. Phys. Rev. Lett., 2011, 107: 175703.

[3] Goltsev A V, Dorogovtsev S N, Mendes J F F. k-Core (bootstrap) percolation on complex networks: Critical phenomena and nonlocal effects [J]. Phys. Rev. E, 2006, 73: 056101.

[4] Baxter G J, Dorogovtsev S N, Goltsev A V, et al. Heterogeneous k-core versus bootstrap percolation on complex networks [J]. Phys. Rev. E, 2011, 83: 051134.

[5] Carmi S, Havlin S, Kirkpatrick S, et al. A model of Internet topology using k-shell decomposition [J]. Proc. Nat. Acad. Sci., 2007, 104: 11153.

网络渗流

[6] Di Muro M A, Valdez L D, Stanley H E, et al. Insights into bootstrap percolation: Its equivalence with k-core percolation and the giant component [J]. Phys. Rev. E, 2019, 99: 022311.

[7] Eckmann J P, Feinerman O, Gruendlinger L, et al. The physics of living neural networks [J]. Physics Reports, 2007, 449(1): 54–76.

[8] Soriano J, Rodríguez Martínez M, Tlusty T, et al. Development of input connections in neural cultures [J]. Proceedings of the National Academy of Sciences, 2008, 105(37): 13758–13763.

[9] O'Hern C S, Langer S A, Liu A J, et al. Random packings of frictionless particles [J]. Phys. Rev. Lett., 2002, 88: 075507.

[10] Toninelli C, Biroli G, Fisher D S. Jamming percolation and glass transitions in lattice models [J]. Phys. Rev. Lett., 2006, 96: 035702.

[11] Sabhapandit S, Dhar D, Shukla P. Hysteresis in the random-field ising model and bootstrap percolation [J]. Phys. Rev. Lett., 2002, 88: 197202.

[12] Chalupa J, Leath P L, Reich G R. Bootstrap percolationon a bethe lattice [J]. J. Phys. C, 1979, 12: 5.

[13] Cohen R, Avraham D, Havlin S. Percolation critical exponents in scale-free networks [J]. Phys. Rev. E, 2002, 66: 036113.

[14] Parshani R, Buldyrev S V, Havlin S. Critical effect of dependency groups on the function of networks [J]. Proceedings of the National Academy of Sciences, 2011, 108(3): 1007–1010.

[15] Li M, Liu R R, Jia C X, et al. Critical effects of overlapping of connectivity and dependence links on percolation of networks [J]. New Journal of Physics, 2013, 15(9): 093013.

[16] Bashan A, Parshani R, Havlin S. Percolation in networks composed of connectivity and dependency links [J]. Phys. Rev. E, 2011, 83: 051127.

[17] Niu D, Yuan X, Du M, et al. Percolation of networks with directed dependency links [J]. Phys. Rev. E, 2016, 93: 042312.

[18] Karp R M, Sipser M. Maximum matchings in sparse random graphs [J]. Proceedings of IEEE Symposium on Foundations of Computer Science, 1981.

[19] Bauer M, Golinelli O. Core percolation in random graphs: A critical phenomena

analysis [J]. The European Physical Journal B (Condensed Matter and Complex Systems), 2001, 24(3): 339–352.

[20] Liu Y Y, Csóka E, Zhou H, et al. Core percolation on complex networks [J]. Phys. Rev. Lett., 2012, 109: 205703.

[21] Liu Y Y, Slotine J J, Barabási A L. Controllability of complex networks [J]. Nature, 2011, 473: 167–173.

[22] Shang Y. Attack robustness and stability of generalized k-cores [J]. New Journal of Physics, 2019, 21(9): 093013.

[23] Azimi-Tafreshi N, Osat S, Dorogovtsev S N. Generalization of core percolation on complex networks [J]. Phys. Rev. E, 2019, 99: 022312.

[24] Tao J, Posfai M. Connecting Core Percolation and Controllability of Complex Networks [J]. Scientific Reports, 2014, 4.

[25] Zhao J H, Zhou H J. Controllability and maximum matchings of complex networks [J]. Phys. Rev. E, 2019, 99: 012317.

[26] Tian L, Bashan A, Shi D N, et al. Articulation points in complex networks [J]. Nature Communications, 2017, 8: 14223.

[27] López E, Parshani R, Cohen R, et al. Limited path percolation in complex networks [J]. Phys. Rev. Lett., 2007, 99: 188701.

第 9 章 多层网络上的渗流

　　基础设施网络之间的相互依赖性给它们带来了极为严重的系统性风险,如大规模的电力中断、严重的交通拥堵和通信网络瘫痪 [1, 2]。在存在相互依赖性的情况下,基础设施中失效节点能够从一个系统扩散到其他系统,从而又从其他系统扩散到自身。依赖性不仅增加了失效传播的通道,而且对失效的传播具有放大作用,从而使得互相依赖的基础设施系统更容易暴露于意外故障和恶意攻击的威胁之中。例如,过去发生的大多数主要电网停电都是由单个事件诱发,然后通过网内和网间的反复传播,最终导致系统的崩溃 [3]。

　　这种互相依赖的基础设施系统可以用相依网络或网络的网络的模型来描述 [4];在相互依赖的网络中,网络间的依赖关系可以用跨网络的连接来描述。一旦某个节点被删除或者失效,与其相互依赖的其他网络中的节点就会受到损害甚至完全失效。相依网络属于多层网络的一种特殊类型,多层网络内的网络层与网络层之间的关系也可能存在某些合作关系,例如由铁路、公路和航空网络组成多模交通网络,还有不同航空公司的航线组成的航空网络 [5]。在这样的多层网络中,每种类型的连接都可以独自形成一个网络, 但是它们共享同一个节点集。相依网络和网络的网络属于多层网络的特殊类型, 本章重点关注相依网络和网络的网络上的渗流 [2, 6], 对于网络层间存在其他类型相互作用的多层网络不做过多叙述。

相依网络上的级联故障模型不仅证明了相互依赖性可以极大地降低网络鲁棒性, 而且会影响网络的破碎方式 [2]。对于相依网络, 随着初始删除节点的增加, 网络巨分支的规模在某个临界点会突然跳跃到零, 这一结果与单层网络上的连续相变有着本质的不同。当相依网络度分布的异质性增强时, 相互依赖网络对随机故障的脆弱性也会增强。例如在随机攻击的情况下, 两个相互依赖的无标度网络会比两个随机网络更加脆弱, 这与单个网络的行为完全相反。

相依网络上的渗流相变与 k 核渗流相变同属混合相变的普适类, 在初始保留节点的概率 p 接近临界 p_c 的时候, 互连巨分支规模 S 不但存在不连续的跳跃, 而且与 $p - p_c$ 存在关系 $S - S_c \propto (p - p_c)^{1/2}$。为了理解这种不连续的跳跃, Baxter 等人在相依网络中引入了临界节点和临界分支的概念 [7]。如果网络中某一层的一个节点只能够通过一条边连接到该层的巨分支, 这个节点和与它有依赖的节点统称为临界节点; 这些临界节点形成的分支结构, 称为临界分支。当临界分支发散时, 其中一个节点的删除就会导致雪崩沿着一定的方向传播和放大, 从而使互连巨分支规模出现不连续的跳跃。

互相依赖的网络节点之间的连接特性也会对网络的鲁棒性产生重要的影响。异配会导致网络的鲁棒性变差, 同配情况下网络的鲁棒性比较好 [8, 9]。类似地, 通过增大不同网络之间的相似性 [9] 或网络连接的重复性 [10] 也可以提升网络的鲁棒性。此外, 文献 [6] 的研究结果还发现, 相依网络节点的弱相互依赖性不仅会增加网络的鲁棒性, 而且会导致一阶渗流相变和二阶渗流相变在不同的网络层中同时发生。

最后, 本章还将介绍多层网络上的扩展渗流模型、k 核渗流模型和冗余渗流模型。对于 k 核渗流模型, 矢量 k 表示网络在达到稳态时每层节点至少所需保留的边的数量。在 $k = (1, 1)$ 时, 网络渗流相变属于普通的连续渗流相变。随着 k 的变大, 多层网络的渗流相变会转变为不连续的混合相变, 同时网络 k 核出现的阈值也变得越来越大。对于多层网络上的冗余渗流模型, 增加网络的层数不会降低网络的鲁棒性, 反而能够增加网络的鲁棒性。

9.1 双层相依网络上的渗流

9.1.1 双层相依网络渗流模型

双层相依网络包含 A 和 B 两个网络, 它们具有相同的节点数 N, 两个网络的节点具有一一对应的依赖关系。如果节点 i^A 因受到攻击或自身故障停止运行, 则节点 i^B 也会立即失效; 类似地, 如果节点 i^B 停止运行, 则节点 i^A 也会立即失效, 这是一种非常强的依赖。在网络 A 和网络 B 内部, 节点通过内部连接边形成一个网络, 度分布分别记为 $P^A(k)$ 和 $P^B(k)$。

相依网络的级联失效由随机删除 A 中一部分节点触发, 删除节点比例为 $1-p$。由于网络节点之间的依赖性, B 中依赖于 A 中被删除节点的节点也被删除, 其相应连边也被全部删除, 两个网络都会破碎为一些规模不等的分支, 这些分支称为分支集群。由于网络连接方式的差异性, A 中的分支集群和 B 中的分支集群是不同的。如果 A 中的一些节点能够形成连接分支, 这些节点所依赖的节点在 B 中同样也能够形成某个连接分支, 则这样的连接分支称为 AB 互连分支。不能同时属于 AB 互连分支的节点将会被删除, 从而诱发网络的进一步破碎, 进而形成级联失效。经过一定步数的迭代, 网络最终会达到一个稳态, 如图 9.1 所示。互连分支所形成的集合称为互连分支集群, 只有互连分支集群中的节点能够维持原有的功能, 互连分支集群中最大的互连分支在趋向于发散时称为互连巨分支。

当网络破碎的时候, 属于网络互连巨分支的一部分节点仍然维持原有的功能, 而剩余部分的节点不再起作用。如果 $p > p_c$, 在级联失效过程结束时, 网络的互连巨分支就能够存在, 相互依赖的网络功能能够保留下来; 如果互连巨分支不存在, 网络会破碎成无法运行的碎片。

图 9.2(a) 展示了具有相同平均度 $\langle k \rangle$ 的相依 ER 网络的互连巨分支的规模 S^{AB} 随节点保留比例 p 的变化。可以发现, 对于不同规模 N 的相依网络, 随着

网络
渗流

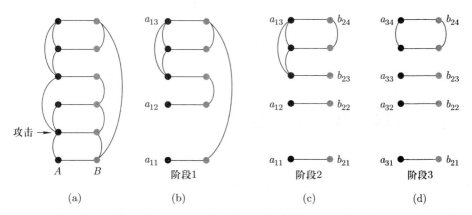

图 9.1　相依网络级联失效示意图。A 中每个节点的状态取决于 B 中一个且仅一个节点的状态，反之亦然。跨网络的依赖边用水平直线表示，网络内部的边用弧形曲线表示。(a) A 中一个节点被删除 (遭遇 "攻击"); (b) 阶段 1: B 中的依赖节点也被删除，A 破碎成 3 个 a_1 连通分支，即 a_{11}, a_{12} 和 a_{13}; (c) 阶段 2: 连接到 A 的孤立分支的 B 网络节点也被删除，B 分成 4 个 b_2 分支，即 b_{21}, b_{22}, b_{23} 和 b_{24}; (d) 阶段 3: 删除连接到孤立的 b_2 集群的 A 网络节点及其连接边，A 分成 4 个 a_3 分支，即 a_{31}, a_{32}, a_{33} 和 a_{34}，这些分支与 b_{21}, b_{22}, b_{23} 和 b_{24} 一致，并且不再发生边和节点的删除，其中最大的分支 b_{24} 和 a_{34} 构成 A 和 B 的最大互连分支。该图取自文献 [2]

网络规模的增加，S^{AB} 曲线越来越陡峭，与理论预测的一阶相变越来越接近。对于两个相互依赖的无标度网络，度分布 $P^A(k) = P^B(k) \propto k^{-\gamma}$，互连巨分支的存在标准与单个网络中巨分支的存在标准完全不同。对于单个网络，如果幂指数 $\gamma < 3$，只要节点的保留比例 p 不等于零，其巨分支就存在；然而，对于相互依赖的无标度网络，总是存在一个非零的节点临界保留比例 p_c，在临界值 p_c 以下，网络的互连巨分支将不会存在，即使在 $2 < \gamma \leqslant 3$ 的情况下。

在单个网络的情况下，网络度分布的异质性越强，其渗流临界值 p_c 越小；而相互依赖的网络度分布的异质性越强，网络渗流临界值 p_c 越大。这说明，在平均度相同的情况下，度分布较为离散的相依网络更为脆弱。当两个相互依赖的网络发生级联故障时，对单个网络鲁棒性起主导作用的高度值节点更容易遭受攻击。此外，在相同平均度的情形下，更离散的度分布意味着存在更多低度值节点，这些低度值节点更容易在网络中脱离巨分支，从而触发其依赖节点的失效。因此，异质性较强的度分布，在单个网络中对于鲁棒性是一种优势，而对于多层网络而言却是一种劣势。在图 9.2(b) 中比较了几个具有不同 γ 值的互相依赖的无标度网络, 从中可以发现互相依赖的 SF 无标度网络比具有相同平均度的 ER 随机网络更为脆弱。模拟结果表明, 对于离散程度更高的度分布, p_c 的值更大。

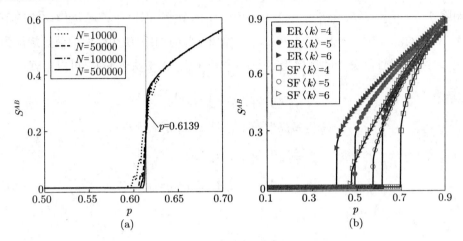

(a)　　　　　　　　　　　　(b)

图 9.2　网络 A 和 B 的互连巨分支随节点保留比例 p 的变化情况。(a) 耦合 ER 随机网络互连巨分支的规模 S^{AB} 在不同网络规模 N 下与网络初始节点保留比例 p 的关系图, 网络的平均度 $\langle k \rangle^A = \langle k \rangle^B = 4$, 图中直线表示网络巨分支的涌现阈值 p_c 的理论预测值置; (b) 耦合 ER 随机网络和耦合无标度网络的 S^{AB} 与节点保留比例 p 的关系, 两种网络的平均度分别为 4, 5, 6, $N = 500\,000$, 所对应的无标度网络度分布的幂指数 γ 分别为 $2.6, 2.3, 2.1$, 模拟结果与理论分析结果一致, 可以看到度分布越离散, p_c 值越大

相依网络模型所描述的级联过程可以通过解析的方式获得。定义函数 $g^A(x)$ 为网络 A 在删除比例为 $1 - x$ 的部分节点后, 剩余节点中属于网络巨分支的节点比例, 因此 A 中巨分支的规模为 $x g^A(x)$。定义生成函数 $G_0^A(x) = \sum_k P^A(k) x^k$ 为网络 A 度分布的生成函数, $G_1^A(x) = \sum_k \dfrac{P^A(k)k}{\langle k \rangle} x^{k-1}$ 为网络余度分布的生成函数。由此可知函数为 $g^A = 1 - G_0^A[1 - p(1 - f^A)]$, 其中 $f^A = G_1^A[1 - p(1 - f^A)]$。同理, 可以得到网络 B 的相应函数。

第一步, 网络 A 初始删除的节点比例为 $1 - p$, 剩余的节点比例为 $\psi_1^A \equiv p$, 网络 A 破碎后, 将属于网络巨分支的节点写成 $S_1^A = \psi_1^A g^A(\psi_1^A)$; 由于网络 B 对于网络 A 的依赖性, B 中保留下来的节点比例为 $\psi_1^B = p g^A(\psi_1^A)$, 其中属于巨分支的规模为 $S_1^B = \psi_1^B g^B(\psi_1^B)$; 第二步, 在网络 B 破碎以后, 不属于巨分支的节点在 ψ_1^B 中占比为 $[1 - g^B(\psi_1^B)]$, 这部分节点的失效会引起网络 A 中对应的依赖节点进一步被删除, 从而引起网络 A 再次破碎。对于网络 A 巨分支中保留节点的规模, 等价于从初始保留的节点中删除同等比例的节点, 即从网络 A 中删除 $1 - p + p[1 - g^B(\psi_1^B)] = 1 - pg^B(\psi_1^B)$ 的节点, 保留 $\psi_2^A = pg^B(\psi_1^B)$ 的节点, 对应的巨分支为 $S_2^A = \psi_2^A g^A(\psi_2^A)$; 类似地, 此时网络 B 中保留的节点规模为 $\psi_2^B = pg^A(\psi_2^A)$, 巨分支的规模为 $S_2^B = \psi_2^B g^B(\psi_2^B)$; 逐步迭代下去, 可以得到

$$
\begin{aligned}
\psi_1^A &\equiv p; & S_1^A &= \psi_1^A g^A(\psi_1^A) \\
\psi_1^B &= pg^A(\psi_1^A); & S_1^B &= \psi_1^B g^B(\psi_1^B) \\
\psi_2^A &= pg^B(\psi_1^B); & S_2^A &= \psi_2^A g^A(\psi_2^A) \\
\psi_2^B &= pg^A(\psi_2^A); & S_2^B &= \psi_2^B g^B(\psi_2^B)
\end{aligned}
\tag{9.1}
$$

$$
\cdots\cdots\cdots\cdots
$$

$$
\begin{aligned}
\psi_n^A &= pg^B(\psi_{n-1}^B); & S_n^A &= \psi_n^A g^A(\psi_n^A) \\
\psi_n^B &= pg^A(\psi_n^A); & S_n^B &= \psi_n^B g^B(\psi_n^B)
\end{aligned}
$$

当网络最终到达稳态的时候, $\psi_n^A = \psi_{n+1}^A$ 而且 $\psi_n^B = \psi_{n+1}^B$, 定义 $\psi_n^A = \psi_{n+1}^A = y$ 而且 $\psi_n^B = \psi_{n+1}^B = x$, 可以得到

$$
\begin{cases}
x = pg^A(y), \\
y = pg^B(x).
\end{cases}
\tag{9.2}
$$

如果 p 值较小的时候, 方程组 (9.2) 具有一个平凡的解, $x = 0$, $y = 0$, 对应于两个网络巨分支的规模均为零。如果 p 值足够大, 则还存在一个非平凡解, 对应于网络的互连巨分支不为零。从方程组 (9.2) 中消去变量 y, 可得

$$
x = pg^A[pg^B(x)].
\tag{9.3}
$$

方程 (9.3) 可以用图形方式求解, 直线 $y = x$ 和曲线 $y = pg^A[g^B(x)p]$ 的交点即为方程的解。当 p 足够小时, 曲线非常缓慢地增加并且不与直线相交 (除了原点, 该交点对应于平凡的解)。在临界情况下, 即在 $p = p_c$ 的时候二者相切, 会出现一个非平凡的解。因此, 可得第一个非平凡解出现的条件

$$
1 = p^2 \frac{\mathrm{d}g^A}{\mathrm{d}x}[pg^B(x)]\frac{\mathrm{d}g^B}{\mathrm{d}x}(x)\bigg|_{x=x_c,p=p_c}.
\tag{9.4}
$$

结合方程 (9.3), 可以获得 p_c 的解和互连巨分支的临界尺寸。

对于两个平均度相同的 ER 随机网络, 即 $\langle k^A \rangle = \langle k^B \rangle = \langle k \rangle$, 生成函数 $G_0^A(x) = G_1^A(x) = \exp[\langle k^A \rangle (x-1)]$, $G_0^B(x) = G_1^B(x) = \exp[\langle k^B \rangle (x-1)]$, 方程 (9.3) 和方程 (9.4) 的解为 $p_c = 2.4554/\langle k \rangle$, 在临界点处的跳跃值为 $1.2564/\langle k \rangle$。

相依网络渗流模型的理论解同样可以通过单层网络的自洽概率方程获得。假设网络的结构是树形的, 定义 R^A 为一条随机边的一端在网络 A 中能够连接到网络互连巨分支的概率, 类似地定义 R^B。网络互连巨分支的规模 S^{AB} 可以写成以下形式

$$S^{AB} = p[1 - G_0^A(1 - R^A)][1 - G_0^B(1 - R^B)], \tag{9.5}$$

其中, p 表示 A 中一个随机节点及其依赖节点能够被保留下来的概率; $1 - G_0^A(1 - R^A)$ 表示该随机节点能够通过其自身的边连接到网络互连巨分支的概率; $1 - G_0^B(1 - R^B)$ 表示所选择的随机节点所依赖的节点能够连接到网络互连巨分支的概率。

R^A 满足自洽方程

$$R^A = p[1 - G_1^A(1 - R^A)][1 - G_0^B(1 - R^B)], \tag{9.6}$$

其中, p 表示 A 中一条随机边的一端所到达的节点及其依赖节点能够被保留下来的概率; $1 - G_0^B(1 - R^B)$ 表示随机边所到达的节点的依赖节点能够连接到网络互连巨分支的概率; $1 - G_1^A(1 - R^A)$ 表示在网络 A 中除了所挑选的边之外, 其余边能够连接到网络互连巨分支的概率。类似地, R^B 满足自洽方程

$$R^B = p[1 - G_0^A(1 - R^A)][1 - G_1^B(1 - R^B)]. \tag{9.7}$$

考虑两个互相依赖的 ER 随机网络, 平均度 $\langle k^A \rangle = \langle k^B \rangle = 4$, 方程 (9.6) 和方程 (9.7) 的解由其在平面 (R^A, R^B) 上的交点决定, 如图 9.3 所示。

本节描述了网络之间的相互依赖性对网络级联故障的影响, 相互依赖性导致了网络一阶不连续渗流相变的出现, 这个结果完全不同于孤立网络上的二阶连续渗流相变。本节的研究可以推广到 3 个或更多相互依赖的网络, 也可以推广到单向依赖连接的情况, 以及网络 A 的节点依赖网络 B 多个节点的情况。只要网络内的连接是随机的而且没有度度相关性, 都可以使用生成函数方法进行分析。

网络渗流

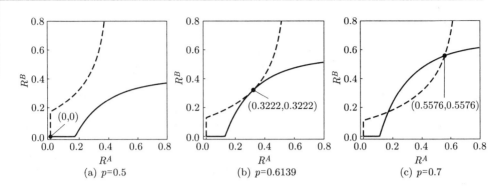

图 9.3　相依随机网络一阶渗流相变示意图, 展示了在不同 p 值时, 方程 (9.6) 和方程 (9.7) 在 (R^A, R^B) 平面上解的变化, 当 $p < p_c$ 时, 只有一个平凡解; 当 $p = p_c$ 时, 出现了一个非平凡解 $(0.3222, 0.3222)$

9.1.2　部分节点相互依赖的双层相依网络模型

　　双层相依网络模型描述的系统是座渗流的一个特例, 随后人们还对相依网络上的键渗流进行了研究, 发现相依网络上的键渗流会出现多重相变的现象, 即随着连接密度的增加网络巨分支的规模会出现多次相变 [11]。两个完全互相依赖的网络, 其渗流相变为一阶不连续渗流相变, 而孤立网络的渗流相变为二阶连续相变。真实复杂系统中的节点并不一定是一一对应依赖的, 存在一些不依赖其他任何节点的 "自治节点", 那么, 当网络之间相互依赖的节点比例降低到何种程度时, 网络的破碎形式会从一阶相变转变为二阶相变呢?

　　文献 [12] 研究了一个由两个相互依赖的网络 A 和 B 组成的系统, 网络 A 中的部分节点 q^A 依赖于网络 B 的节点, 同时网络 B 中的部分节点 q^B 依赖于网络 A 的节点。失效会在两个网络之间迭代而产生级联故障。当临界占据概率 p 达到临界点 p_c 时, 稳态渗流巨分支就能够出现。理论分析和数值模拟显示, 降低网络之间耦合节点的比例 q^A 和 q^B, 会导致网络在一个临界点处从一阶渗流相变转变到二阶渗流相变。在转变的临界点附近, 对于一阶相变, 网络巨分支规模不但存在跳跃, 而且存在临界行为, 临界指数为 1/2; 对于二阶相变, 渗流相变的临界指数 $\beta = 1$, 如图 9.4 所示。

　　耦合网络的级联故障通过随机删除网络 A 中比例为 $1 - p$ 的节点触发。与相依网络模型类似, 依照方程 (9.1) 迭代方式, 可以得到部分节点相互依赖模型的

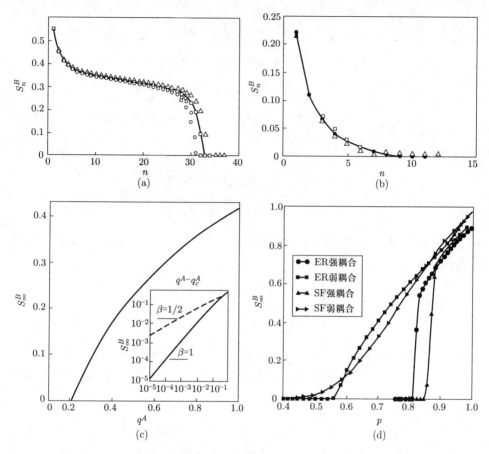

图 9.4　网络巨分支中节点的比例随不同参数的变化。(a) $p = 0.7455$, $\langle k^A \rangle = \langle k^B \rangle = 2.5$, $q^A = 0.7$, $q^B = 0.6$, 两个 ER 随机网络渗流相变的类型为一阶渗流相变, 该图展示了网络 B 巨分支中节点的规模随着迭代步数的变化; (b) 类似于 (a), 对于二阶渗流相变, $p = 0.605$, $\langle k^A \rangle = \langle k^B \rangle = 2.5$, $q^A = 0.2$, $q^B = 0.75$, 该图展示了网络 B 巨分支中节点的规模随着迭代步数的变化, 符号表示模拟结果, 实线表示方程组 (9.10) 的解; (c) 在临界点 p_c^I 处, 网络 B 巨分支中节点的规模 S_∞^B 随参数 q^A 的变化, $\langle k^A \rangle = \langle k^B \rangle = 3$, $q^B = 1$, 图中的小图表示网络 B 巨分支中节点的规模 S_∞^B 随 $|q^A - q_c^A|$ 在双对数坐标下的变化, 是一条斜率为 $\beta = 1$ 的直线; 如果 q^A 改变但保持 p 在 p_c 处不变, 得到一条斜率 $\beta = 0.5$ 的直线 (虚线); (d) 两个 ER 随机网络和两个 SF 网络 (幂指数 $\gamma = 2.7$) 的渗流相变, 在强耦合下网络的巨分支存在跳跃式变化, 对于弱耦合则是连续的变化。图 (a) ~ 图 (c) 中, $N^A = N^B = 10^8$, 图 (d) 中 $N = 50\,000$。该图取自文献 [12]

迭代序列

$$\psi_1^A \equiv p; \quad S_1^A = \psi_1^A g^A(\psi_1^A)$$

$$\psi_1^B = 1 - q^B[1 - pg^A(\psi_1^A)]; \quad S_1^B = \psi_1^B g^B(\psi_1^B)$$

$$\psi_2^A = p[1 - q^A(1 - g^B(\psi_1^B))]; \quad S_2^A = \psi_2^A g^A(\psi_2^A)$$

$$\psi_2^B = 1 - q^B[1 - pg^A(\psi_2^A)]; \quad S_2^B = \psi_2^B g^B(\psi_2^B) \tag{9.8}$$

$$\cdots\cdots\cdots\cdots$$

$$\psi_n^A = p[1 - q^A(1 - g^B(\psi_{n-1}^B))]; \quad S_n^A = \psi_n^A g^A(\psi_n^A)$$

$$\psi_n^B = 1 - q^B[1 - pg^A(\psi_n^A)]; \quad S_n^B = \psi_n^B g^B(\psi_n^B)$$

将 ψ_n^A 记为 x, ψ_n^B 记为 y, 到达稳态的时候 $\psi_{n+1}^A = \psi_n^A$, $\psi_{n+1}^B = \psi_n^B$, 可以得到方程组

$$\begin{cases} y = 1 - q^B[1 - g^A(x)p], \\ x = p\{1 - q^A[1 - g^B(y)]\}. \end{cases} \tag{9.9}$$

函数 $g^A(p) = 1 - G_0^A[1 - p(1 - f^A)]$, 公式中的 f^A 满足超越方程 $f^A = G_1^A[1 - p(1 - f^A)]$。使用 ER 随机网络的生成函数 $G_1^A(x) = G_0^A(x)$, 方程组 (9.9) 变为如下形式:

$$\begin{cases} x = p[1 - q^A f^B], \\ y = 1 - q^B[1 - p(1 - f^A)], \end{cases} \tag{9.10}$$

其中 f^A 和 f^B 满足超越方程

$$\begin{cases} f^A = \mathrm{e}^{\langle k^A \rangle x(f^A - 1)}, \\ f^B = \mathrm{e}^{\langle k^B \rangle x(f^B - 1)}. \end{cases} \tag{9.11}$$

网络 A 和 B 最终巨分支的规模 $S_\infty^A \equiv S^A$ 和 $S_\infty^B \equiv S^B$ 分别是

$$\begin{cases} S^A = p(1 - f^A)(1 - q^A f^B), \\ S^B = (1 - f^B)[1 - q^B(1 - p) - pq^B f^A]. \end{cases} \tag{9.12}$$

同样, 也可以通过概率自洽方程来获得该模型的解 [13, 14]。定义 R^A 为网络 A 中一条随机边的一端能够连接到巨分支的概率, R^B 为网络 B 中一条随机边的

一端能够连接到巨分支的概率, 由此网络 A 的巨分支规模 S^A 可以写成以下形式

$$S^A = p[1 - G_0^A(1-R^A)](1-q^A) + p[1 - G_0^A(1-R^A)][1 - G_0^B(1-R^B)]q^A, \quad (9.13)$$

其中, 第一项 $p[1 - G_0^A(1-R^A)](1-q^A)$ 表示网络 A 中一个随机节点在 B 中没有依赖节点而且保留下来的概率, 第二项 $p[1 - G_0^A(1-R^A)][1 - G_0^B(1-R^B)]q^A$ 表示该随机节点存在依赖节点, 在它能够保留下来的情况下, 能够连接到网络 A 的巨分支而且它的依赖节点也能够连接到网络 B 的巨分支的概率。类似地, 网络 B 的巨分支的规模 S^B 可以写成以下形式

$$S^B = [1 - G_0^B(1-R^B)](1-q^B) + p[1 - G_0^B(1-R^B)][1 - G_0^A(1-R^A)]q^B. \quad (9.14)$$

则 R^A 和 R^B 分别满足自洽方程

$$\begin{cases} R^A = p[1 - G_1^A(1-R^A)](1-q^A) + p[1 - G_1^A(1-R^A)][1 - G_0^B(1-R^B)]q^A, \\ R^B = [1 - G_1^B(1-R^B)](1-q^B) + p[1 - G_1^B(1-R^B)][1 - G_0^A(1-R^A)]q^B. \end{cases}$$
$$(9.15)$$

9.1.3 具有重叠连接的双层相依网络模型

还有一些文献研究了网络之间连接的重叠性对于网络鲁棒性的影响。例如, 在社交网络中, 两个朋友通过电子邮件和移动电话两种途径进行交流和通信; 在交通网络中, 通过公路连接的两个城市也可能通过铁路连接。鉴于此, 连接的重叠性对于相互依赖的网络的鲁棒性影响是不可忽视的 [10, 15]。对于两个规模均为 N 的相依网络 A 和 B, 假定网络 A 有一部分连接与网络 B 的连接完全重复。这里重复连接的定义为: 网络 A 的节点 i_A 和 j_A 分别依赖于网络 B 的节点 i_B 和 j_B, 如果节点 i_A 和 j_A 之间、节点 i_B 和 j_B 之间同时存在连接, 则称这两条边称为重复连接或重复边。在初始删除一定比例 $1-p$ 的节点之后, 通过生成函数理论, 同样可以对此模型求解。

由于网络存在重复边, 定义生成函数 $G_0^{AB}(x) = \sum_k P^{AB}(k)x^k$ 为网络中重复边的度分布的生成函数, 其中 $P^{AB}(k)$ 为网络中重复边的度分布; 定义 $G_0^A(x) = \sum_k P^A(k)x^k$ 为网络 A 中非重复边的度分布的生成函数, $G_0^B(x) = \sum_k P^B(k)x^k$

为网络 B 中非重复边的度分布的生成函数, 其中 $P^A(k)$ 和 $P^B(k)$ 分别为网络 A 和网络 B 的非重复边的度分布。由 $G_1(x) = \dfrac{G_0'(x)}{G_0'(1)}$ 可求出以上 3 个生成函数的余度分布的生成函数 $G_1^{AB}(x)$, $G_1^A(x)$ 和 $G_1^B(x)$。设 R^A 为网络 A 中的一条随机边的一端能够连接到互连巨分支的概率, R^B 为网络 B 中的一条随机边的一端能够连接到互连巨分支的概率, 则 R^A 和 R^B 分别满足

$$\begin{cases} R^A = p[1 - G_1^{AB}(1-R^A)] + pG_1^{AB}(1-R^A)[1-G_1^A(1-R^A)][1-G_0^B(1-R^B)], \\ R^B = p[1 - G_1^{AB}(1-R^B)] + pG_1^{AB}(1-R^B)[1-G_1^B(1-R^B)][1-G_0^A(1-R^A)]. \end{cases}$$
$$(9.16)$$

方程式右侧的第一项表示随机挑选的连接能够通过重复边连接到网络互连巨分支的概率, 第二项表示在不能够通过重复边连接到网络互连巨分支的情况下, 能够通过非重复边连接到网络巨分支的概率。网络互连巨分支的大小为

$$S^{AB} = p[1-G_0^{AB}(1-R^A)]+pG_0^{AB}(1-R^A)[1-G_0^A(1-R^A)][1-G_0^B(1-R^B)], \quad (9.17)$$

或者

$$S^{AB} = p[1-G_0^{AB}(1-R^B)]+pG_0^{AB}(1-R^B)[1-G_0^B(1-R^B)][1-G_0^A(1-R^A)]. \quad (9.18)$$

如果考虑两个互相依赖的随机网络, 其度分布均为泊松分布, 假定重复边的平均度为 z, 网络 A 非重复边的平均度为 z^A, 网络 B 非重复边的平均度为 z^B。如果 $z^A = z^B = z'$, 两个网络的度分布相同, 则 $R^A = R^B \equiv R$, 方程 (9.16) 可以简化为

$$\begin{aligned} R &= p(1 - e^{-zR}) + pe^{-zR}(1 - e^{-z^AR})(1 - e^{-z^BR}) \\ &= p\left[1 - 2e^{-(z'+z)R} + e^{-(2z'+z)R}\right]. \end{aligned} \quad (9.19)$$

该结果与文献 [15] 完全一致。如定义 $x = R/p$, 通过研究方程 $x = h(x) \equiv [1 - 2e^{-(z'p+zp)x} + e^{-(2z'p+zp)x}]$ 在 $(z'p, zp)$ 平面上的解, 可以获得该系统发生渗流相变的临界点。图 9.5 展示了该模型的相图, 实线表示混合的一阶相变点, 虚线表示二阶相变点, T 点是从一阶相变到二阶相变变化的临界点。另外, 重复边的平均度 z 较大时, 网络的渗流相变属于二阶相变; 非重复边的平均度 z' 较大时, 网络的渗流相变属于一阶相变。

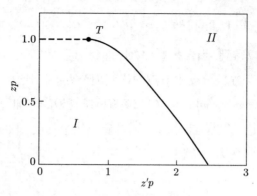

图 9.5　具有重复边的双层泊松度分布随机网络的相图。在 I 区, 不会发生渗流; 在 II 区, 系统中会发生渗流。实线表示一阶混合相变, 虚线表示二阶连续相变, T 点是一阶相变到二阶相变转变的临界点。该图取自文献 [15]

　　可以通过理论求解该模型二阶渗流相变的临界点。在 $p \to p^{II}$ 的时候, $R \to 0$。定义 $R/p \equiv \epsilon$, 将公式 (9.19) 进行泰勒展开, 有

$$h(\epsilon) = h'(0)\epsilon + \frac{1}{2}h''(0)\epsilon^2 + O(\epsilon^3) = \epsilon. \tag{9.20}$$

当 $\epsilon = 0$ 时, 方程存在一个平凡解。将方程两边同除以 ϵ, 可以得到非平凡解出现的条件

$$h'(0) + \frac{1}{2}h''(0)\epsilon + O(\epsilon^2) = 1. \tag{9.21}$$

忽略 ϵ 的高阶项, 可以得到, 在 $p \to p^{II}$ 的时候, 应该满足条件

$$h'(0) = 1. \tag{9.22}$$

因此在接近二阶相变点的时候, 应满足条件 $p^{II}z = 1$, 如图 9.5 所示。

　　在发生一阶相变的时候, 在相变点附近, 曲线 $y = h(x)$ 和 $y = x$ 相切, 因此

$$\left.\frac{\mathrm{d}h(x)}{\mathrm{d}x}\right|_{x=x_c, p=p_c^I} = 1. \tag{9.23}$$

和方程 (9.19) 联立, 即可求解一阶相变点 p_c^I 和 x_c。

　　另外, 当 $p_c^I = p_c^{II}$ 时, 可以求出一阶相变和二阶相变发生转变的临界点。因此, 在 $p = p_c^I = p_c^{II}$ 的时候, 方程 (9.20) 转变为

$$\frac{1}{2}h''(0)\epsilon^2 + O(\epsilon^3) = 0. \tag{9.24}$$

方程 (9.24) 两侧同除以 ϵ^2, 可转变为 $\frac{1}{2}h''(0) + O(\epsilon) = 0$, 忽略 $O(\epsilon)$, 即可得到 $h''(0) = 0$。进而可以得到, 当 $z = \sqrt{2}z'$ 时, 即为一阶相变和二阶相变的分割点。

图 9.6 展示了互连巨分支中节点的比例随节点保留比例的理论分析和数值模拟的结果, 从中发现在不同的参数下, 随着网络规模的增加, 理论分析和数值模拟的的结果越来越接近。此外也证实了随着非重复边平均度 z' 的增加, 网络发生渗流相变的类型也会转变为一阶相变。

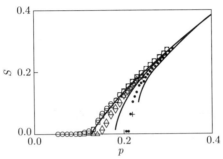

图 9.6 网络互连巨分支中节点的比例 S 随节点的保留比例 p 的变化。实线表示理论解析值, 符号表示在规模为 N 的网络上的模拟结果: 圆圈表示 $z/z' = 4$, $N = 10^4$ 的结果; 方块表示在同样的参数设置下 $N = 5 \times 10^4$ 的结果; 上三角表示 $z/z' = 1.22$, $N = 10^4$ 的结果; 下三角表示 $z/z' = 1.22$, $N = 5 \times 10^4$ 的结果; 实心圆点表示 $z/z' = 0.25$, $N = 10^4$ 的结果; 加号表示 $z/z' = 1.22$, $N = 5 \times 10^4$ 的结果。该图取自文献 [15]

真实网络之间的互相依赖关系不是随机的, 而是根据节点的某些特性进行耦合的。除了重叠性之外, 文献 [9] 引入两个量来描述网络之间的相似性水平: 网间度度相关性 (IDDC) 和网间聚类系数 (ICC)。随着这两个指标的增加, 两个网络之间互相依赖的节点就变得更加相似, 系统在随机故障的情况下就会变得更加稳健。文献 [8] 研究了两个相依网络在相互依赖的节点具有相同度值的情况下的级联故障问题, 这意味着两个网络具有相同的度序列。随机删除网络中比例为 $1 - p$ 的节点, 稳态网络巨分支的规模在临界点 $p = p_c$ 的时候会发生渗流相变。临界点 p_c 小于随机耦合的临界点, 表明相同度值节点的耦合使得网络的鲁棒性变得更强。该研究还发现, 如果度分布二阶矩有限, 则系统在 $p_c > 0$ 时会发生一阶不连续相变; 对于二阶矩无限大的无标度网络 ($2 < \gamma \leqslant 3$), 渗流相变为二阶连续相变。而且此时网络渗流相变的临界点 $p_c = 0$, 这一结果类似于单个网络的渗流相变。这些结果表明, 具有相同度值相互依赖的耦合网络的鲁棒性会受到度分布离

散性的显著影响。除此之外, 有关相依网络之间耦合节点度值的相关性对于网络鲁棒性影响的研究还有很多, 无一例外地证明了度分布相关性的增强会增加相依网络的鲁棒性 [16, 17]。还有一些研究探讨了相依网络上的蓄意攻击策略 [18]、局域攻击策略 [19, 20]、空间嵌入 [21–25]、跨层依赖和内部依赖 [26]、度分布的广度 [27]、社团结构 [28] 以及簇系数 [29, 30] 等多种因素对于相依网络鲁棒性的影响。正是由于双层网络的脆弱性, 人们尝试通过保护一些节点来提高网络的鲁棒性, 但是由于网络之间相互依赖性的存在, 强化一些度值较大的节点并不一定能够增强网络的鲁棒性 [4], 而综合考虑相依节点对的度值是一个较好的方法 [31]。

9.2 多层网络上的渗流

9.2.1 强依赖多层相依网络模型

互联网、航空公司航线和电网都是网络的例子, 其功能依赖于网络各个组件之间的连接。在部分节点失效的情况下, 单一的网络具有较强的鲁棒性, 其渗流相变特性为二阶连续相变。对于两个互相依赖的网络, 其鲁棒性会被削弱, 渗流相变特性为一阶不连续相变。在实际系统中可能存在更多的相互依赖的网络 [32], 例如供水网络、通信网络、燃料管道网络、金融交易网络和电力网络之间会互相耦合和依赖。两个以上的互相依赖的网络的鲁棒性如何? 其渗流相变有何种特征? 这是非常值得研究的问题。理解这种相互依赖性, 对于系统的稳健性以及耦合复杂系统的设计、维护和恢复都有着重要的意义。

考虑一个由 M 个网络组成的完全耦合多层网络, 每个网络有相同数量的节点, 第一个网络中的节点 i^A、第二个网络中的副本节点 i^B 直至第 M 个网络中的副本节点 i^M 等 M 个节点之间均存在依赖关系。如果其中一个节点失效, 其余所有与之相依赖的节点就会立即失效。整个系统的级联失效由初始随机删除的 $1 - p$ 比例的节点及其副本节点诱发, 每个网络中只有属于巨分支的节点才能够存活下来, 其他节点将被视为失效节点, 由于网络之间的依赖关系, 这又将引起其他网络中与之依赖的节点失效, 从而产生破碎失效–依赖失效交替的级联失效过程。在达到稳态的时候, 只有网络互连巨分支中的节点才能保存下来, 因此用互连巨分支的规模 $S^{ABC...M} \equiv S$ 来度量网络的鲁棒性。

类似于双层网络上的渗流过程, 用生成函数方法来求解该模型。定义 R^X 为网络 X 中的一条随机边能够连接到互连巨分支的概率, 其中 $X \in \{A, B, C, \cdots\}$。定义 $G_0^X(x) = \sum_k P^X(k)x^k$ 为网络 X 的度分布的生成函数, $G_1^X(x) = \sum_k \frac{P^X(k)k}{\langle k \rangle} \cdot x^{k-1}$ 为网络 X 的余度分布的生成函数, 其中 $P^X(k)$ 为网络 X 的度分布。对于任意一个 R^X 满足方程

$$R^X = p[1 - G_1^X(1 - R^X)] \prod_{Y \neq X} [1 - G_0^Y(1 - R^Y)]. \tag{9.25}$$

网络互连巨分支的规模 S 可以写成形式

$$S = p \prod_{Y \in \{A,B,C,\cdots\}} [1 - G_0^Y(1 - R^Y)]. \tag{9.26}$$

该结果在文献 [7] 以另外一种形式给出。定义函数 $\Psi^X = p[1 - G_1^X(1 - R^X)] \prod_{Y \neq X} [1 - G_0^Y(1 - R^Y)]$, 系统发生渗流相变的临界点可以由如下方程给出

$$\det[\boldsymbol{J} - \boldsymbol{I}] = 0, \tag{9.27}$$

其中 $\boldsymbol{I}$ 为单位矩阵, 而 $\boldsymbol{J}$ 表示雅可比矩阵, 其元素 $J_{AB} = \frac{\partial \Psi^A}{\partial R^B}$。在临界点将 Ψ^X 展开, 在方程 (9.25) 和方程 (9.27) 同时满足的情况下, 可得

$$S - S_c \propto R^X - R_c^X \propto (p - p_c)^{1/2}. \tag{9.28}$$

在所有网络的度分布完全相同的情况下, 则 $R^A = R^B = R^C = \cdots$, 方程 (9.25) 和方程 (9.26) 转化成如下形式

$$\begin{cases} R = p[1 - G_1(1 - R)][1 - G_0(1 - R)]^{n-1}, \\ S = p[1 - G_0(1 - R)]^n. \end{cases} \tag{9.29}$$

当网络为随机网络时, 由于 $G_0(x) = G_1(x) = e^{-\langle k \rangle(x-1)}$, 代入方程 (9.26) 和方程 (9.27) 可得网络的巨分支满足方程 $S = p(1 - e^{-\langle k \rangle S})^n$, 这个结果与文献 [33]

完全一致。值得注意的是, 由于网络之间是完全依赖的, 一个节点的失效会引起其依赖节点全部失效, 因此讨论网络与网络之间的依赖关系结构是没有意义的。而部分节点依赖的网络, 网络之间的依赖关系结构对于网络鲁棒性是有影响的, 这里不再展开讨论。

为了解释多层网络中这种混合相变的产生机理, 文献 [7] 以双层网络为例通过临界节点进行了说明。临界节点定义为恰好有一条边能够连接到网络巨分支 (无限子树) 的节点, 同时它所依赖的节点在另外一个网络中至少有一条边能够连接到巨分支。由于二者的相互依赖性, 一个节点的删除必然会导致另外一个节点的删除, 因此这两个互相依赖的节点都被称为临界节点。图 9.7 展示了相依双层网络中的临界节点在级联失效过程中所起的作用。临界节点能够连接到无限子树的边用带箭头的线段标出, 箭头的指向为这条边所连接的临界节点。雪崩只能沿箭头方向传播, 当和这条边有连接的节点被删除以后, 该临界节点和依赖于它的节点都会被删除。如图 9.7 所示, 删除标记为 1 的节点会导致临界节点 2 的临界边 (带箭头的虚线) 被删除, 从而导致节点 2 被删除; 而节点 2 被删除, 又会导致 B 网络中指向编号为 3 的节点临界边 (带箭头的实线) 被删除, 从而导致节点 3 失效, 类似地也会导致节点 4 的失效, 从而导致节点 5 的失效。由于失效只能够沿着箭头方向传播, 如果一开始删除的节点为 4 号节点, 则只能引起节点 5 的删除。这些临界节点连接在一起所形成的分支称为临界分支, 临界分支最顶端的节点称为基石节点, 它的删除会导致整个临界分支的崩溃。当 p 从大至小接近临界点时, 雪崩规模的发散会导致网络巨分支的不连续跳跃。

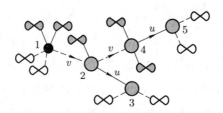

图 9.7 相依双层网络临界节点在级联失效过程中的作用示意图。移除任何一个临界节点将导致所有下游临界节点失效, 灰色的 ∞ 符号表示 A 网络中的无限子树, 实线表示 A 网络的边; 白色的 ∞ 符号表示 B 网络中的无限子树, 虚线表示 B 网络的边。该图取自文献 [7]

多层网络上的渗流研究引起了人们的极大兴趣, 也发现了一些非常有趣的结论。例如，网络的层次性对于网络互连巨分支规模会产生重要的影响，网络层级数量会导致互连巨分支的规模发生多次跳跃，即会出现多个相变 [34]。此外，文献 [33] 研究了多层网络之间存在部分节点耦合的情况，在网络与网络之间依赖结构一定的情况下，只有在网络之间存在连接，网络内部节点与它的副本节点才具有依赖关系，用参数 q 描述一个节点与其他网络中的节点存在依赖节点的概率。类似于双层相依网络的情况，随着参数 q 的逐步变大，网络渗流相变的临界点也会逐步变大，渗流相变的类型也会从连续相变转变为一阶不连续相变。文献 [35] 在多层网络中定义了超级度的概念，其中网络 A 的每个节点都与 q^A 个网络中的副本节点以概率 r 产生依赖连接，当网络的网络中不同层的超级度 q^A 非均匀分布时，系统就可能发生多次渗流相变。此外，根据 r 值的不同，这些渗流相变的类型可以是连续或不连续的。文献 [36] 在相互依赖的网络中引入了强化节点，如果某个连通分支中存在强化节点，该连通分支即便脱离了网络巨分支也不会失效。对于相互依赖的网络，只需要强化一小部分节点，就可以防止突然的灾难性崩溃，强化比例的下限是 0.1756，而且对于 ER 随机网络和规则随机网络是普适的。

9.2.2 弱依赖多层相依网络模型

为了刻画网络之间的弱耦合机制，考虑一个由 M 个网络 $A, B, C, \cdots$，组成的耦合网络，每个网络都由 N 个节点组成。对于网络 X，其度分布记为 $P^X(k)$，其中 $X \in A, B, C, \cdots$。网络 X 的任意一个节点 i 都与其他 $M-1$ 个网络中的节点互为相互依赖的副本节点，这 M 个节点之间的依赖关系可以用某种网络结构来表示，如图 9.8 所示。网络 X 中的节点用一对符号 (x, X) 号表示，小写字母表示网络中的节点编号，大写字母表示节点所在的网络。节点所具有的依赖节点的数量由网络之间的依赖关系给出，例如，网络 A 和 B 之间存在依赖关系，则 A 网络中的所有节点都与 B 网络中的副本节点存在依赖关系。网络 X 所具有的依赖网络的数量被记为超级度 q^X，如果一个网络 X 的超级度为 q^X，则其中每个节点有 q^X 个副本节点与之相依赖。

给定一个度分布为 $P^X(k)$ 的网络 X，它由一系列的分支组成，同样假定只有属于网络巨分支的节点才能够保持功能，不属于网络巨分支的节点为失效节点。考虑一对相互依赖的网络 A 和 B，如果 A 中的节点 (x, A) 发生故障，网络 B 中

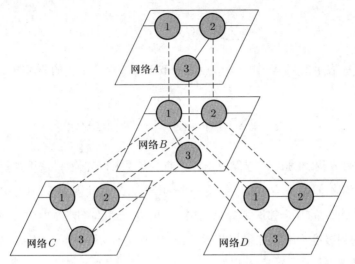

图 9.8　相互依赖的多层网络耦合系统的结构示意图。整个系统包括 4 层网络,其中虚线表示不同网络之间相互依赖的连接,实线表示网络内的连接。该图取自文献 [6]

的副本节点 (x,B) 的每条边将以概率 $1-\alpha$ 失效。类似地,如果网络 B 中的节点 (y,B) 发生故障,则网络 A 中的副本 (y,A) 的边将以相同的概率失效。在每次迭代中,A 网络中由于脱离巨分支而失效的节点会导致其依赖的节点的边被删除,从而引起 B 网络中的一部分节点失效,这反过来将在网络 A 中引起更多的节点失效。这样的迭代过程在任意两个互相依赖的网络之间同步发生。当没有失效发生时,整个系统达到最终稳定状态。

从单个节点的角度来看,参数 α 量化了节点对其相互依赖的副本节点失效的容忍度,即该参数控制着一个节点在其一个副本失效时所承受的影响。从整个网络系统的角度来看,α 有效地确定了网络之间相互依赖的强度。当 $\alpha \to 1$ 时,节点之间的相互依赖性最弱,故障不能从一个网络传播到另一个网络; 当 $\alpha \to 0$ 时,表示节点之间的相互依赖性最强,模型退化到强依赖的多层网络。在本章的研究中,使用网络中巨分支 S^X 的大小来确定最终网络层 X 的稳健性。

模型的解析解可由概率生成函数方法给出。我们定义生成函数 $G_0^X(x) = \sum_k P^X(k)x^k$ 为网络 X 的度分布的生成函数,生成函数 $G_1^X(x) = \sum_k \dfrac{P^X(k)k}{\langle k \rangle} x^{k-1}$ 为网络 X 的余度分布的生成函数,R^X 表示网络 X 中一条随机边能够连接到其巨分支的概率。则网络 X 最终的巨分支的规模 S^X 满足方程

$$S^X = \sum_{t=0}^{q^X}[1 - G_0(1 - \alpha^t R^X)]f^X(t). \tag{9.30}$$

其中, $f^X(t)$ 表示网络 X 中一个节点的失效副本节点数量 t 的概率分布函数, R^X 满足方程

$$R^X = \sum_{t=0}^{q^X}\alpha^t[1 - G_1(1 - \alpha^t R^X)]f^X(t). \tag{9.31}$$

在求解方程 (9.30) 和方程 (9.31) 之前, 需要求得 $f^X(t)$, 这里通过一个逐层的更新过程来求解 $f^X(t)$ [37]。给定一个网络层 X, 将其视为最顶层, 它的邻居视为第二层, 邻居的其余邻居视为第三层, 直至编号到最底层, 如图 9.9 所示。假定网络 Z 的超级度为 q^Z, 如果将其置于顶层, 则它有 q^Z 个下层邻居, 如果它不在最顶层, 则有 $q^Z - 1$ 个下层邻居。

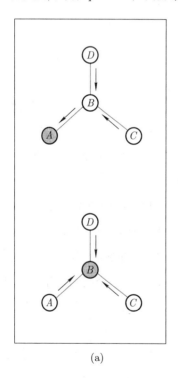

(a)

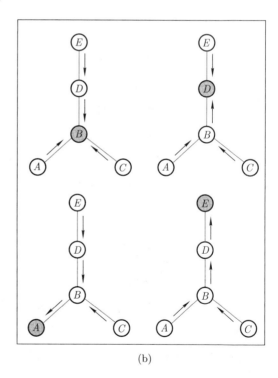

(b)

图 9.9 星形和树状多层网络逐层更新示意图。(a) 星形网络的更新过程; (b) 树形网络的更新过程。灰色节点表示顶层网络。该图取自文献 [6]

对于某个底层网络 Z 的下一层失效副本节点数量的概率分布函数 $f^X(t)$,

满足

$$f^Z(t) = \begin{cases} 1, & t = 0, \\ 0, & t \neq 0 \end{cases} . \tag{9.32}$$

因此, 网络 Z 中的节点存活概率为

$$S^Z = \sum_{t=0}^{q^Z-1} [1 - G_0(1 - \alpha^t R^Z)] f^Z(t). \tag{9.33}$$

根据 S^Z 可以计算上一层的某个网络 Y 在最底层失效副本节点数量的概率分布函数 $f^Y(t)$, 然后再将 $f^Y(t)$ 代入方程 (9.33), 可以得到网络 Y 中某个节点的存活概率 S^Y。重复这样的操作直到达到整个系统的顶层即可得到 $f^X(t)$。

考虑一个如图 9.8 所示的星形结构的多层网络, 由 A, B, C, D 共 4 个网络组成, 其中 B 为中心网络。每个网络具有相同的度分布 $P(k)$, 将中心网络 B 中的一条随机边能够连接到巨分支的概率记为 R', 边缘网络 A, C, D 中的一条随机边能够连接到网络巨分支的概率记为 R。则 B 中一个随机节点存活的概率为

$$S^B = \sum_{t=0}^{3} \binom{3}{t} [1 - G_0(1 - \alpha^t R')] G_0^t(1 - R)[1 - G_0(1 - R)]^{3-t}. \tag{9.34}$$

接下来计算 A 网络中一个随机节点 (x, A) 的存活概率。由于 A 网络只有一个依赖的网络, (x, A) 节点失效的邻居数量 t 只有 0 和 1 两种情况。t 为 0 的概率 $f^A(0)$ 为

$$f^A(0) = \sum_{t=0}^{2} \binom{2}{t} [1 - G_0(1 - \alpha^t R')] G_0^t(1 - R)[1 - G_0(1 - R)]^{2-t}. \tag{9.35}$$

则 t 为 1 的概率为 $f^A(1) = 1 - f^A(0)$。通过方程 (9.35) 可以得到

$$S^A = [1 - G_0(1 - R)] f^A(0) + [1 - G_0(1 - \alpha R)] f^A(1). \tag{9.36}$$

类似地, 可以得到 R 和 R' 满足自洽方程

$$R' = \sum_{t=0}^{3} \binom{3}{t} \alpha^t [1 - G_1(1 - \alpha^t R')] G_0^t(1 - R)[1 - G_0(1 - R)]^{3-t}, \tag{9.37}$$

$$R = [1 - G_1(1 - R)] f^A(0) + \alpha[1 - G_1(1 - \alpha R)] f^A(1). \tag{9.38}$$

假定组成该多层网络的网络的度分布均为泊松分布 $P(k) = \mathrm{e}^{-z}z^k/k!$ [38],给定任意一个平均度 z, 方程 (9.37) 和方程 (9.38) 的解可以通过数值计算求得。图 9.10 展示了系统在参数 α 和 z 不同取值下的解。在 α 较大 (如 $\alpha = 0.9$) 且网络的平均度 z 较小的时候 (例如 $z = 1.2$), 方程 (9.37) 和方程 (9.38) 所对应的曲线

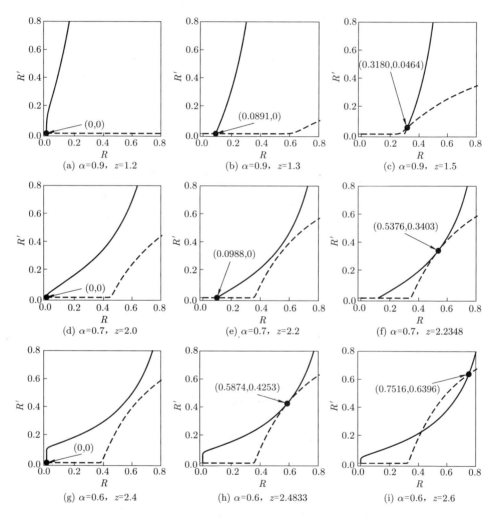

图 9.10 在参数 α 和 z 不同取值下多层网络渗流模型的数值解。(a)~(c) 表示在 $\alpha = 0.9$ 时多层耦合网络所发生的连续渗流相变,随着网络平均度 z 的变化, R 率先从零值连续地变成非零值,而后 R' 逐渐从零值变为非零值; (d)~(f) 表示在 $\alpha = 0.7$ 时,随着网络平均度 z 的变化, R 率先从零值连续地变成非零值,之后 R 和 R' 会出现突然的跳跃; (g)~(i) 表示在 $\alpha = 0.6$ 时,随着网络平均度 z 的变化, R 和 R' 会从零值突然跳跃到非零值。该图取自文献 [6]

在 $(0,0)$ 相交 (对应系统的平凡解), 各个网络的巨分支都是零; 而随着网络平均度 z 的增大, R 的非平凡解开始出现, R' 的解仍然为零, 对应于网络 A,C,D 渗流现象的发生, 如 $z=1.3$ 的时候, 方程 (9.37) 和方程 (9.38) 交于 $(0.0891,0)$; 随着网络平均度 z 的进一步增大, R' 的非平凡解也开始出现, 对应于网络 B 的巨分支开始涌现, 如 $z=1.5$。在 $\alpha=0.7$ 的情况下, 当网络的平均度 z 较小的时候, 方程 (9.37) 和方程 (9.38) 所对应的曲线在 $(0,0)$ 相交, 各个网络巨分支的规模都是零; 随着网络平均度 z 的增大, R 的非平凡解开始出现, R' 的解仍然为零; 随着网络平均度 z 的进一步增大, R' 的非平凡解会突然出现, 同时会引起 R 的跳跃。在 $\alpha=0.6$ 的情况下, 当网络的平均度 z 较小的时候, 方程 (9.37) 和方程 (9.38) 所对应的曲线同样在 $(0,0)$ 相交, 随着 z 的增大, 两条曲线会相切与一点, 对应于两个方程的非平凡解突然出现, 也对应于各个网络的不连续渗流相变的同时发生。图 9.11 展示了具有相同度分布的 4 个随机网络所组成的星形多层网络中的渗流相

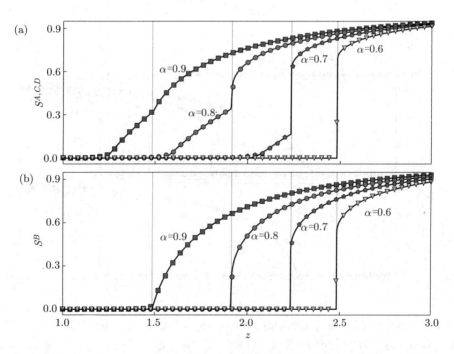

图 9.11　具有相同度分布的 4 个随机网络所组成的星形多层网络中的渗流相变现象。对于不同的参数 α, 网络 A,C,D 的巨分支的规模 $S^{A,C,D}$ 和网络 B 的巨分支的规模 S^B 随着网络平均度 z 的变化。图中的垂直虚线表示网络 B 发生渗流相变的临界点。该图取自文献 [6]

网
络
渗
流

变现象, 从中可以发现, 当 α 较大的时候, 边缘网络 A, C, D 率先发生渗流, 而后中心网络 B 再发生渗流, 当网络 B 发生渗流时, 又会导致网络 A, C, D 出现第二次相变。

由 5 个网络 A, B, C, D, E 组成的树状多层网络, 结构如图 9.9(b) 所示, B 网络为中心网络, D 网络为次中心网络, A, C, E 为边缘的网络。从图 9.12 中可以看出, 在 $\alpha = 0.9$ 的时候, 随着网络平均度 z 的增加, 边缘网络 A, C, E 首先发生

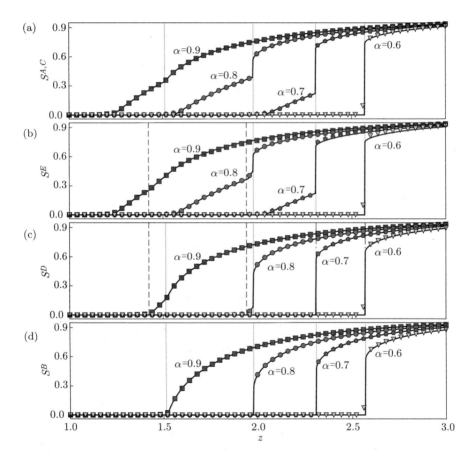

图 9.12　具有相同度分布的 5 个随机网络组成的树形多层网络中的渗流相变现象。(a) 网络 A, C 巨分支的规模随平均度 z 的变化; (b) 网络 E 巨分支的规模随平均度 z 的变化; (c) 网络 D 巨分支的规模随平均度 z 的变化; (d) 网络 B 巨分支的规模随平均度 z 的变化。图中垂直的点状虚线表示中心网络 B 的渗流相变的临界点, 段状虚线表示次中心网络 D 的渗流相变临界点。该图取自文献 [6]

连续的渗流相变, 之后次中心网络 D 发生连续的渗流相变, 最后中心网络 B 发生连续的渗流相变。值得注意的是, 次中心网络 D 发生渗流相变的时候, 会影响已经发生渗流的邻居 E 再次发生相变, 中心网络 B 发生渗流会导致已经发生渗流的邻居 A, C, D 再次发生相变。在 $\alpha = 0.8$ 的时候, 边缘网络 A, C, E 同样率先发生连续的渗流相变, 之后次中心网络 D 发生连续的渗流相变, 最后中心网络 B 发生一阶不连续渗流相变, 这时, 已经发生渗流的网络 A, C, E 和 D 会再发生一次不连续相变。在 $\alpha = 0.7$ 的时候, 边缘网络 A, C, E 同样率先发生连续的渗流相变, 之后中心网络 B 和次中心网络 D 同时发生不连续的渗流相变, 此时会导致已经发生渗流的网络 A, C, E 再次发生相变。在 $\alpha = 0.6$ 的时候, 所有网络的渗流相变同时发生。

综合以上结果, 可以发现参数 α 对于网络发生渗流相变有着非常重要的影响。α 较大时, 最边缘超级度 (与一个网络有依赖关系的网络数) 较小的网络率先发生渗流相变, 之后是超级度较大的网络, 最后是超级度最大的网络, 而且系统中所有网络渗流相变的类型均为二阶连续相变, 超级度较大的网络发生渗流的时候会导致其相邻的网络再次发生相变。随着 α 降低, 一些超级度较大的网络的渗流相变类型会变成一级相变, 当一级相变发生的时候, 会导致其他已经发生渗流的网络产生一次不连续的相变。随着 α 再次降低, 超级度较大的一些网络的渗流相变点会发生合并, 即同时发生渗流相变。随着 α 进一步降低, 所有的网络都会同时发生一级相变。多层网络发生渗流相变的临界点随参数 α 的变化如图 9.13 所示。

以上研究表明, 网络之间的耦合强度对于网络渗流相变有着非常重要的影响。当网络之间的耦合非常弱的时候, 处于不同位置的网络渗流的发生不是同时的, 一般来说, 超级度值较小的网络率先发生渗流, 超级度较大的网络渗流相变的发生较为滞后。此外, 当超级度较大的网络发生渗流的时候, 会影响已经发生渗流的超级度较小的相邻网络, 使之出现第二次相变。随着网络之间耦合强度的增加, 超级度较大的网络渗流相变的临界值会趋于一致, 直至所有网络都同时发生渗流相变。此外, 网络之间的耦合强度对于渗流相变的类型也存在关键影响, 当网络之间耦合强度较弱的时候, 所有网络渗流相变均为二阶连续相变; 随着耦合强度增加, 超级度较大的一些网络的渗流相变会变成一阶不连续相变; 随着耦合

网络渗流

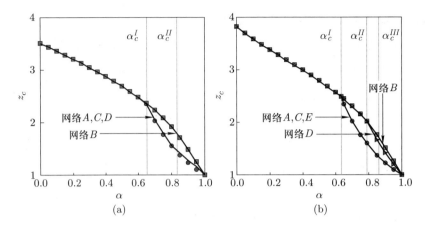

图 9.13　多层网络发生渗流相变的临界点 z_c 随参数 α 的变化。(a) 星形结构; (b) 树形结构。该图取自文献 [6]

强度进一步增加, 所有网络的渗流相变同时发生, 且均为一阶不连续相变。这些研究至少表明: 首先, 在弱耦合的多层网络中, 网络巨分支的涌现可能是分阶段的; 其次, 网络之间的耦合强度以及网络在系统之中的位置对于渗流相变类型具有非常重要的影响; 最后, 弱耦合机制能够刻画较为广泛的一些复杂系统之间关系, 而采用强耦合机制的复杂系统可能会低估真实复杂系统的鲁棒性。

9.3　多层网络上的扩展渗流模型

9.3.1　多层网络上的 k 核渗流

多层网络中包含多个网络, 如果将经典的一些扩展渗流模型拓展到多层网络之上, 将产生更为丰富的结果。例如 k 核渗流模型 [39]、靴襻渗流模型 [40] 和冗余渗流模型 [41] 均被引入了多层网络, 并产生了一些非常有趣的现象。本小节将对多层网络上的 k 核渗流模型的理论分析方法和主要结果进行简要介绍。

文献 [39] 研究了多层网络上的 k 核渗流模型。对于一个具有 M 层的多层网络, 每一层均具有不同类型的连接, 每个节点在不同层的联合度分布表示为 $P(q^1, q^2, \cdots, q^M)$。可以通过一个向量 $\boldsymbol{k} \equiv (k^1, k^2, \cdots, k^M)$ 来表示巨分支中各层节点至少需要拥有的边数。也就是说, 在多层网络的 $\boldsymbol{k}$ 核巨分支中, 对于任意一层网络 X, 需要至少有 k^X 条边能够连接到网络的 k^X 核, 否则该节点就不能出现在多层网络的 $\boldsymbol{k}$ 核巨分支中。为了求解 $\boldsymbol{k}$ 核巨分支的大小, 定义 R^X 为第 X 层网络中一条随机边能够连接到一个无限子树的概率, 则 R^X 满足自洽方程

$$
\begin{aligned}
R^X = \sum_{\boldsymbol{q}} \frac{q^X P(\boldsymbol{q})}{\langle q \rangle^X} & \left[\sum_{s=k^X-1}^{q^X-1} \binom{q^X-1}{s} (R^X)^s (1-R^X)^{q^X-1-s} \right] \\
\times & \prod_{Y=1, Y \neq X}^{M} \left[\sum_{s'=k^Y}^{q^Y} \binom{q^Y-1}{s'} (R^Y)^{s'} (1-R^Y)^{q^Y-s'} \right].
\end{aligned}
\tag{9.39}
$$

在网络的某一层 X, 随机挑选一条边, 这条边所到达的节点度值为 q^X 的概率为 $q^X P(\boldsymbol{q}) / \langle q^X \rangle$, 组合乘数 $\binom{q^X-1}{s}$ 给出了从剩余的 $q^X - 1$ 条边中挑选 s 条边的可能的组合数; 第 X 层网络一个节点的存活需要至少有 k^X 条边能够连接到网络的 $\boldsymbol{k}$ 核巨分支, 因此排除随机所挑选的边则需要至少 $k^X - 1$ 条边能够连接到该层网络的巨分支。

类似地, 可以求出一个节点属于网络巨分支的概率为

$$
n_{\boldsymbol{k} \, 核} = \sum_q P(q) \prod_{Y=1}^{M} \left[\sum_{s'=k^Y}^{q^Y} \binom{q^Y}{s'} (R^Y)^{s'} (1-R^Y)^{q^Y-s'} \right].
\tag{9.40}
$$

给定一个度分布, 可以由自洽方程 (9.39) 求得任意一层中一条随机边能够连接到网络巨分支的概率 R^X。对于满足泊松分布的双层随机网络, 假定它们的度分布相同, 将平均度标记为 $\langle k \rangle^A = \langle k \rangle^B = c$, 则它们的度分布的生成函数均为 $G_0(x) = \mathrm{e}^{c(x-1)}$。这里将两个网络层分别标记为 A 和 B, 如果 $\boldsymbol{k} = (1,1)$, 可以得到 $R^A = R^B \equiv R$, 其中 R 满足 $R = 1 - \mathrm{e}^{-cR}$, 每层网络上的渗流即为普通的连续相变。如果 $\boldsymbol{k} = (1,2)$, A 层和 B 层的平均度分别标记为 $\langle k \rangle^A = c_1$ 以及 $\langle k \rangle^B = c_2$, 于是 R^A 和 R^B 满足如下方程

$$
\begin{aligned}
R^A &= 1 - \mathrm{e}^{-c_2 R^B} - c_2 R^B \mathrm{e}^{-c_2 R^B}, \\
R^B &= \left(1 - \mathrm{e}^{-c_2 R^B} \right) \left(1 - \mathrm{e}^{-c_1 R^A} \right).
\end{aligned}
\tag{9.41}
$$

网络 $n_{(1,2)\text{核}}$ 为

$$n_{(1,2)\text{核}} = \left(1 - e^{-c_1 R^A}\right)\left(1 - e^{-c_2 R^B} - c_2 R^B e^{-c_2 R^B}\right). \tag{9.42}$$

当 $c_1 = c_2 = c$ 时, 网络 k 核巨分支涌现的临界阈值为 $c = 2.7461$。

如果 $k = (2, 2)$, 两个网络的平均度相等 $c_1 = c_2 = c$, 则 $R = R^A = R^B$, R 满足如下方程

$$R = \left(1 - e^{cR}\right)\left(1 - e^{cR} - cRe^{-cR}\right), \tag{9.43}$$

因此网络 $k = (2, 2)$ 核的大小为

$$n_{(2,2)\text{核}} = \left(1 - e^{-cR} - cRe^{-cR}\right)^2. \tag{9.44}$$

在这种情况下, 网络 k 核巨分支的涌现临界阈值为 $c = 3.8166$。图 9.14 展示了对于不同的 k, 双层网络 k 核巨分支的相对大小 $n_{(k_1, k_2)\text{核}}$ 随着网络平均度 c 的变化。$k = (1, 1)$ 的情况等价于经典的渗流, 随着平均度 c 的增加会出现连续相变; 而对于 $k = (1, 2)$ 以及更大的 k^A 和 k^B, 网络 k 核巨分支随着平均度 c 的增加会出现不连续渗流相变。

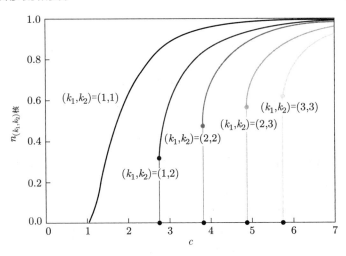

图 9.14　对于不同的 k, 具有相同平均度的双层网络 k 核巨分支的相对大小 $n_{(k_1, k_2)\text{核}}$ 随着网络平均度 c 的变化。该图取自文献 [39]

文献 [39] 比较了多层 ER 随机网络上的 k 核渗流和其对应的单层网络上的 k 核渗流。从图 9.15(a) 可以看出, (3,3) 核巨分支出现的临界平均度大于相应单

个 ER 随机网络 3 核出现的临界平均度。也就是说, 多层网络上的 (k^A, k^B) 核渗流比单个网络上的 k^A 或 k^B 核具有更大的渗流阈值。图 9.15(b) 比较了单个网络中 4 核巨分支的相对大小以及渗流阈值与多层网络 $(2,2)$ 核的结果, 可以发现单个网络 $k^A + k^B$ 核的渗流阈值比相应多层网络中的 (k^A, k^B) 核的渗流阈值更高。

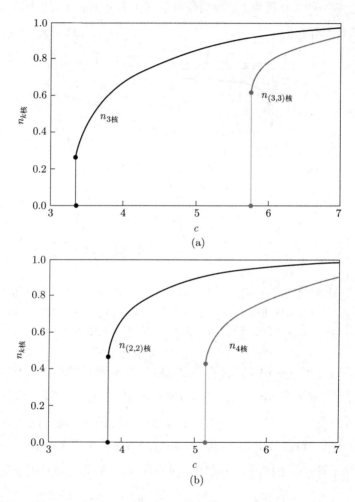

图 9.15　(a) 多层 ER 随机网络中 $(3,3)$ 核的相对大小和出现的临界点与单层 ER 随机网络中的 3 核的比较结果; (b) 多层 ER 网络中 $(2,2)$ 核的相对大小和出现的临界点与单层 ER 随机网络中的 4 核的比较结果

对于无标度网络, 度分布 $P(q) \propto q^{-\gamma}$, 文献 [39] 采用 κ 对网络的最大度进行

指数截断, 因此, 网络度分布为 $P(q) \propto \dfrac{q^{-\gamma}\mathrm{e}^{-q/\kappa}}{Li(\mathrm{e}^{-1/\kappa})}$。在假定网络 A, B 具有完全相同的度分布 (即 $\gamma^A = \gamma^B$) 的情况下, 平均度 $\langle k \rangle^A = \langle k \rangle^B = c$。图 9.16 显示了不同 γ 值下的 $(2,2)$ 核巨分支随网络平均度的变化。很明显, 随着 γ 接近 2, $(2,2)$ 核的大小逐渐减小, 而且 $(2,2)$ 核巨分支产生的临界平均度也在逐渐增大。因此, 对于指数度截断的无标度网络, 特别是对于真正意义上的无标度网络 $(\kappa \to \infty)$, (k^A, k^B) 核是不存在的。

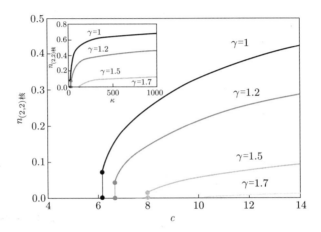

图 9.16　无标度多层网络的 $(2,2)$ 核的相对大小随着平均度 c 的变化。不同的曲线表示不同度分布的指数 γ。当 γ 增加并接近 2 时, 多层网络的 $(2,2)$ 核消失了。插图显示了对于不同的 γ 值, $(2,2)$ 核的相对大小对截断参数 κ 的依赖性。该图取自文献 [39]

对于不同 γ 值, 图 9.17 显示了 $(2,2)$ 核和 $(2,3)$ 核的相对大小及其出现的临界点。临界点处的跳跃幅度随着 γ 的增加而增加。此外, 当指数 γ 减小时, 渗流相变的临界点变大。在图 9.17 中比较了无标度网络和 ER 随机网络 k 核巨分支随平均度的变化, 可以看出, 无论是 ER 随机网络还是无标度网络, k 核巨分支的规模对网络平均度 c 的依赖是相似的, 具有较大 γ 的曲线更接近于随机网络的结果。

9.3.2　冗余渗流模型

本节将介绍一种冗余渗流模型, 其中节点能够保持功能的条件是至少在两个网络层中能够存活 [41]。当层数等于 2 时, 该模型简化为文献 [2] 中最初的相依

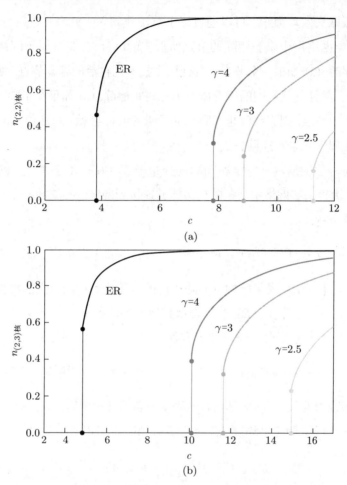

图 9.17 多层无标度网络 **k** 核巨分支的相对大小与多层 ER 随机网络 **k** 核巨分支的相对大小随网络平均度 c 的变化。(a) (2,2) 核和 (b) (2,3) 核的相对大小的比较结果。对于多层 ER 随机网络，**k** 核巨分支产生的临界平均值较小，对于渐近无标度网络，随着 γ 的减小，**k** 核巨分支产生的临界值会逐渐变大。该图取自文献 [39]

网络模型；对于具有更多层数的多层网络，该模型描述了一种情况：向多层网络中添加新层可以增强系统的稳健性。

考虑一个多层网络的渗流模型，其中一些节点是初始失效节点。假设网络之间的连接表示副本节点之间的相互依赖性，但这种相互依赖性存在冗余，即每个节点只有在其相互依赖的节点中至少有一个存活的时候才能是存活的，此模型被称为冗余渗流模型。文献 [41] 定义了冗余互连巨分支，作为模型的关键参数来研

究系统的级联失效动力学。可以通过以下算法找到属于冗余互连巨分支的节点:
(1) 找到每层网络层中未被删除的节点所形成的巨分支, 只有属于网络巨分支的
节点才能存活; (2) 如果一个节点在其他层中找不到存活的副本节点, 则该节点视
为失效节点, 并且其他层中的所有副本节点将被删除; (3) 如果在步骤 (2) 中没有
找到新的失效节点, 则算法停止; 否则, 返回步骤 (1) 开始。算法停止时未失效的
副本节点集属于冗余互连巨分支。

　　假定每一层网络具有完全相同的度分布函数 $P(k)$, 由于每一层网络的同质
性, 定义 R 为每一层网络中一条随机边能够连接到网络巨分支的概率, 因此 R 满
足如下自洽方程:

$$R = p[1 - G_1(1 - R)]\{1 - [1 - p + pG_0(1 - R)]^{M-1}\}, \tag{9.45}$$

其中, $p[1 - G_1(1 - R)]$ 表示所挑选的随机边的一端所到达的节点能够保留下来的
概率, $1 - [1 - p + pG_0(1 - R)]^{M-1}$ 表示其他层中的副本节点至少有一个能够存
活的概率。冗余互连巨分支满足如下方程

$$S = p[1 - G_0(1 - R)]\{1 - [1 - p + pG_0(1 - R)]^{M-1}\}. \tag{9.46}$$

　　考虑系统中的 M 层网络是具有泊松度分布的随机网络, 其生成函数 $G_0(x) = G_1(x) = e^{\langle k \rangle(x-1)}$。假定平均度 $\langle k \rangle = z$, 方程 (9.46) 可以转换为

$$S = p(1 - e^{-zS})\{1 - [1 - p + pe^{-zS}]^{M-1}\}. \tag{9.47}$$

根据方程 (9.47) 定义函数 $h(p) = S - p(1 - e^{-zS})\{1 - [1 - p + pe^{-zS}]^{M-1}\}$。在临
界点处, 相变点 p_c 需要满足如下条件

$$\begin{cases} h(S_c) = 0, \\ \dfrac{\mathrm{d}h(S)}{\mathrm{d}S}\bigg|_{S=S_c} = 0, \end{cases} \tag{9.48}$$

即可求出相变点 p_c。在临界点处, 冗余互连巨分支以不连续混合相变的形式出现。

　　图 9.18 表示 M 层相同度分布的多层随机网络的相变点 p_c 随网络平均度 z
的变化, 从中可以发现, 随着网络层数的增加, 网络相变点 p_c 逐步降低, 这说明
随着网络层数的增加, 网络的鲁棒性在增强。对于 M 层相同度分布的无标度网络,
借助于公式 (9.45) 和公式 (9.46) 同样可以求解, 这里不再详细展开。

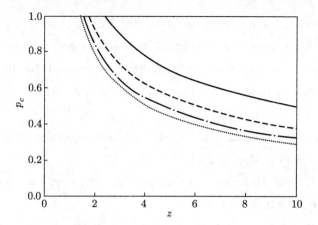

图 9.18　M 层相同度分布的多层随机网络的相变点 p_c 随网络平均度 z 的变化。从上到下, 分别表示 $M = 2, 3, 4, 5$ 的情况。该图取自文献 [41]

参考文献

[1] Pourbeik P, Kundur P S, Taylor C W. The anatomy of a power grid blackout-Root causes and dynamics of recent major blackouts [J]. IEEE Power and Energy Magazine, 2006, 4(5): 22–29.

[2] Buldyrev S V, Parshani R, Paul G, et al. Catastrophic cascade of failures in interdependent networks [J]. Nature, 2010, 464(7291): 1025–1028.

[3] Laprie J C, Kanoun K, Kaâniche M. Modelling interdependencies between the electricity and information infrastructures [J]. Proceedings of Proceedings of the 26th International Conference on Computer Safety, Reliability, and Security. Springer-Verlag, 2007: 54–67.

[4] Havlin S, Stanley H E, Bashan A, et al. Percolation of interdependent network of networks [J]. Chaos Solit. Fract., 2015, 72(0): 4–19.

[5] Mikko K, Arenas A, Barthelemy M, et al. Multilayer networks [J]. Journal of Complex Networks, 2014, 2(3): 203–271.

[6] Liu R R, Eisenberg D A, Seager T P, et al. The 'weak' interdependence of infrastructure systems produces mixed percolation transitions in multilayer networks [J]. Scientific Reports, 2018, 8: 2111.

[7] Baxter G J, Dorogovtsev S N, Goltsev A V, et al. Avalanche collapse of interdepen-

dent networks [J]. Phys. Rev. Lett., 2012, 109: 248701.

[8] Buldyrev S V, Shere N W, Cwilich G A. Interdependent networks with identical degrees of mutually dependent nodes [J]. Phys. Rev. E, 2011, 83: 016112.

[9] Parshani R, Rozenblat C, Ietri D, et al. Inter-similarity between coupled networks [J]. EPL, 2011, 92(6): 68002.

[10] Hu Y, Zhou D, Zhang R, et al. Percolation of interdependent networks with inter-similarity [J]. Phys. Rev. E, 2013, 88(5): 052805.

[11] Hackett A, Cellai D, Gómez S, et al. Bond percolation on multiplex networks [J]. Phys. Rev. X, 2016, 6: 021002.

[12] Parshani R, Buldyrev S V, Havlin S. Interdependent networks: Reducing the coupling strength leads to a change from a first to second order percolation transition [J]. Phys. Rev. Lett., 2010, 105(4): 048701.

[13] Son S W, Grassberger P, Paczuski M. Percolation transitions are not always sharpened by making networks interdependent [J]. Phys. Rev. Lett., 2011, 107(19): 195702.

[14] Son S W, Bizhani G, Christensen C, et al. Percolation theory on interdependent networks based on epidemic spreading [J]. EPL, 2012, 97(1): 16006.

[15] Cellai D, López E, Zhou J, et al. Percolation in multiplex networks with overlap [J]. Phys. Rev. E, 2013, 88(5): 052811.

[16] Min B, Yi S D, Lee K M, et al. Network robustness of multiplex networks with interlayer degree correlations [J]. Phys. Rev. E, 2014, 89(4): 042811.

[17] Valdez L D, Macri P A, Stanley H E, et al. Triple point in correlated interdependent networks [J]. Phys. Rev. E, 2013, 88(5): 050803.

[18] Huang X, Gao J, Buldyrev S V, et al. Robustness of interdependent networks under targeted attack [J]. Phys. Rev. E, 2011, 83(6): 065101.

[19] Berezin Y, Bashan A, Danziger M M, et al. Localized attacks on spatially embedded networks with dependencies [J]. Sci. Rep., 2015, 5: 8934.

[20] Dong G, Xiao H, Wang F, et al. Localized attack on networks with clustering [J]. New Journal of Physics, 2019, 21(1): 013014.

[21] Emmerich T, Bunde A, Havlin S. Structural and functional properties of spatially embedded scale-free networks [J]. Phys. Rev. E, 2014, 89(6): 062806.

[22] Danziger M M, Bashan A, Berezin Y, et al. Percolation and cascade dynamics of

spatial networks with partial dependency [J]. J. Complex Net., 2014, 2(4): 460–474.

[23] Bashan A, Berezin Y, Buldyrev S V, et al. The extreme vulnerability of interdependent spatially embedded networks [J]. Nat. Phys., 2013, 9: 667–672.

[24] Li W, Bashan A, Buldyrev S V, et al. Cascading failures in interdependent lattice networks: the critical role of the length of dependency links [J]. Phys. Rev. Lett., 2012, 108(22): 228702.

[25] Shekhtman L M, Berezin Y, Danziger M M, et al. Robustness of a network formed of spatially embedded networks [J]. Phys. Rev. E, 2014, 90(1): 012809.

[26] Liu R R, Li M, Jia C X, et al. Cascading failures in coupled networks with both innerdependency and interdependency links [J]. Sci. Rep., 2016, 6: 25294.

[27] Yuan X, Shao S, Stanley H E, et al. How breadth of degree distribution influences network robustness: comparing localized and random attacks [J]. Phys. Rev. E, 2015, 92(3): 032122.

[28] Dong G, Fan J, Shekhtman L M, et al. Resilience of networks with community structure behaves as if under an external field [J]. Proceedings of the National Academy of Sciences, 2018, 115(27): 6911–6915.

[29] Shao S, Huang X, Stanley H E, et al. Robustness of a partially interdependent network formed of clustered networks [J]. Phys. Rev. E, 2014, 89(3): 032812.

[30] Huang X, Shao S, Wang H, et al. The robustness of interdependent clustered networks [J]. EPL, 2013, 101(1): 18002.

[31] Liu R R, Jia C X, Lai Y C. Remote control of cascading dynamics on complex multilayer networks [J]. New J. Phys., 2019, 21(4): 045002.

[32] Gao J, Buldyrev S V, Stanley H E, et al. Networks formed from interdependent networks [J]. Nat. Phys., 2012, 8: 40–48.

[33] Gao J, Buldyrev S V, Havlin S, et al. Robustness of a network of networks [J]. Phys. Rev. Lett., 2011, 107(19): 195701.

[34] Shekhtman L M, Havlin S. Percolation of hierarchical networks and networks of networks [J]. Phys. Rev. E, 2018, 98: 052305.

[35] Bianconi G, Dorogovtsev S N. Multiple percolation transitions in a configuration model of network of networks [J]. Phys. Rev. E, 2014, 89(6): 062814.

[36] Yuan X, Hu Y, Stanley H E, et al. Eradicating catastrophic collapse in interdependent

网
络
渗
流

networks via reinforced nodes [J]. Proc. Nat. Acad. Sci., 2017, 114(13): 3311–3315.

[37] Gleeson J P, Cahalane D J. Seed size strongly affects cascades on random networks [J]. Phys. Rev. E, 2007, 75(5): 056103.

[38] Bollobás B. Random Graphs [M]. London: Academic Press, 1985.

[39] Azimi-Tafreshi N, Gómez-Gardeñes J, Dorogovtsev S N. k-Core percolation on multiplex networks [J]. Phys. Rev. E, 2014, 90: 032816.

[40] Baxter G J, Dorogovtsev S N, Mendes J F F, et al. Weak percolation on multiplex networks [J]. Phys. Rev. E, 2014, 89: 042801.

[41] Radicchi F, Bianconi G. Redundant interdependencies boost the robustness of multiplex networks [J]. Phys. Rev. X, 2017, 7: 011013.

第 10 章 渗流过程的其他应用

  本章将通过对渗流理论在一些真实系统中的应用, 或对一些真实系统与渗流模型的对应关系的介绍, 阐述渗流理论对于复杂网络与复杂系统研究的借鉴意义。本章将介绍 k 派系渗流模型的理论分析过程, 以及在真实网络上社团划分的应用案例; 还将介绍一些与网络渗流联系密切的动力学过程, 例如在囚徒困境博弈中, 合作者的出现或湮灭的临界特征、合作簇的演化特征都表现出定向渗流的一些性质; 此外, 在二维方格上的交通流元胞自动机模型中, 随着交通系统中车流密度的变化, 车流会从自由流状态变化到阻塞状态, 这一转变可以和渗流相变进行类比, 同时拥堵车辆所形成的簇也表现出渗流的一些特征; 最后, 网络的可观测性问题也可以完全和渗流模型相对应起来。相信随着研究的进一步深入, 网络渗流研究的理论方法会在更多的系统中得到更为广泛的应用。

10.1 k 派系渗流与社团发现

在一些网络的社团内部, 节点之间的连接显著比网络的其他部分密切, 即边密度较高, 往往容易形成派系。也就是说, 社团内部的边有较大可能性形成较大的完全子图, 而社团之间的连接相对稀疏, 形成较大的完全子图的可能性较小 [4-6]。基于这一想法, 通过找出网络中的派系有助于发现网络的社团。本节将首先介绍 k 派系渗流的相关理论, 然后介绍 k 派系渗流的社团划分算法在真实网络中的应用案例。

10.1.1 k 派系渗流理论

在介绍 k 派系渗流理论之前, 有如下 4 个比较重要的概念需要定义:

(1) k 派系, 即具有 k 个节点的完全子图 [1]。派系也可以被认为是组成网络的一种基本结构单元。实证研究发现, 实际网络中派系的连接度分布仍然满足幂律分布, 幂指数随着派系规模 k 的增加而减小 [3]。

(2) k 派系的邻接 (连接), 如果两个 k 派系有 l 个重合节点, 我们就说这两个派系是邻接在一起的, 即互为邻居。通常来说, l 处于 $[2, k-1]$ 之间, 本节将探讨 k 派系渗流在社团发现中的应用, 因此考虑比较紧密的情况, 即 $l = k - 1$。

(3) k 派系的连通性, 如果两个 k 派系能够通过中间若干 k 派系连接起来, 属于一个共同的 k 派系链, 则称二者是连通的。

(4) k 派系渗流连接分支 (k-clique percolation cluster), 它是趋向于发散的最大的 k 派系连通分支, 是能够连通在一起的所有 k 派系的并集。

求解 k 派系渗流分支的临界点的方法非常类似于求解经典键渗流模型的方法, k 派系渗流可以和常规键渗流模型对应 [7, 8]。给定一个由 N 个节点形成的网络, 任意两个节点之间以概率 p 建立一条连接。一个 k 派系对应于原始键渗流的一个节点, 如果两个 k 派系之间有 $k-1$ 个重叠节点, 则对应于原始键渗流的

一条边 (上文所定义的邻接)。给定一个 k 派系, 最多有 k 个与之邻接的邻居 (k 派系)。借用原始键渗流模型上的分支过程, 可以得到 k 派系渗流巨分支出现的临界条件。在这样一个由 k 派系形成的网络中, 随机选择一个 k 派系 A, 假定可以到达另外一个与 A 邻接的 k 派系 B, B 最多可能有 $k-1$ 个邻接的 k 派系 (排除最初选择的 k 派系 A)。如果从剩余的 $N-k-1$ 个节点中随机选择一个节点, 并且这个节点和 B 中的 $k-1$ 个节点全部建立连接, 即形成一个新的邻接 k 派系 C, 形成概率为 p^{k-1}。根据这一分支过程, 如果网络的 k 派系渗流连接分支能够出现, 则需要满足 $(k-1)(N-k-1)p^{k-1} \geqslant 1$ 的条件。在 $N \gg k$ 的情况下, 可以得到 k 派系巨分支出现的临界条件

$$p_c(k) = \frac{1}{[(k-1)N]^{1/(k-1)}}. \tag{10.1}$$

很明显, 当 $k=2$ 的时候, 方程 (10.1) 退化到常规键渗流模型的阈值 $p_c(k) = 1/N$。

文献 [2, 7] 把上述分支过程称为 k 派系复制滚动过程, 如图 10.1 所示。网络 k 派系渗流巨分支中所有的 k 派系都可以被认为是完全同构的对象, 任意一个 k 派系为剩余 k 派系的模板。假如从中随机选择一个 k 派系作为模板, 在每次翻滚的过程中, 从中随机选择一个节点进行复制, 以另外 $k-1$ 个节点为轴进行翻滚, 即可得到这个模板的一个新邻居。根据所选择的复制节点的不同即有 k 个不同的翻滚方向。任意一个 k 派系巨分支, 都可以通过不断重复这样的复制翻滚过程获得。类似于分支过程, 在渗流阈值处, 在一个 k 派系模板翻滚到相邻的 k 派系之后, 如果将这个邻居设置为一个新的模板, 必须要求与该模板相邻的 k 派系数量的期望值等于1(排除原来的 k 派系模板)。这个标准背后的直观理解是, 小于1 的期望值会导致 k 派系不能翻滚到较远的位置, 因为在经历少数几步翻滚之后, 再次发生翻滚的概率就会急剧降低; 而大于1 的期望值会导致通过翻滚获得一个无限大的 k 派系渗流分支。据此可以重新获得公式 (10.1)。

除了利用分支过程来计算 k 派系渗流的临界值之外, 采用生成函数方法同样也可以得到公式 (10.1)。首先定义 $H(n)$ 为从一个随机选择的 k 派系翻滚到另一个 k 派系时, 该 k 派系所能够连接到的 m 个子分支所包含的 k 派系数量之和 (不包含最初所选择的 k 派系) 等于 n 的概率; 然后定义 $H_m(n)$ 为随机选择 m 个 k 派系依据上述方法得到 m 个子分支包含 k 派系的数量之和等于 n 的概率。可

网络渗流

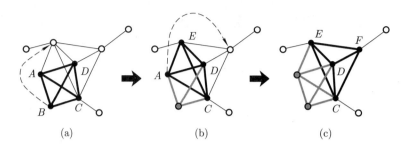

图 10.1　在 $k = 4$ 时, k 派系复制滚动的示意图。最初将模板设定在 (a) $A - B - C - D$ 四个节点组成的 k 派系上, 并将其 "滚动" 到 (b) k 派系 $A - C - D - E$ 上, k 派系模板的位置用粗黑线和黑色节点标记, 而已经访问过的连接和节点分别用粗灰线和灰色节点表示。每次复制滚动过程中只移动一个节点, 并且两个邻接的 $k = 4$ 派系 (滚动之前和之后) 共享 $k - 1 = 3$ 个节点; 最后一步 (c) 模板到达 k 派系 $C - D - E - F$, 在过程中访问的节点集 $(A - B - C - D - E - F)$ 被认为是 k 派系最大连通分支中的节点。该图取自文献 [2]

以知道 $H(n)$ 满足如下自洽方程

$$H(n) = q(0)H_0(n-1) + q(1)H_1(n-1) + q(2)H_2(n-1) + \cdots, \tag{10.2}$$

方程中 $q(x)$ 表示排除最初随机选择的 k 派系之外翻滚到的 k 派系拥有的邻居数量为 x 的概率, $H_x(n-1)$ 表示这 x 个邻居的子分支包含 k 派系的数量之和为 $n - 1$ 的概率, 方程 (10.2) 的右侧即表示翻滚到的 k 派系所属子分支拥有的 k 派系数量之和等于 n 的概率。因此可以将 $H(n)$ 的概率生成函数写成

$$\begin{aligned}
G_H(x) &= \sum_{n=0} \left[\sum_{m=0} q(m) H_m(n-1) \right] x^n \\
&= \sum_{n=0} \left[\sum_{m=0} q(m) \frac{1}{(n-1)!} \frac{\mathrm{d}^{n-1}}{\mathrm{d}x^{n-1}} [G_H(x)]^m |_{x=0} \right] x^n \\
&= \sum_{m=0} q(m) \sum_{n=0} \frac{1}{(n-1)!} \frac{\mathrm{d}^{n-1}}{\mathrm{d}x^{n-1}} [G_H(x)]^m |_{x=0} x^n \\
&= \sum_{m=0} q(m) [G_H(x)]^m x = x G_q(G_H(x)),
\end{aligned} \tag{10.3}$$

其中, G_q 表示 $q(x)$ 的概率生成函数。通过方程 (10.3), 可以计算随机选择的一个 k 派系翻滚到的另一个 k 派系所属子分支的平均规模

$$G'_H(1) = G_q(G_H(1)) + G'_q(G_H(1))G'_H(1). \tag{10.4}$$

进一步计算可得

$$G'_H(1) = \frac{1}{1 - G'_q(1)}. \tag{10.5}$$

因此, 当 $1 - G'_q(1) \to 0$ 的时候, 可以知道随机选择的一个 k 派系翻滚到的另一个 k 派系所属子分支的平均规模趋向于无穷大。此时, k 派系渗流巨分支即可出现, 即

$$\langle q \rangle = N(k-1)p^{k-1} = 1. \tag{10.6}$$

这一结果与 (10.1) 完全一致。

　　定义 Φ 为 k 派系渗流巨分支中的节点数在网络所有节点 N 中的比例, Ψ 为 k 派系渗流巨分支中 k 派系数在网络中总 k 派系数占比, 图 10.2 通过数值模拟展示了二者随 p 的变化。可以发现 k 派系渗流巨分支出现在临界点 p_c 的位置与理论分析结果一致。随着网络规模 N 的增大, k 派系渗流巨分支的大小 Φ 和 Ψ 随着 p 的增加变得越来越陡峭, 这种相变的存在为 k 派系渗流方法在真实网络中社团划分的适用性提供了理论基础。在网络连接完全随机的情况下, 给定一个 k 值, 在网络的连接密度低于相变点 $p_c(k)$ 的时候, 仅会出现非常少且小的簇, 如图 10.3 所示。但是, 对于真实网络中大型社团中的节点, 它们的连接密度往往显著高于网络的平均连接密度, 因此真实网络中的社团对于连接的随机移除不是很敏感, 不会因边的随机移除而消失。

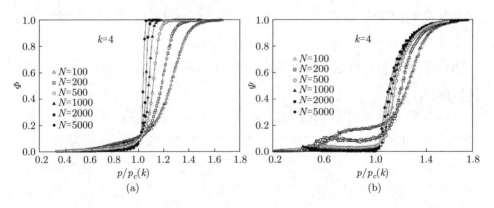

图 10.2　k 派系渗流巨分支的相对大小 Φ 和 k 派系渗流巨分支中 k 派系的数量占网络中总的 k 派系的数量之比 Ψ 随 p 的变化。图中的数据来自于数值模拟的结果。该图取自文献 [7]

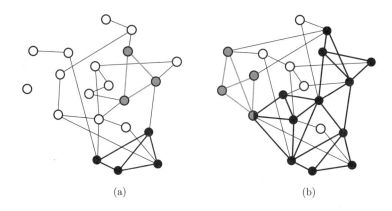

图 10.3　两个随机网络中的 k 派系最大连通分支的示意图, 网络节点的连接概率分别为 (a) $p = 0.13$ 和 (b) $p = 0.22$。由于节点之间连接概率远大于经典 ER 随机网络渗流相变的阈值 ($p_c = 1/N = 0.05$), 所有的连接均属于网络的最大连通分支。然而, 对于 (a), p 低于 3 派系 (三角形) 的渗流阈值, $p_c(3) = 0.16$ (从式 (10.1) 计算获得)。因此, 只能观察到两个小的派系 (以黑色和深灰色边区分); 在 (b) 中, p 高于该阈值, 因此, 大多数节点都在 3 派系渗流巨分支中。该图还展示出两个 3 派系 (黑色和深灰色) 之间的重叠 (一半黑色一半深灰色的节点)。该图取自文献 [7]

10.1.2　k 派系渗流在社团发现中的应用

本节将讨论社团发现方法与 k 派系渗流的相关性。k 派系渗流分支可以视为一个社团, 因为 k 派系渗流分支内部包含了一些完全连通子图, 而且这些子图之间的连接非常紧密, 至少有 $k-1$ 个重叠节点。根据不同的 k 值, 可以识别不同连接强度 (或凝聚度) 的社团。k 派系渗流分支还满足了许多社团定义的一些基本要求, 例如节点连接密度高和允许社团的重叠。尽管 k 派系方法对社团的定义非常严苛, 但可以放宽这种约束, 例如, 允许不完整的 k 派系, 实际上等同于降低 k 的值 [9]。

本节中, 一个社团定义为所有 k 派系 (大小为 k 的完整子图) 连接形成的集合。这样的社团也可以称为 k 派系社团, k 派系社团可以通过一系列相邻的 k 派系找到 (相邻意味着两个 k 派系共享 $k-1$ 个节点)。采用该方法, 整个网络可能划分为多个 k 派系社团。在这些 k 派系社团中, 一个节点可能属于多个 k 派系, 某个节点可以属于多个社团。

文献 [9] 给出了 3 种网络的社团划分: 科学家合作网络、词义网络和蛋白质相互作用网络。科学家合作网络来自 Los Alamos 电子档案的数据, 每篇文章对它任意两个共同作者之间连接权重的贡献值为 $1/(n-1)$, 其中 n 表示每篇论文的作者数。在词意网络中, 从一个单词到另一个单词的有向连接的权重表示在调查中将这两个词相关联的人数。为了实现社团划分, 文献将这些有向连接替换为无向连接, 其权重等于相应的两个相反方向连接的权重之和。蛋白质相互作用网络来自蛋白质相互作用数据库 (DIP), 蛋白质之间的相互作用由一条含权连接表示。这 3 个网络非常庞大, 分别由数万甚至数十万个节点以及连边组成。图 10.4(a) 展示了文献作者 G. Parisi 所在的社团, 从图中可以看出他活跃在几个交叉学科领域, 这一点可以从他所发表论文的标题中获得验证。图 10.4(b) 展示了 bright 一词的含义在 4 个社团的词汇都有体现。图 10.4(c) 和图 10.5 所示社团中的大多数蛋白质的功能已经被发现, 而少数蛋白质的功能尚无定论, 可以根据它们所在

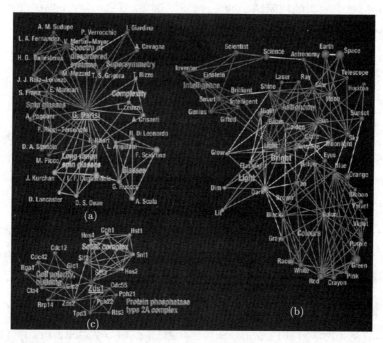

图 10.4 3 个网络中以某个节点为中心的社团。图中不同社团之间的重合节点用红色标记, 节点的大小和边的粗细正比于它们所属社团的大小。3 个网络的 k 值设置为 4。图 (a) 表示作者 G. Parisi 所在的凝聚态物理领域的科学家合作网络的社团; 图 (b) 表示 bright 所在的语义网络社团; 图 (c) 表示的是 Zds1 蛋白在酿酒酵母的蛋白质 - 蛋白质相互作用网络的社团中的位置。该图取自文献 [9] (见彩图)

社团的功能来推断这些蛋白质可能的功能。在图 10.5 的放大部分可以看到,蛋白质 Ycr072c 是维持细胞活力所需的一种物质,出现在右侧的社区当中,已经发现该蛋白质所在社团最为显著的特征是核糖体合成,因此,可以推测 Ycr072c 可能参与了核糖体合成。与之类似,也可以使用该方法通过蛋白质的功能预测它所在社团的功能。

上述对于社团的定义适用于无权无向的网络,对于含权网络可以设置一个权重阈值 w^* 将其转变为不含权的网络。阈值 w^* 越小,网络内部的连接就越密集,阈值 w^* 越大,网络内部的连接就越稀疏,即增加阈值 w^* 会导致网络社团的缩小甚至破碎。参数 k 也有类似的作用,即增加参数 k 也会导致网络社团的缩小甚至破碎。

虽然对于不同节点周围的局部社团结构,k 和 w^* 的最优值可能是不同的,但是如果分析整个网络的社团结构的统计特性,则需要设置一些全局标准来对它们取值。文献 [9] 给出的标准是找到尽可能高度结构化的社团结构。在渗流理论中,当连接的数量增加到某个临界点以上时,网络巨分支就会涌现。因此,对于每个选定的 k 值 (通常在 3 和 6 之间),为了从下面接近这个临界点,文献通过逐步降低阈值 w^* 获得用于社团划分的无向网络,当最大社团的规模为第二大社团规模的两倍时,将阈值 w^* 确定下来。这种方式能够确保找到尽可能多的社团,并且不会产生单个较大的社团而忽略社团结构的细节。采用 f^* 表示强度大于阈值 w^* 的连接的比例,同时要使用能够使 f^* 值不是太小的 k 值。对于科学家合作网络,案例中采用 $k=5$ 和 $k=6$,分别对应于 $f^*=0.93$ 和 $f^*=0.75$ 来划分网络的社团,这两种参数设置所得到的划分结果是类似的。对于语义网络,案例中使用 $k=4$ 和 $f^*=0.67$ 来划分网络的社团。对于蛋白质相互作用网络,案例中使用 $k=4$,网络可以划分为 82 个社团,如图 10.5 所示。

为了定量研究复杂网络的社团特征,通常需要定义 4 个基本量。社团成员数 m_i 表示节点 i 所属社团的数量。任何两个社团 α 和 β 都可以有若干重合节点,Derényi 等人将社团 α 和 β 之间的重叠大小为定义为 $s^{ov}_{\alpha\beta}$。社团 α 的连接数量被定义为社团度 d^{com}_α。任何社团的大小 s^{com} 可以自然地被定义为其节点的数量。为了表征大型网络的社团结构,还需要了解它们的分布 $P(m)$,$P(s^{ov})$,$P(d^{com})$ 和 $P(s^{com})$。

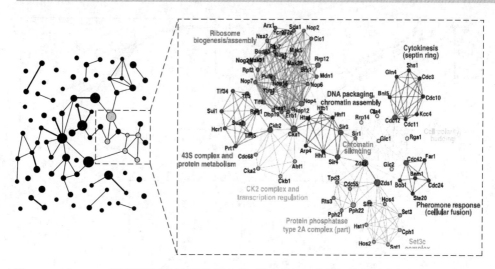

图 10.5　在 $k=4$ 的情况下酿酒酵母的蛋白质–蛋白质相互作用网络所形成的 82 个社团之间的联系, 图中节点的大小和边的粗细正比于它们所属的社团的大小, 被放大的一些示例社团用彩色节点表示。该图取自文献 [9] (见彩图)

　　图 10.6 展示了 4 个基本量的累积分布 $P(m)$, $P(s^{ov})$, $P(d^{com})$ 和 $P(s^{com})$。非重叠社团规模的尺寸效应在社交网络中已经发现, 社团规模 s^{com} 在允许重叠的情况下仍然满足幂律分布 $P(s^{com}) \sim (s^{com})^{-\tau}$, 其中 τ 处于 1 和 1.6 之间。而社团的度分布 $P(d^{com})$ 是一个比较独特的分布, 在前一部分是一个指数分布, 而尾部具有幂律特征。社团重叠规模和节点所属社团数量的分布均满足幂律分布。

　　此外, Jonsson 等人使用派系渗流方法验证蛋白质–蛋白质相互作用网络中连接的置信度 [10]。蛋白质–蛋白质相互作用的实验数据对于不同物种而言并不是完全相同的, 在一些情况下, 蛋白质–蛋白质相互作用网络的构建也可以基于试验以外的其他方法, 例如, 蛋白质之间的同源性 (DNA 序列相似性)。蛋白质–蛋白质相互作用网络中两个节点之间的权重是通过整合 (例如求和) 多个来源的权重获得的。获取社团结构的信息对于蛋白质相互作用的预测有着非常重要的价值。在假定社团内部节点的连接预测得分比社团之间节点的连接预测得分更高的情况下, 可以获得更高的预测精度。Jonsson 等人通过对大鼠蛋白质相互作用网络的研究验证了这一结论。文献 [10] 的主要结果表明, 派系渗流的方法可以帮助识别癌症转移中涉及的关键蛋白质社团。

　　Jonsson 和 Bates 的另外一篇论文研究了人类癌症蛋白质 (与癌症发展密切

网
络
渗
流

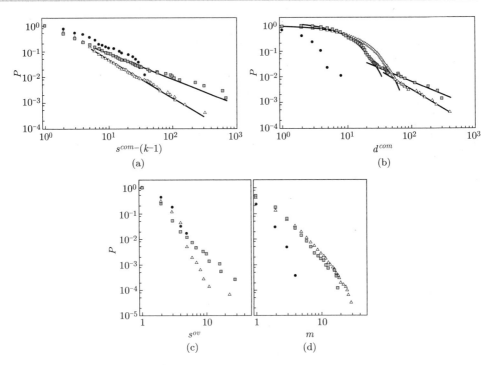

图 10.6　三种真实网络的 4 个基本量的累积分布 $P(m)$, $P(s^{ov})$, $P(d^{com})$ 和 $P(s^{com})$, 三角形、方块和圆点分别表示科学家合作网络、语义网络和蛋白质相互作用网络的结果。该图取自文献 [9]

相关的蛋白质) 相互作用网络的拓扑特性 [11]。在通过派系渗流方法进行社团划分之后, 他们发现癌症蛋白质出现在社团重叠中的频率高于所有蛋白质的总体平均频率, 这个频率比过去预测的结果更高。由于不同社团通常代表不同的细胞过程, 重叠社团中的蛋白质可能参与多个过程, 并且可以被认为是不同但相邻细胞过程的界面。因此, 癌症蛋白质似乎是不同细胞过程之间的介质。在 Jonsson 和 Bates 提到的一个例子中, 4 个社团通过一些癌症蛋白结合在一起, 这些社团的功能涉及信号传导、细胞生长调节和细胞死亡。此外, 癌症蛋白质的比例随着 k 增加而增加, 这说明癌症蛋白质似乎参与了更大的社团。可以想象, 对于较大的社团所对应的更大或更复杂的细胞机制, 癌症蛋白质在其中发挥着重要的作用。

在文献 [12] 中, 作者通过社团划分的方法研究了高中生友谊网络的社团结构和高中生朋友选择的种族偏好。包含 84 所学校的学生之间的友谊网络是通过 Add Health 数据库 [13] 构建的。通过使用派系渗流方法提取社团, 发现当 $k = 3$

时, 网络中提取出的社团覆盖了大多数学校的大多数学生, 此时这些社团内部的学生之间具有比较密切的联系, 人口占多数种族的学生比人口占少数种族的学生有更大的友谊圈。当 $k = 4$ 时, 不同社团之间的连接变得相当稀疏, 所有社团覆盖了不到 20% 的学生。与此同时, 属于不同种族群体的社团数量的差异性有了非常显著的降低, 即便是在种族群体规模差异性非常大的情形下。这种效应的合理解释是, 在人口占少数的种族形成的群体中, 学生倾向于形成更强的联系。

对社团结构的了解使得人们能够预测复杂系统的一些基本特征。通过 k 派系渗流方法可以放大网络中一些基本的结构单元并揭示其社团 (以及与这些社团相联系的社团) 的功能。k 派系渗流方法的一个独特之处在于, 它可以在更高层次的组织形式中去观测一个网络, 并找到在社团网络中起关键作用的社团。随着研究的深入, k 派系渗流方法会在真实复杂网络中有更多的应用, 发挥更大的价值。

10.2 城市交通

自 20 世纪 90 年代以来, 为了优化交通基础设施的设计, 科学家对交通流问题进行了广泛的研究 [14]。城市交流的二维元胞自动机模型在不同车辆密度的情况下会表现出与二维规则网格上的渗流模型相似的相变特性。此外, 有关城市交通流的实证研究也发现城市道路交通网络在不同车流密度下具有相变特性, 并且借助于渗流理论可以评估交通网络的容量并找出影响网络通行效率的瓶颈路段。

本节将介绍二维交通系统中的 BML 模型, 该模型由 Biham, Middleton 和 Levine 于 1992 年提出 [16]。在一个具有周期性边界条件的二维晶格上, 每个格点或被一个向上的箭头占据, 或者被一个指向右侧的箭头占据, 或者是空的。系统的交通动力学由交通灯控制, 在偶数时间步, 每个右箭头向右移动一步, 除非右侧的位置被另一个箭头 (可以是向上箭头或向右箭头) 占据。在奇数时间步, 向上箭头向上移动一步, 除非上面的位置被另一个箭头 (可以是向上箭头或向右箭头) 占据。需要注意的是, 如果一个箭头被另一个箭头阻挡, 它就不会移动, 即使在同一时间步中阻挡箭头移出该格点。这是一个完全确定的模型, 随机性只能通过初始条件进入。在这个模型中, 交通问题被简化为最简单的形式, 同时保持了交通流的基本特征, 即两个垂直方向上不能允许两个物体同时通过一个格点移动。

该模型定义在具有周期性边界条件的 $N \times N$ 的二维晶格上。由于周期性边界条件, 每种类型的箭头总数是守恒的, 即每列中向上箭头的总数和每行中的右箭头总数是不变的。向右 (向上) 箭头的密度由 $p_\rightarrow = n_\rightarrow/N^2 (p_\uparrow = n_\uparrow/N^2)$ 给出, 其中 $n_\rightarrow$ 和 $n_\uparrow$ 分别是系统中向右和向上箭头的数量。这里采用 $n_\rightarrow = n_\uparrow$ 的情况。箭头移动的速度 v 被定义为它在时间步 τ 中成功移动的次数除以尝试移动次数。速度的最大值 $v = 1$, 表示箭头从未被阻挡, $v = 0$ 表示箭头在整个持续时间 τ 内停止, 并且从未成功移动过。然后通过对系统中的所有箭头求平均值来获得系统的平均速度 $\bar{v}$。

文献 [16] 从随机初始条件开始对模型进行了大量的模拟。在给定系统大小 N, p 和随机初始条件的情况下, 经历短暂的瞬态过程之后, 系统达到其渐进稳定状态。这里渐进状态随着 p 的变化会被一个相变点分开。在相变点下方, 所有箭头轮流自由移动, 平均速度为 $v = 1$, 被称为自由流。如图 10.7 所示, 系统沿着从左上角到右下角的对角线自组织地分成右箭头和上箭头。在这种情况下, 系统的

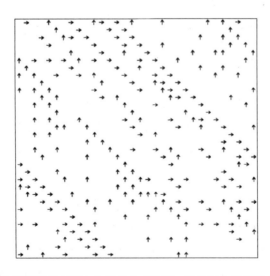

图 10.7　相变点下方低密度状态下自由流的动态构型。系统以自组织的方式形成从左上角到右下角的箭头图案, $v = 1$, 系统尺寸是 32×32, $p = 0.25$。该图取自文献 [16]

平均速度能够达到最大, 而不会发生拥堵。而在相变点之上, 所有的箭头全部被卡住而不能移动, 即 $v = 0$, 同时所有箭头聚集成一个较大的簇, 如图 10.8 所示, 这种状态通常被称为阻塞相。这两个状态由一个尖锐的相变点分开, 即当 p 从小到大变化时, 整体平均速度从 $v = 1$ 迅速变化到 $v = 0$。图 10.9 给出了 5 种系统尺寸从 16×16 到 512×512 的结果。可以发现随着系统尺寸的增加, 相变点 $p_c(N)$ 趋于减小, 而渐进共存区域收缩, 速度从 0 到 1 的变化更加尖锐。

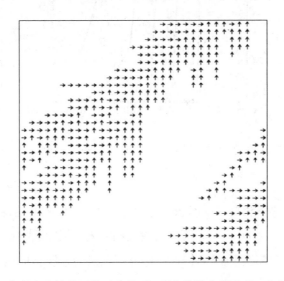

图 10.8   相变点上方高密度情况下的动态构型。所有的箭头都形成一个簇状结构, 处于右上角和左下角之间, 不同方向的箭头互相阻碍运行, 系统尺寸是 32×32, $p = 0.408$。该图取自文献 [16]

在相变点 $p_c(N)$ 之下, 两种箭头不能形成一个稳定的簇, 而在相变点 $p_c(N)$ 之上, 两种箭头互相阻塞在一起, 则形成一个稳定的簇。在这一点上, 很类似于渗流相变。然而, 规则晶格上的渗流相变是二阶相变没有动力学过程。为了检验这种相变的稳健性, 作者还研究了该模型的非确定性情况 (模型 II)。在模型 II 中, 交通灯被移除, 并且所有箭头在所有时间步中都可以移动 (除非它们被其他箭头阻挡)。如果向上箭头和向右箭头试图移动到同一格点, 则以相同的概率随机选择一个移动。对于这个模型, 同样可以发现存在一个比较急剧的相变现象, 变化的临界值 $p_c(N)$ 小于模型 I (对于尺寸为 512×512 的系统, 临界值大约为 0.10)。

在二维城市交通流的元胞自动机模型中存在一个非常明显的相变点, 它将低

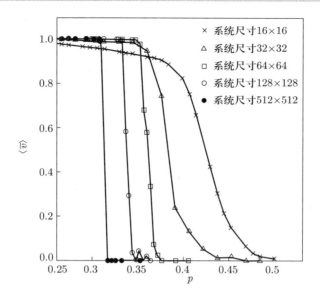

图 10.9　在模型 I 中, 随着系统尺寸的增加, 平均速度随参数 p 的变化更加剧烈和陡峭。该图取自文献 [16]

密度动态自由流状态和高密度静态拥堵状态分开。在低密度的自由流状态, 所有车辆都以最大速度移动, 而高密度静态阶段则陷入全局交通拥堵状态。在确定性和非确定性模型中都发现了这种现象, 因此可以认为它能够描述二维交通流的一般特征。

文献 [17] 研究了城市道路交通网络上的交通渗流问题。他们将道路交通网络上每一个路段定义为一条边, 每个节点定义为道路的交点, 每一路段 e_{ij} 的交通流的流速和该路段的最大速度之比定义为 r_{ij}。如果 r_{ij} 大于等于阈值 q, 则认为该路段是处于具备功能的状态, 否则处于失效状态。给定一个时间网络交通流的状态和阈值 q, 可以通过渗流的角度来分析网络的状态。当 $q = 0$ 时, 交通网络与原始道路网络相同; 当 $q = 1$ 时, 交通网络完全破碎。例如, 如图 10.10 所示, 在某城市的一个中午, 当 $q = 0.69$ 时, 网络处于完全破碎的状态, 只有很少一部分通行速度较高的道路能够形成较小的分支; 当 $q = 0.19$ 时, 这些较小的分支融合在一起, 形成一个很大的连通分支, 该连通分支几乎扩展到了原路网的全尺度; 对于 $q = 0.38$, 第二大连通分支的规模最大, 根据渗流理论, 说明该值为交通网络的相变点。

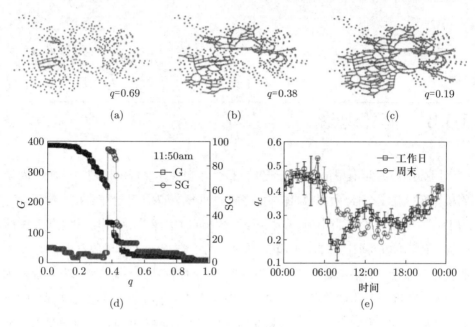

图 10.10 (a)、(b)、(c) 表示交通网络在中午时段 3 个 q 值下的连通状态, 分别表示高、中、低速阈值状态。网络中最大的 3 个连通分支, 分别用绿色 (最大连通分支)、蓝色 (第二大连通分支) 和粉红色 (第三大连通分支) 标记; (d) 交通网络中最大集群和第二大集群随 q 的变化, 临界值 q_c 由最大连通分支的最大值确定; (e) q_c 随时间的变化, 结果来自 9 个以上工作日和两个周末的平均。该图取自文献 [17] (见彩图)

临界阈值 q_c 度量了网络中交通流的组织效率。一辆车能够以低于 q_c 的速度在城市的大部分区域 (交通网络的巨分支) 行驶, 而只能在非常小的区域以高于 q_c 的速度行驶。因此, q_c 有效地度量了一辆车在网络上所能达到的最大速度, 从网络渗流的角度反映了城市道路交通流的组织效率。

文献 [17] 通过实证数据分析发现, 城市道路交通网络中的全局交通流是由局部交通流所形成的分支集群组成, 这些分支集群通过道路瓶颈连接起来。分支集群在一天中不断变化, 不同时间段的道路瓶颈在网络中的位置有所不同, 但是在不同的日期, 相同时间段出现的瓶颈连接是相似的。通过对道路瓶颈的小范围改善, 可以显著改善全局交通, 这为低成本改善城市交通提供了一种方法。

10.3 博弈理论

囚徒困境博弈模型常常用来研究自私个体中合作涌现的机理 [18-20]。囚徒困境博弈抓住了个体利益与总体利益之间的冲突,成为研究合作演化和涌现的有力工具 [21, 22]。在囚徒困境博弈中,两个个体同时选择采用合作或背叛策略中的一种。他们的收益取决于自己的策略和对手的策略,每个个体的收益由一个 2×2 收益矩阵表示。如果两者都选择合作,则每个个体都获得收益 R,如果两者都选择背叛,则每个个体都获得收益 P。背叛者遇到一个合作者的收益是背叛的诱惑,记为 T,而合作者就成了被欺骗者,其收益为 S。收益矩阵的元素满足以下条件:$T > R > P > S$ 和 $2R > T + S$。在博弈模型中,相互合作导致最高的总体收益;对于个体来说,无论对方策略如何,背叛都是最好的策略。M. A. Nowak 等人首先在规则网格中引入了囚徒困境博弈 [23],在每个时间步,每个个体都使用某种策略和最近邻进行博弈获得累积收益,之后每个个体都根据自己的收益进行策略更新。经过一段时间的演化,系统的合作频率最终能够达到一个动态的稳定水平。在合作者涌现的时候,合作者往往通过抱团成簇的方式在系统中维持,合作者涌现和消失的行为类似于定向渗流普适类 [24]。这个现象表明,网络上的演化博弈和渗流存在一定的联系。

文献 [24] 研究了位于正方形规则网格上的囚徒困境博弈模型。在博弈过程中,每个个体遵循两个简单的策略,合作 C 或背叛 D。每个个体与自己的邻居进行囚徒困境博弈,每个个体的总收益是所有相互作用收益的总和。在本节中,收益矩阵的元素仿照文献 [23] 的方法进行了设置,这几个元素分别为 $R = 1, T = b$, $P = 0, S = 0$,其中参数 b 控制着背叛诱惑的大小,它是囚徒困境模型的一个重要参数,通常大于 1。这里考虑两个囚徒困境模型:在第一个模型中,每个个体只与其最近邻进行博弈,这意味着被合作者包围的背叛者的总收益是 $4b$,而被合作者包围的合作者的收益是 5;在第二个模型中,个体可以和最近邻以及次近邻相互作用, 因此, 在一个个体被合作者包围的情况下, 背叛者和合作者的收益分别是 $8b$ 和 9。

在初始情况下, 个体的策略被随机指定, 每个个体以 0.5 的概率背叛, 以 0.5 的概率合作。给定策略分布之后, 随机选择一个个体 X 根据以下规则进行策略更新: 个体 X 以相同的概率随机地选择一个邻居 Y, 假如上一轮个体 X 和 Y 的总收益分别为 E_X 和 E_Y, 则个体 X 采用邻居 Y 的策略的概率为

$$W = \frac{1}{1 + \exp[(E_X - E_Y)/K]}, \tag{10.7}$$

其中 K 表示个体在策略学习中的噪声。当 $K \to 0$ 的时候, 个体在策略学习的时候随机性最低, 如果邻居 Y 的收益高于自己, 就确定性地学习他的策略, 否则就保持自己的策略不变。随着噪声强度的提高, 当邻居 Y 的收益高于自己的时候, 个体 X 学习邻居 Y 的策略的概率就会逐步降低。而当 $K \to \infty$ 的时候, 个体 X 是否学习邻居 Y 的策略是完全随机的。

当个体 X 采用邻居 Y 的策略之后, 该个体的收益也会更新。从随机初始状态开始, 上述过程重复多次合作者密度 c 即可到达稳定状态。在文献 [24] 的研究中, 采用尺寸 L 从 200 到 1000 不等的具有周期性边界条件的二维网格, 来获取合作者密度 c。上述模型除了通过数值模拟来研究之外, 也可以通过广义平均场方法进行研究。文献 [24] 采用二维方法来确定不同的策略出现在两点、四点、五点和六点簇上的概率, 通常来说, 使用的簇越大, 该方法给出的预测就越准确。

在本节的模型中, 系统能否演化到吸附态 $c = 0$ (全 D) 还是 $c = 1$(全 C) 与时间无关, 仅仅与诱惑背叛 b 的大小有关。如果 b 不超过阈值 b_{c1}, 则所有个体全部合作 ($c = 1$), 而且这一状态是稳定的。这意味着如果 $b < b_{c1}$, 则背叛者将全部被合作者所取代。类似地, 如果 $b > b_{c2}$, 则系统能够稳定保持 $c = 0$ 的状态。本节将关注于合作者和背叛者可以共存的状态, 即 $b_{c1} < b < b_{c2}$。

考虑和最近邻相互作用的模型。图 10.11 显示了 $K = 0.1$ 的情况下合作者密度 c 对诱惑背叛 b 的关系图, 如图所示, c 随着 b 的增加而单调减小, 直到到达第二阈值, 合作者消失。如果减小 K 的值, 则数值模拟和广义平均场方法结果所示的阶梯式跳跃行为就会变得越来越显著。跳跃出现在 $b = 4/3, 3/2$ 处。在合作者和背叛者共存区域, 四点簇、五点簇和六点簇平均场近似结果与模拟结果虽然存

在差异, 但是也基本令人满意。

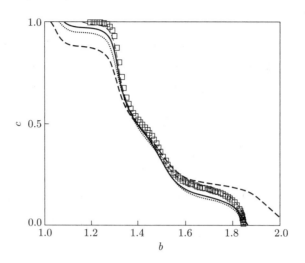

图 10.11　合作者密度和诱惑背叛的关系图。该图基于正方形的二维晶格, 长虚线、点线、虚线和实线分别表示两点簇、四点簇、五点簇和六点簇平均场近似的结果, 噪声强度 $K = 0.1$。该图取自文献 [24]

在 $c \to 0$ 极限情况下, 如果合作者在背叛者的包围下形成簇结构, 他们就能生存下来, 如图 10.12 所示。一般来说, 任何紧凑的合作簇的形成会使合作者获得更高的收益, 然而, 背叛者的侵蚀会使他们很难出现。通过观察斑图随时间的演化可以了解合作簇是如何扩散的。合作簇的中心、大小和形状不断变化, 从较大的合作簇分离出的小簇也可以很快地消失得无影无踪。除此之外, 两个合作簇也可以团结起来, 为他们的生存提供更好的机会, 或者相反, 一个受到背叛者侵蚀的合作簇可以分成两个或更多的碎片。在定向渗流的动态过程中也可以观察到类似的现象。

通过蒙特卡罗模拟, 文献 [24] 发现合作者密度 c 在 b 接近临界点 b_{c2} 的时候存在渐进幂律特性:

$$c \propto (b_{c2} - b)^\beta \tag{10.8}$$

在噪声 $K = 0.1$ 的时候, 通过拟合可以发现 $b_{c2} = 1.8472(1)$, $\beta = 0.56(3)$, 这与二维定向渗流的临界指数 $(\beta = 0.58)$ 一致。

与合作者的模式相反, 背叛者能够形成较小的孤立 "团伙", 如图 10.13 所示,

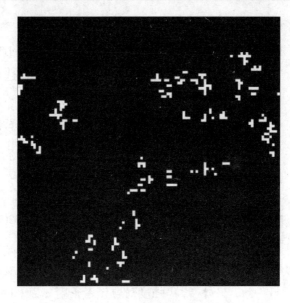

图 10.12　当密度 $c \to 0$ 时, 合作者 (白色方格) 在背叛者的包围下形成分散的簇。该图取自文献 [24]

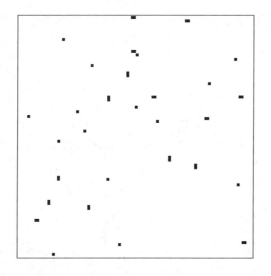

图 10.13　合作者和背叛者的斑图。白色表示 $b = 1.222$ 和 $K = 0.1$ 情形下的合作者, 黑色表示背叛者形成的小 "团伙" 的随机行走。该图取自文献 [24]

如果 $1 - c \ll 1$, 这一现象会表现得更为清楚。由合作者包围的单个背叛者在该系统中具有最高的收益。这个背叛者迟早会有一个邻近的后代, 这会立即降低其收

287

益。该过程类似于 TFT (一报还一报) 策略所采取的报复措施。如果 $b < 4/3$, 那么背叛者就有可能在短时间内被合作者击败和取代。这个过程的迭代会产生随机行走的团伙, 当两个团伙遭遇的时候会合二为一。由于非理性选择的可能性, 一个团伙可以分成两个或者消失。以上描述了这些背叛簇湮灭的随机过程, 其临界行为也属于定向渗流的普适类。通过蒙特卡罗模拟, 可以发现背叛者密度 $1 - c$ 在 b 接近临界点 b_{c1} 的时候具有渐进幂律特性:

$$1 - c \propto (b - b_{c1})^\beta. \tag{10.9}$$

在噪声 $K = 0.5$ 的时候, 数值分析结果为 $b_{c1} = 1.2687$, $\beta = 0.62(5)$, 这个 β 值与定向渗流的临界指数 $(\beta = 0.58)$ 接近。

值得注意的是, 虽然在不同的噪声强度下, 临界点 b_{c1} 和 b_{c2} 会有所不同, 但是幂指数 β 会保持一致。另外, 噪声强度对合作者密度 c 以及临界值 b_{c1} 和 b_{c2} 也都会有较大的影响, 这个影响通常来说是非单调的, 过大和过小的噪声强度都是不利于合作的。图 10.14 展示了合作者密度 c 随噪声水平 K 的变化。无论噪声强度 K 如何变化, 合作者的涌现均属于定向渗流的普适类 [25]。

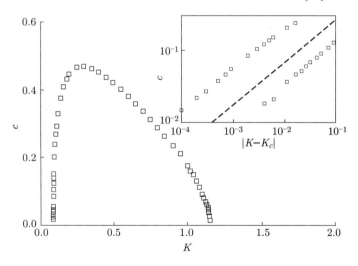

图 10.14 当 $b = 1.03$ 时, 合作者密度 c 随噪声水平 K 的变化。插图显示了合作者密度 c 与 $|K - K_c|$ 在双对数坐标下的关系图 $(K_{c1} = 0.0841(1), K_{c2} = 1.151(1))$, 直线表示表征定向渗流的幂律行为。该图取自文献 [24]

本节介绍了在合作演化过程中合作者抱团成簇以维持合作的特征, 同时介绍了规则晶格上的囚徒困境博弈演化动力学所展现出来的相变特征。当模型参数 b 从小到大变化的时候，背叛者涌现和合作者湮灭的渐进特征均属于定向渗流的普适类。此外，当模型的噪声强度 K 从小到大变化的时候，合作者涌现和湮灭的渐进特征也属于定向渗流的普适类。

10.4　小结

本章介绍了渗流理论在社团发现中的应用，以及二维交通 BML 模型、实证城市道路交通网络和博弈模型所展现出的与渗流相变相似的现象，使得我们相信这些现象与渗流理论存在一些联系和对应关系。除了在社团发现中的应用，最近还有利用渗流理论研究网络可观测性问题：给定一个网络，随机地在一些节点上放置感应器来观测这个节点及其邻居的状态，当有多大比例的节点被安装感应器时，网络中被观测节点形成的巨分支能够出现。很显然，这样一个问题很容易和渗流模型对应起来，并通过渗流理论求解 [26, 27]。相信随着复杂网络在更多研究领域的渗透，渗流理论将会取得更多更广泛的应用。

参考文献

[1] Milo R, Shen-Orr S, Itzkovitz S, et al. Network motifs: Simple building blocks of complex networks [J]. Science, 2002, 298(5594): 824–827.

[2] Palla G, Ábel D, Farkas I, et al. k-Clique percolation and clustering [J]. Nature, 2010, 18: 369–408.

[3] Xiao W K, Ren J, Qi F, et al. Empirical study on clique-degree distribution of networks [J]. Phys. Rev. E, 2007, 76: 037102.

[4] Newman M E J. Fast algorithm for detecting community structure in networks [J]. Phys. Rev. E, 2004, 69: 066133.

[5] Radicchi F, Castellano C, Cecconi F, et al. Defining and identifying communities in networks [J]. Proceedings of the National Academy of Sciences, 2004, 101(9): 2658–

2663.

[6] Girvan M, Newman M E J. Community structure in social and biological networks [J]. Proceedings of the National Academy of Sciences, 2002, 99(12): 7821–7826.

[7] Derényi I, Palla G, Vicsek T. Clique percolation in random networks [J]. Phys. Rev. Lett., 2005, 94: 160202.

[8] Li M, Deng Y, Wang B H. Clique percolation in random graphs [J]. Phys. Rev. E, 2015, 92: 042116.

[9] Palla G, Derényi I, Farkas I, et al. Uncovering the overlapping community structure of complex networks in nature and society [J]. Nature, 2005, 435: 814–818.

[10] Jonsson P F, Cavanna T, Zicha D, et al. Cluster analysis of networks generated through homology: Automatic identification of important protein communities involved in cancer metastasis [J]. BMC Bioinformatics, 2006, 7(1): 2.

[11] Jonsson P, Bates P. Global topological features of cancer proteins in the human interactome [J]. Bioinformatics, 2006, 22: 2291–2297.

[12] Gonzalez M C, Herrmann H, Kertész J, et al. Community structure and ethnic preferences in school friendship networks [J]. Physica A: Statistical Mechanics and its Applications, 2006, 379: 307–316.

[13] Vukov J, Szabó G, Szolnoki A. Cooperation in the noisy case: Prisoner's dilemma game on two types of regular random graphs [J]. Phys. Rev. E, 2006, 73: 067103.

[14] Bell M G H, Heydecker B G, Allsop R E. Transportation and Traffic Theory [M]. Amsterdam: Elsevier Science Ltd, 2007.

[15] Chen S, Chen H, Doolen G D, et al. A lattice gas model for thermohydrodynamics [J]. Journal of Statistical Physics, 1991, 62(5): 1121–1151.

[16] Biham O, Middleton A A, Levine D. Self-organization and a dynamical transition in traffic-flow models [J]. Phys. Rev. A, 1992, 46: R6124–R6127.

[17] Li D, Fu B, Wang Y, et al. Percolation transition in dynamical traffic network with evolving critical bottlenecks [J]. Proceedings of the National Academy of Sciences, 2015, 112(3): 669–672.

[18] Smith J M. Evolution and the Theory of Games [M]. Cambridge: Cambridge University Press, 1982.

[19] Josef H, Karl S. Evolutionary Games and Population Dynamics [M]. Cambridge:

网
络
渗
流

Cambridge University Press, 1998.

[20] Gintis H. Game Theory Evolving [M]. Princeton: Princeton University Press, 2000.

[21] Rockenbach B, Milinski M. The efficient interaction of indirect reciprocity and costly punishment [J]. Nature, 2006, 444: 718.

[22] Perc M, Szolnoki A. Coevolutionary games-A mini review [J]. Biosystems, 2010, 99(2): 109–125.

[23] Nowak M A, May R M. Evolutionary games and spatial chaos [J]. Nature, 1992, 359(826).

[24] Szabó G, Tőke C. Evolutionary prisoner's dilemma game on a square lattice [J]. Phys. Rev. E, 1998, 58: 69–73.

[25] Szabó G, Fáth G. Evolutionary games on graphs [J]. Physics Reports, 2007, 446(4): 97–216.

[26] Yang Y, Wang J, Motter A E. Network observability transitions [J]. Phys. Rev. Lett., 2012, 109: 258701.

[27] Yang Y, Radicchi F. Observability transition in real networks [J]. Phys. Rev. E, 2016, 94: 030301.

附录 A 生成函数与消息传递

A.1 生成函数

生成函数又名母函数, z-变换。假设有一组数列 $a_n, n = 0, 1, 2, \cdots$, 则将

$$\psi(z) = \sum_{n=0} a_n z^n \tag{A.1}$$

称为数列 $\{a_n\}$ 的生成函数。若上式可以求和, 可以看出生成函数给离散的数列 $\{a_n\}$ 与连续函数 $\psi(z)$ 之间架起了一座桥梁。若已知一组数列的生成函数, 可以利用 Taylor 展开, 将其表达成级数形式, 进而求出数列中的每一项

$$a_n = \frac{1}{n!} \frac{\mathrm{d}^n \psi(z)}{\mathrm{d} z^n}\bigg|_{z=0} = \frac{1}{2\pi i} \oint \frac{\mathrm{d}\psi(z)}{z^{n+1}} \mathrm{d}z. \tag{A.2}$$

在生成函数中, 令 $z = 1$, 可以得到这组数列之和

$$S = \psi(1). \tag{A.3}$$

此外, 还有一些很有用的关系式:

$$\sum_{n=1} a_{n-1} z^n = z\psi(z). \tag{A.4}$$

$$\sum_{n=0} a_{n+1} z^n = \frac{1}{z}[\psi(z) - a_0]. \tag{A.5}$$

$$\sum_{n=1} a_n n z^{n-1} = \psi'(z). \tag{A.6}$$

$$\sum_{n=0} a_n n z^n = z\psi'(z). \tag{A.7}$$

网络渗流

如果数列 $\{a_n\}$ 是随机变量 A 的概率分布, 即 a_n 是 n 出现的概率。那么, 显然有 $0 \leqslant a_n \leqslant 1$ 且 $\psi(1) = 1$, 称 $\psi(z)$ 为概率生成函数。此时, 可以利用生成函数求出随机变量 A 的任意 k 阶矩

$$\langle n^k \rangle = \sum_{n=0} n^k a_n = \left[\left(z \frac{d}{dz} \right)^k \psi(z) \right]_{z=1}. \tag{A.8}$$

当 $k = 1$ 时, 可求出 A 的平均值。

对两个独立随机变量 A 与 B 的联合分布 $A + B$, 其概率生成函数可以表示为

$$\begin{aligned} \psi_{A+B}(z) &= \sum_{n=0}^{n} \sum_{i=0}^{n} \binom{n}{i} a_i b_j z^n \\ &= \sum_{i,j} a_i b_j z^{i+j} \\ &= \sum_{i} a_i z^i \sum_{j} b_j z^j \\ &= \psi_A(z) \psi_B(z). \end{aligned} \tag{A.9}$$

由上式可知, 对于 m 个独立随机变量 X 的联合分布, 其概率生成函数为 $[\psi_X(z)]^m$。若随机变量 Y 是 m 个独立随机变量 X 的联合分布的概率为 y_m, 则随机变量 Y 的概率生成函数可以写为

$$\psi_Y(z) = \sum_{m} y_m [\psi_X(z)]^m = \psi_y(\psi_X(z)). \tag{A.10}$$

其中, $\psi_y(x) = \sum_{m} y_m x^m$。

A.2 消息传递

消息传递 (message passing) 算法是近年来网络渗流问题计算的一个新方法, 其主要思想与平均场方法类似, 通过引入一条边通向巨分支的概率, 进而建立方

程, 求解出节点属于巨分支的概率, 也就是序参量。不同之处是平均场方法将所有节点属于巨分支的概率平均化, 而消息传递算法每个节点都有一个单独的概率。因而, 消息传递算法针对一个具体的网络 (需要知道邻接矩阵), 而平均场方法针对一个度分布给定的网络系综。注意, 相变只能发生在无限大的系统中, 所以消息传递算法常用来研究真实网络的渗流类型的问题, 而并不用来讨论分析相变, 如临界指数等。下面对消息传递算法做一个简明的介绍。

首先考虑座渗流, 设 s_i 为节点 i 属于巨分支的概率。那么, 渗流相变的序参量可以表示为

$$S = \frac{\sum_i s_i}{N}. \tag{A.11}$$

与之前的理论讨论类似, 如果节点 i 属于巨分支, 则其至少应有一条边通向巨分支。因此, 有

$$s_i = p\left[1 - \prod_{j \in \mathcal{N}_i}(1 - r_{i \to j})\right]. \tag{A.12}$$

其中, $\mathcal{N}_i$ 为节点 i 所有邻居, $r_{i \to j}$ 表示由 i 到 j 的边通向巨分支的概率。为后续数学处理方便, 将该式中除连乘项外, 其他项移到方程左边并取对数, 有

$$\ln\left(1 - \frac{s_i}{p}\right) = \sum_{j \in \mathcal{N}_i}\ln(1 - r_{i \to j}). \tag{A.13}$$

与平均场理论讨论类似, $r_{i \to j}$ 也应满足方程

$$r_{i \to j} = p\left[1 - \prod_{k \in \mathcal{N}_j, k \neq i}(1 - r_{j \to k})\right]. \tag{A.14}$$

下面讨论 (A.14) 式以导出相关渗流特征。类似方程 (A.13) 的处理, 可得

$$\ln\left(1 - \frac{r_{i \to j}}{p}\right) = \sum_{k \in \mathcal{N}_j, k \neq i}\ln(1 - r_{j \to k})$$
$$= \sum_k A_{kj}\ln(1 - r_{j \to k}) - A_{ji}\ln(1 - r_{j \to i}). \tag{A.15}$$

其中, A_{ij} 为邻接矩阵 $\boldsymbol{A}$ 的元素, 表示节点 i, j 有无连接。为表述方便, 定义矢量 $\boldsymbol{w}$ 与 $\boldsymbol{v}$, 其元素分别为 $w_{i \to j} = \ln(1 - r_{i \to j}/p)$, $v_{i \to j} = \ln(1 - r_{i \to j})$。从而上式可以表示为简单形式

$$\boldsymbol{w} = \boldsymbol{Mv}. \tag{A.16}$$

其中, M 为 $2E \times 2E$ 的矩阵, 其元素为

$$M_{i \to j, k \to l} = \delta_{j,k}(1 - \delta_{i,l}). \tag{A.17}$$

这里 $\delta_{x,y}$ 为 Kronecker delta 函数, 即 $x = y$ 时, $\delta_{x,y} = 1$; 否则 $\delta_{x,y} = 0$。可以发现, 元素 $M_{i \to j, k \to l}$ 只有在 $j = k$ 且 $i \neq l$ 的情况下才不为 0, 即两条边首尾相接且另外两个端点不同。这就是图 (网络) 的非回溯矩阵 (non-backtracking matrix)[1, 2]。

方程 (A.16) 显然有平庸解 $r = 0$, 对应着 $s = 0$, 即系统中没有巨分支。在靠近临界点时 $p \to p_c$, r 与 s 所有元素都应趋近于 0。据此, 将方程 (A.13) 与方程 (A.16) 都在 0 点附近 Taylor 展开 (或直接用等价无穷小 $\lim_{x \to 0} \ln(1 - x) \sim x$), 不难得到

$$s_i = p \sum_j A_{ij} r_{i \to j}, \tag{A.18}$$

$$\frac{1}{p} r = M r. \tag{A.19}$$

方程 (A.18) 说明非平庸的 s 由非平庸的 r 给出, 而 (A.19) 式可看作矩阵 M 的本征方程, 而 r 即是对应的本征矢。所以, 系统的临界点由网络的非回溯矩阵的本征值决定。

对于一般的网络, 非回溯矩阵 M 都应为稀疏矩阵。根据 Perron–Frobenius 定理, 本征方程 (A.19) 只有 M 的最大本征值 $\lambda_{\max}$ 可使得本征矢元素全为正。据此, 得到系统的临界点

$$p_c = \frac{1}{\lambda_{\max}}. \tag{A.20}$$

这里 $\lambda_{\max}$ 为非回溯矩阵的最大本征值。对于怎样求解非回溯矩阵 M 的本征值问题, 以及对于无限大系统的趋近行为, 已经超出了本书的范围, 这里不再讨论。需要指出的是, 以上讨论都是针对树形网络, 非树形网络需做相应的近似处理; 更准确地说, (A.20) 式给出的并非精确解, 而是有限大系统的渗流临界点下限 [3–7]。

接下来考虑键渗流, 方程 (A.12) 与方程 (A.14) 可对应表示为

$$s_i = 1 - \prod_{j \in \mathcal{N}_i} (1 - pr_{i \to j}), \tag{A.21}$$

$$r_{i \to j} = 1 - \prod_{k \in \mathcal{N}_j \neq / i} (1 - pr_{j \to k}). \tag{A.22}$$

类似座渗流的讨论, 可以同样得到 (A.20) 式, 这里不再重复。更多关于消息传递算法的拓展与应用可以参考文献 [3-7] 及相关引用。

参考文献

[1] Hashimoto K, Namikawa Y. Automorphic Forms and Geometry of Arithmetic Varieties [M]. Orlando: Academic Press, 1989.

[2] Krzakala F, Moore C, Mossel E, et al. Spectral redemption in clustering sparse networks [J]. Proceedings of the National Academy of Sciences, 2013, 110(52): 20935–20940.

[3] Karrer B, Newman M E J, Zdeborová L. Percolation on sparse networks [J]. Phys. Rev. Lett., 2014, 113: 208702.

[4] Hamilton K E, Pryadko L P. Tight lower bound for percolation threshold on an infinite graph [J]. Phys. Rev. Lett., 2014, 113: 208701.

[5] Allard A, Hébert-Dufresne L, Young J G, et al. General and exact approach to percolation on random graphs [J]. Phys. Rev. E, 2015, 92: 062807.

[6] Radicchi F. Predicting percolation thresholds in networks [J]. Phys. Rev. E, 2015, 91: 010801.

[7] Radicchi F, Castellano C. Beyond the locally treelike approximation for percolation on real networks [J]. Phys. Rev. E, 2016, 93: 030302.

附录 B 符号表

$\boldsymbol{A}$	邻接矩阵
a_{ij}	邻接矩阵的元素
b_i	节点 i 的介数
b_{ij}	边 $i \to j$ 的介数
d	晶格的维度
$G_0(x)$	度分布的生成函数
$G_1(x)$	剩余度分布的生成函数
$H_0(x)$	网络中各分支大小分布 π_s 的生成函数
$H_1(x)$	一条边所连分支大小分布 ρ_s 的生成函数
$\boldsymbol{q}$	多层网络节点度, 为一向量, 代表节点在不同网络层中的度值
L	方格网络的边长
l_{ij}	节点 i 与节点 j 的距离
M	网络的总边数
N	网络的总节点数
$O(x)$	量级与 x 同阶
$o(x)$	量级比 x 低
p	渗流中的节点或边占据概率
p_c	渗流相变点
p_k 或 $P(k)$	网络的度分布
p_s	分支大小分布
Q	社团强度
q_k	网络的剩余度分布

网络渗流

R	网络中任取一条边, 其通向巨分支的概率
S	网络中巨分支的大小, 即任取一个节点属于巨分支的概率
s	分支的大小, 表示分支中包含的节点数, 注意与巨分支大小 S 不同
β	序参量, 即巨分支大小的临界指数
γ	1: 平均分支大小的临界指数; 2: 无标度网络度分布的幂指数
υ	关联长度的临界指数
σ	分支特征大小的临界指数
τ	Fisher 指数, 分支大小分布 p_s 的临界指数
ξ	关联长度
$\langle \cdot \rangle$	取平均
κ	用于刻画网络度分布的异质性, 网络度分布的二阶矩与一阶矩之比, 即 $\langle k^2 \rangle / \langle k \rangle$

附录 C 主要中英名词对照表

adjacency list/matrix	邻接表/矩阵
annealed disorder	退火无序
annealing algorithm	退火算法
assortativity mixing	同配
Barabási–Albert (BA) network	BA 网络
Bethe lattice	贝特晶格
betwenness	介数
bipartite network	二分网络
bond percolation	键渗流
bootstrap percolation	靴襻渗流
cascading failure	级联失效
centrality	中心性
child node	子节点
clustering coefficient	聚类系数
complex network/system	复杂网络/系统
community	社团
community detection	社团探测
component	分支
computation complexity	计算复杂度
configuration model	配置模型

网络渗流

continuous phase transition	连续相变
correlated percolation	关联渗流
correlation function/length	关联函数/长度
critical point/phenomena/exponent	临界点/现象/指数
critical slowing down	临界慢化
degree sequence/distribution	度序列/分布
dependent percolation	依赖渗流
directed graph/network	有向图/网络
directed percolation	定向渗流
disassortative mixing	异配
discontinuous phase transition	不连续相变
duality transformation	对偶变换
Erdös-Rényi (ER) graph/network	ER 图/网络
evolutionary game	演化博弈
excess-degree distribution	剩余度分布
explosive percolation	爆炸渗流
finite-size effect/scaling	有限尺度效应/标度律
first-order phase transition	一阶相变
fixed point	不动点
generating function	生成函数
generalized random network	广义随机网络
geodesic line/path	测地线/路径
giant cluster/component	巨簇/分支
greedy algorithm	贪婪算法
hierarchical structure	层次结构
high order series expansion	高阶级数展开
hub	核心节点
hybird phase transition	混合相变
hypergraph	超图
incomplete gamma function	不完全伽马分布函数
in-component	入分支

in-degree	入度
information mining	信息挖掘
interconnected/interdependent networks	互连/相依网络
k-clique/core/crust/shell	k 派系/核/表/壳
Laplacian matrix	拉普拉斯矩阵
leaf node	叶节点
local clustering coefficient	局域簇系数
Logistic growth	逻辑斯蒂增长
Lyapunov exponent	李雅普诺夫指数
master equation	主方程
mean-field theory/equation	平均场理论/方程
message passing	消息传递
moment	矩
Monte-Carlo simulation	蒙特卡罗模拟
multiedge	重复边
multilayer/multiplex network	多层网络
Newman-Watts small-world network	NW 小世界网络
next-nearest neighbor	次邻居
occupation probability	占据概率
order parameter	序参量
out-component	出分支
out-degree	出度
parent node	父节点
path of length two	二长路
Pearson correlation coefficient	皮尔逊关联系数
percolation threshold/transition	渗流阈值/相变
phase diagram	相图
planar network	平面网络
Poisson random graph	泊松随机图
power law	幂律
pruning algorithm	剪枝算法

网络渗流

quenched disorder	淬火无序
random graph	随机图
random walk	随机游走
random regular network	随机规则网络
real-space renormalization	实空间重整化
recommender system	**推荐系统**
Riemann zeta function	Riemann ζ 函数
robustness	鲁棒性
root node	根节点
scale-free network	无标度网络
second-order phase transition	二阶相变
self-avoiding walk	自规避游走
self-edge	自连边
self-similarity	自相似性
shortest path	最短路径
simple graph/network	简单图/网络
site percolation	座渗流
small-world network/effect	小世界网络/效应
spectrum	谱
square lattice	方格
strongly connected cluster/component	**强连通簇/分支**
susceptible-infected-recovered/removed model	SIR 模型
susceptible-infected-susceptible model	SIS 模型
time complexity	时间复杂度
tree-like structure	树形结构
undirected graph/network	无向图/网络
universality class	普适类
Watt-Strogatz small-world network	WS 小世界网络
weakly connected cluster/component	弱连通簇/分支
weighted graph/network	权重图/网络
zero-temperature random-field Ising model	零温度随机场伊辛模型
z-transformation	z 变换

索引

网络渗流

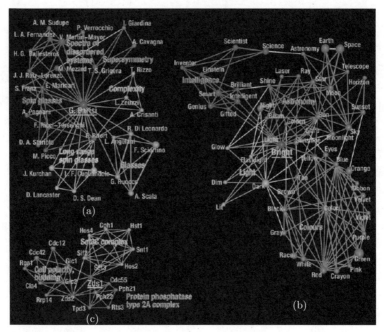

图 10.4　3 个网络中以某个节点为中心的社团。图中不同社团之间的重合节点用红色标记,节点的大小和边的粗细正比于它们所属社团的大小。3 个网络的 k 值设置为 4。图 (a) 表示作者 G. Parisi 所在的凝聚态物理领域的科学家合作网络的社团; 图 (b) 表示 bright 所在的语义网络社团; 图 (c) 表示的是 Zds1 蛋白在酿酒酵母的蛋白质 - 蛋白质相互作用网络的社团中的位置。该图取自文献 [9]

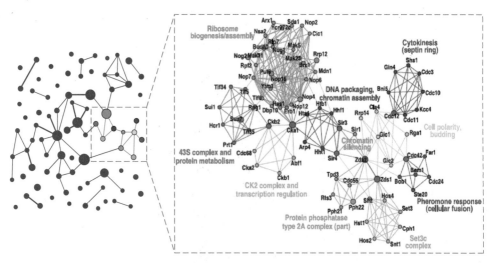

图 10.5　在 $k=4$ 的情况下酿酒酵母的蛋白质–蛋白质相互作用网络所形成的 82 个社团之间的联系,图中节点的大小和边的粗细正比于它们所属的社团的大小, 被放大的一些示例社团用彩色节点表示。该图取自文献 [9]

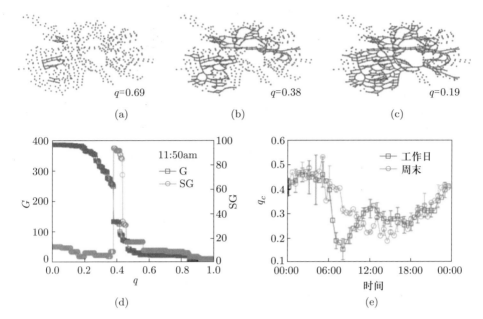

图 10.10 (a)、(b)、(c) 表示交通网络在中午时段 3 个 q 值下的连通状态, 分别表示高、中、低速阈值状态。网络中最大的 3 个连通分支, 分别用绿色 (最大连通分支)、蓝色 (第二大连通分支) 和粉红色 (第三大连通分支) 标记; (d) 交通网络中最大集群和第二大集群随 q 的变化, 临界值 q_c 由最大连通分支的最大值确定; (e) q_c 随时间的变化, 结果来自 9 个以上工作日和两个周末的平均。该图取自文献 [17]

网络科学与工程丛书 图书清单

序号	书名	作者	书号
1	网络度分布理论	史定华	9787040315134
2	复杂网络引论 —— 模型、结构与动力学（英文版）	陈关荣 汪小帆 李翔	9787040347821
3	网络科学导论	汪小帆 李翔 陈关荣	9787040344943
4	链路预测	吕琳媛 周涛	9787040382327
5	复杂网络协调性理论	陈天平 卢文联	9787040382570
6	复杂网络传播动力学 —— 模型、方法与稳定性分析（英文版）	傅新楚 Michael Small 陈关荣	9787040307177
7	复杂网络引论 —— 模型、结构与动力学（第二版，英文版）	陈关荣 汪小帆 李翔	9787040406054
8	复杂动态网络的同步	陆君安 刘慧 陈娟	9787040451979
9	多智能体系统分布式协同控制	虞文武 温广辉 陈关荣 曹进德	9787040456356
10	复杂网络上的博弈及其演化动力学	吕金虎 谭少林	9787040514483
11	非对称信息共享网络理论与技术	任勇 徐蕾 姜春晓 王景璟 杜军	9787040518559
12	网络零模型构造及应用	许小可	9787040523232
13	复杂网络传播理论 —— 流行的隐秩序	李翔 李聪 王建波	9787040546057
14	网络渗流	刘润然 李明 吕琳媛 贾春晓	9787040537949